大 学 问

始 于 问 而 终 于 明

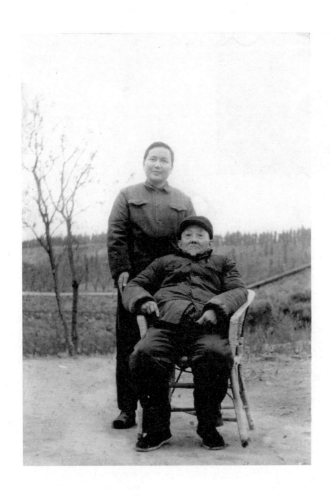

作者与张汝舟先生
1980 年·滁州

张闻玉，1941年生，四川巴中人，九三学社成员，贵州大学教授，贵州省文史研究馆馆员，中国文化书院（北京）导师。曾从事中学、中等师范教育，在贵州大学任教后，主讲古代汉语、古代历术、传统小学等课程。

主要从事西周年代学研究。师从张汝舟先生，又向金景芳先生学《易》。代表作有《古代天文历法论集》《西周王年论稿》《铜器历日研究》《古代天文历法讲座》《西周纪年研究》《夏商周三代纪年》《夏商周三代事略》等。论文《武王克商在公元前1106年》《王国维〈生霸死霸考〉志误》《西周王年足徵》先后获贵州省社会科学优秀成果奖。

著述集结为五卷本《张闻玉文集》（小学卷、天文历法卷、文学卷、史学卷、经学卷），计300万字，由贵州大学出版社2016—2020年出版。

铜器历日研究

张闻玉 著

广西师范大学出版社
GUANGXI NORMAL UNIVERSITY PRESS
· 桂林 ·

铜器历日研究
TONGQI LIRI YANJIU

广西师范大学出版社·大学问
品牌策划 | 赵运仕
品牌总监 | 刘隆进
品牌运营 | 伍丽云

责任编辑 | 赵艳
助理编辑 | 邓进升
责任技编 | 伍先林
营销编辑 | 罗诗卉
封面设计 | 阳玳玮

图书在版编目（CIP）数据

铜器历日研究 / 张闻玉著. --桂林：广西师范大
学出版社，2022.9
（张闻玉史学三书）
ISBN 978-7-5598-5109-3

Ⅰ．①铜… Ⅱ．①张… Ⅲ．①铜器(考古)－古历法－
研究－中国 Ⅳ．①P194.3

中国版本图书馆 CIP 数据核字（2022）第 106328 号

广西师范大学出版社出版发行

（广西桂林市五里店路 9 号　邮政编码：541004）
（网址：http://www.bbtpress.com）
出版人：黄轩庄
全国新华书店经销
广西民族印刷包装集团有限公司印刷
（南宁市高新区高新三路 1 号　邮政编码：530007）
开本：880 mm ×1 240 mm　1/32
印张：13.625　　　字数：300 千
2022 年 9 月第 1 版　　2022 年 9 月第 1 次印刷
印数：0 001~5 000 册　定价：88.00 元

如发现印装质量问题，影响阅读，请与出版社发行部门联系调换。

我所了解的张闻玉先生（新版代序）

刘国忠

初闻张闻玉先生的大名，始于 20 世纪 90 年代，当时我正问学于李学勤先生，在中国社会科学院研究生院攻读历史文献学的博士学位。1996 年，国家"九五"重点攻关项目"夏商周断代工程"正式启动，李先生出任断代工程的首席科学家，专家组组长，为这一重大项目的顺利进行殚精竭虑；在从事紧张繁忙的科研工作同时，先生也一直没有放松对学生们的学业要求，按时给我们授课。有一次，在谈到当代的年代学研究时，李先生说，贵州有位张闻玉先生，是张汝舟先生的高足，精于古代天文历法之学，成果独树一帜。时光荏苒，一转眼 20 余年过去了，但是那次与李学勤先生谈话的情景，至今仍然历历在目。

也是在同一年，张闻玉先生《西周王年论稿》一书将要由贵州人民出版社出版，张闻玉先生请李学勤先生赐序，李先生当时恰逢要去法国巴黎参加学术活动，但还是爽快地答应了下来。李先生到了法国巴黎后，抽空为张闻玉先生的大作撰写序言，其中有一段文字是：

> 张闻玉先生于天文历法师承有自。他受业于贵州大学老
> 教授张汝舟先生（1899—1982），亲炙多年，登堂入室。张
> 汝舟先生乃黄季刚先生门弟子，国内知名语言学家，精研历
> 算，独辟蹊径，卓然成家，其代表作《二毋室古代天文历法
> 论丛》，就是经张闻玉先生和同门新疆师范大学饶尚宽先生
> （著有《古历论稿》）等位整理的。张闻玉先生光大师学，
> 著述甚多，部分论文已于 1995 年辑为《古代天文历法论
> 集》，由贵州人民出版社印行。其间涉及不少出土文物，如
> 随州擂鼓墩一号墓的天文图象、云梦睡虎地十一号墓的秦简
> 《日书》、临沂银雀山二号墓的元光历谱等，皆有新义。现在
> 收录《西周王年论稿》诸文，更体现出以文献、文物两方面
> 研究互相结合，有许多独到的见解。①

可见李先生对于张闻玉先生的天文历法之学一直十分推重。
受李先生的影响，当时我也曾学习了张闻玉先生的《古代天文历
法论集》和《西周王年论稿》等大作，可惜我之前没有受过专门
的训练，在古代天文历法方面的根底甚是薄弱，只能了解个大
概，至今想来，仍觉得歉然。

20 世纪 90 年代，流散到台湾的子犯编钟曾是古史学界关注
的一个焦点，特别是钟铭的历日问题引起了广泛的讨论。我记得

---

① 收入李学勤《拥篲集》，西安：三秦出版社，2000 年，第 604 页。

李学勤先生在撰写了《补论子犯编钟》① 之后，又特地补写了《子犯编钟续谈》一文加以讨论②。在后面的这篇文章中，李先生曾对张闻玉先生关于子犯编钟历日问题所提出的一个解决思路称赞不已：

> 编钟铭文开首的历日"惟王五月初吉丁未"，各家都以为属于发生城濮之战的晋文公五年，即周襄王二十年（公元前632年）。但结合《春秋》经传推算，丁未是五月十日甚至十一日，与初吉不合。贵州大学张闻玉先生指出历日应连下一句读，系指"子犯佑晋公左右，来复其邦"，即重耳归晋之事，时为周襄王十三年（公元前639年），该年周正五月丁未朔。这是一个很值得考虑的意见，不仅使钟铭文理通顺，而且消除了历法上的疑难。

为此，李学勤先生还专门就张闻玉先生的有关意见做了两条引申讨论。③ 张闻玉先生在天文历法的创见为学术界所重视，由此足见一斑。

进入21世纪之后，张闻玉先生更是成果不断，新作迭出，已经卓然成为该领域的执牛耳者，更令人感佩不已。

对于我来讲，虽然一直有机会学习张闻玉先生的大作，但是一直无缘面见张先生，直接向他请益。转机出现在2014年，当年4月11日，贵州师范大学成立历史研究院，延请张闻玉先生出

---

① 李学勤：《补论子犯编钟》，《中国文物报》1995年5月28日。
② 李学勤：《子犯编钟续谈》，《中国文物报》1996年1月7日。
③ 李学勤：《子犯编钟续谈》，《中国文物报》1996年1月7日。

山，亲任院长并主持研究院工作。闻知此讯后，国际《尚书》学会会长、扬州大学钱宗武先生第一时间向张先生祝贺，双方还商定了联合举办国际学术会议的事宜。于是，当年 10 月 13 至 14 日，由贵州师范大学历史研究院与国际《尚书》学会联合举办的"《尚书》与清华简国际学术研讨会"得以在贵州师范大学顺利召开。我因参加了清华简的整理研究工作而有幸获邀参加了这一盛会，并于会上首次面见了张先生，深为张先生谦和儒雅、博学多识的长者风范所折服。

在此之后，2015 年，贵州大学宣布成立了先秦史研究中心，敦聘张闻玉先生任中心主任，与此同时，张先生还主持贵州两大高校的国学研究工作，可谓是重任在肩。在张先生的主持下，贵州有关高校的国学研究工作快速发展，所取得的众多成就已是有目共睹。

这些年来，我多有机会去贵阳出差，每次都承蒙张先生设宴款待。张先生对我们晚辈后学的提携关爱，也令我永志不忘。

2020 年恰逢张闻玉先生 80 华诞，故谨撰此文，回忆数十年间从获知到认识张先生的历程，以为张先生寿。在此恭祝张先生学术生命长青，为中国的学术事业做出更大的贡献！

2020 年 9 月 1 日

作者简介：

刘国忠，1969 年生，福建人，清华大学人文学院教授，清华大学历史系副主任，清华大学历史文献研究与保护中心副主任。主要从事历史文献学、中国学术思想史及国际汉学等领域的教学和研究工作，代表作《〈五行大义〉研究》《古代帛书》等。

　　张闻玉教授《铜器历日研究》一书，不囿于旧说，指出一代宗师郭沫若开创的并为学术界普遍相信的"标准器"比较断代方法的局限，即"标准器断代法"只能提供相对年代的不足。作者另辟蹊径，以铜器自身提供的历日（年、月、月相、日干支），校以实际天象，再结合文献进行创造性的青铜器断代探索，从而将周王的王年和西周的年代清理出一个条贯。本书是铜器断代研究新方法成功的尝试，将推动周代青铜器研究的深入。

　　作者之所以取得突破，除了具有古天文学和古文献的深厚造诣外，还与本书所使用的科学而严密的方法，即十项"历日研究条例"分不开。而作者的立论落脚点"月相定点说"，是很有说服力并有可靠依据的。

　　与闻玉教授相识已有十余年了，且多次在国内重大学术会议上相见。他的每篇论文总有新的见解，都会受到与会者的重视。他为人宽和，学术上极为自信，给我留下深刻的印象。在"月相四分说"泛及学术界的时候，他一直坚持"月相定点且定于一日"，从不含糊。他对武王克商之年有详细论证，文中说道："武王克商在公元前1106年，这应是最后的结论。"我想，只有经过深入精审的研究，结论建立在坚实可靠的基础上，才会如此坚定不移。事实证明，月相定点是不可否定的，月相四分说难以成立。多次的切磋和坚实的文献证据，我也逐渐相信月相定点说的可信。

作者对西周年代的论证，令我折服。可以说，在运用古代文献方面，他是极为成功的。他从不轻率否定文献，在遇有歧异之处，他的取舍总能做到合情合理，言之有据。细读他的《西周王年足徵》①，感到他关于西周年代的考证，确实信而有徵。他承继授业老师著名学者张汝舟教授学说的精髓并发扬光大，将文献、铜器历日与实际天象结合起来，相互取证，从而得出结论。比较当今各家之研究，更显得完整而严实。诚如朱凤瀚教授在《西周诸王年代研究述评》中所说："从研究途径上看，张（闻玉）氏的做法还是较稳妥的。如果铜器断代得当，则这样推算出来的诸王年数也比较严谨。"②

涉及铜器的断代，他取一个既不回避、亦不盲从的态度，能冷静地对待考古学界朋友们的意见。如三十七年善夫山鼎，考古学界认为是西周晚期器。经他考证，历日只合穆王三十七年。他告诉我，铜器历日并不一定就是铸器之日。而当今考古学界总是

---

① 《西周王年足徵》见本书第五部分。

② 朱凤瀚、张荣明：《西周诸王年代研究述评》，载入《西周诸王年代研究》，贵阳：贵州人民出版社，1998年，第414页。

将历日与铸器时日等同起来。细细一想，他的见解可信。这可以排除许多疑难，使器形的归类与历日的矛盾迎刃而解。他对晋侯苏钟铭文的理解，他对子犯编钟历日的考释，证实他的看法不虚。

总之，《铜器历日研究》一书，是近年青铜器断代研究的一部重要新成果。本书论证严密，科学性强，"三证法"（历日、天象、文献）的铜器研究，为先秦史的研究提供了一批时代确切的史料，并为西周年代的建立提供了重要的参考依据。因而本书的面世，对国家"九五"重点攻关课题"夏商周断代工程"的研究也是一项重要的贡献。

闻玉教授《铜器历日研究》竣稿，嘱我作一小序。作为本书的第一读者，写下了以上读书心得。一则对闻玉教授的新成就表示兄弟般的祝贺，二则向学界的朋友们竭诚地推荐这部有价值的著作。"附骥尾而益彰"。本人不敏，是以为序。谢谢闻玉教授的美意！

1998 年 10 月 8 日

作者简介：

王宇信，1940 年生，北京人，1964 年 7 月毕业于北京大学历史系考古专业。主要研究甲骨学和殷商史，以及原始社会史、先秦政治制度史、商周考古学，代表作《建国以来甲骨文研究》《甲骨学通论》等。现任中国殷商文化学会会长。

对于叙事史来说，判定历史事实发生的确切年代是非常重要的，否则我们就可能把历史写得颠三倒四。西周镌刻在铜器上的铭文陆续被发现释读以后，人们自然就意识到它们在编纂那段至今还非常朦胧的西周史方面的特殊价值，那些篇幅较长的叙事彝铭往往被认为不亚于一篇《尚书》。不过把铭刻学上的材料引渡到历史学上还有一段艰难的路程，郭老很早就说"夫彝器之可贵在足以徵史，苟时代不明，国别不明，虽有亦无可徵"。于是青铜器断代便成为专门的学问。自郭老的《两周金文辞大系图录考释》以后，有陈梦家先生的《西周铜器断代》、日本白川静氏《西周断代与年历谱》《列国器编年》、唐兰先生的《西周青铜器铭文分代史徵》等，而每逢新出土器铭，考释文字中皆列有关于年代的推断。性急一些的历史工作者便引据这些断代参差不齐的彝铭纷纷去"发现"西周被遗忘了的历史，我怀疑在他们那些"新发现"中恐怕有不少是张冠李戴，臆造出来的历史。在青铜器断代工作中，目前流行起一种时尚来，一旦断代与文献记载发生了矛盾，总是首先认定出土器物是真实可信的，败诉的必然是传世文献，因此便免不了大改文献，或曰《周本纪》必须重新构筑，或曰《国语》里窜入了刘歆的伪造，谁也不肯检查一下自己对彝铭的认识是否正确。我不敢说文献上没有错误，也不是说它不可以纠正，但绝不可以枉纠直。我承认各家出发点都是善意的，但科学研究并不因为你的善意就必然产生正确的结果。所以，就目前情况而论，出土彝铭对西周史研究的正负影响哪个更大还很难说。为了解决这个既重要而又困难的问题，贵州大学张闻玉教授自1995年以来一连推出三部相互关联而各有侧重的论著，《古代天文历法论集》发表了他对古代天文历法中若干关键问题的见解，《西周王年论稿》集中解决西周共和以前的纪年和诸王在位年数问题，现在出版的《铜器历日研究》则是继郭（沫若）、陈（梦家）等前辈学者的研究之后产生的关于铜器断代的新成果。

近年来，我从各种渠道读到一些缺乏起码天文历法知识而来参加铜器断代讨论的文章，只觉得使本来就裹足不前的断代工作乱上添乱。要想解决这个问题，必须先有一个非常近似的古代历谱，只有如此，你所研究的彝铭历日才能有所着落。困难的是我们并不知古人怎样用历，所以编制这种历谱有两条途径：一是借用古历的数据，这个古历越靠近西周越好，因为它虽然不能等同于西周之历，但毕竟相去不远；二是直接用现代天文数据，这样编制起来的历谱精确度高，它所反映的应该就是当时的实际天象。但因为古人受到观测手段的限制，许多被后人发现的天文现象他们当时还无由得知，其观测结果必然与实际天象存在误差，所以对于西周古历来说，仍然是近似的。张闻玉先生的先师张汝舟教授曾发现《史记·历书》中的《历术甲子篇》是创制于周考王十四年（公元前427年）的中国第一部可推算的历法，嗣后他又找出了这部历法回归年长度与现代数据的误差值，以此编制了《西周经朔谱》，张闻玉先生又在此谱基础上修改而为《西周朔闰表》，于是共和元年之前280年间每月的朔日干支、合朔时刻以及闰月的设置都反映了出来。

20世纪80年代初张培瑜先生的《中国先秦史历表》是根据现代天文数据编制的历谱，两相比较，《朔闰表》的平朔与《历表》的定朔非常相近。今天我们的铜器断代众说纷纭，原因之一就是取决于研究者采用了什么样的历谱，如果你采用了数据与实际天象误差较大的历谱，如刘歆的《三统历》，那么你的铜器断代就很可能因失之毫厘而谬以千里。

铜器断代研究的第二个关键是对天象，主要是对月相的认识。西周彝铭中经常出现"初吉""辰在××""既死霸""既望""既生霸"等字样，有人说上述名称各代表一个月中的一段时间，是为"四分一月说"；有人说它们各自只代表一个月中的某一天，是为月相"定点说"。"四分说"与"定点说"大体说来如此，其实各派之内的理解又不尽相同。两说孰为近实？我是倾向于"定点说"的。这是因为第一，"四分说"是根据《三统历》推算得出的推论，如前所说由于它的数据疏阔，结果必然误差很大而超出古人观测的误差范围；第二，一个名称如果代表一月之中的七八天乃至十天，那么是月可能的朔日也必有七八个乃至十个，而含有这样月相的年代至少不是唯一的，难怪有一位"四分说"者每当推算时就列出"相当年份"和"相应元年"五六个，我敢说如果采取"四分说"，那就等于宣告西周年代永远是个未知数，而铜器断代也永远是各持己见；第三，"一月四分"的创说者王国维先生并不是彻底的"四分说"者，他说："凡初吉、既生霸、既望、既死霸，各有七日或八日，哉生魄、旁生霸、旁死霸，各有五日若六日，而第一日亦得专其名"，由此看来至少他是游移于二说之间的，当他的推算落在第一日时，那就是"第一日亦得专其名"，当他的推算落不在第一日时，那么相近之七八日若五六日就得"公其名"。"四分说"之所以不胫而走被众多学者采纳，一方面可能是名人效应，另一方面是它可附会的余地较大，即使是于历算不甚通达者也可以在它的范围内找到立说的机会。"定点说"则不然，你所推算的历日若与实际天象误差半日以上就很难自安。或者正因为它立法过严使有些很精于天文历算的学者似乎对"定点说"抱有戒心，因为他们知道月相有时候并不像"定点说"所说的那样分明，对于古人来说就更是如此，因此又感到"四分说"或有部分合理性。我想月相名称的由来和使用或许不能完全密合，除观测误差外还有一个约定俗成的问题。张闻玉先生和他的老师是坚定的"定点说"者，这种为探索真理不避艰难的态度是应该得到赞许的。

古代历法上的"三正"问题与"月相"问题很像一个函数式中的两个互变量。所谓"三正"就是说夏代正月建寅，商代正月建丑，周代正月建子，如果你既坚持"月相定点"，又坚持"三正说"，那么你所推算的历日便很少能在历谱上找到合适的位置；

反之，如果你既坚持"月相四分说"，又否定"三正说"，那么你所推算的历日就可能在历谱上发现一个以上合乎条件的历点，所以从道理上说二者必须择一才行。那么应该放开月相还是放开月建呢？我以为还是放开月建更得其实，因为你只要承认西周可能产生"失闰"，就不能坚持"三正说"，事实上根据作者统计，在春秋前期十九年七闰法则尚未体现出来，失闰是不可避免的。各家铜器断代中都可能出现一些不入历谱的历日，被某些人称为"弃材"，实际上有一定数量不入历谱的现象是失闰引起的，张先生不仅在他的论集中讨论了"三正论"，而且在研究条例中专设"失闰例"，在这种情形下我们不必巧费心思。

在铜器断代中，我们往往还忽略另外一个问题，那就是根据历日所断年代乃是史事发生的时间，不一定就是制器的年代。古人记事系年有正记，有追记，顾炎武在《日知录》卷二〇《史家追记月日之法》中列举数条春秋人追记史事的例子，西周金文也存在这种情况，如䚊盉"惟明保殷成周年"、臤觯"臤从师雍父戍于𪐴师之年"，就是明显的追记，所以按照历日推算出来的铜器王年往往引起富有经验的收藏鉴赏家的怀疑，实际上彝铭所述是历史，而器物制造却晚得多，故器形、花纹、铭刻字体等与史实的时代不能一致。此外，把史事发生之年与制器之年混为一谈，还会使人杜撰出一些古代制度来，或者否认一些古代真实存在的制度，关于谥法产生的时代问题，就是一例。

我是在十三年前于长春求学的时候认识张闻玉教授的，那时我的习作《晋国史纲要》刚成初稿，研究这段历史碰到的第一个问题是晋国的开国之年，而武王克商之年又是回答这一问题的前提，这件事引起我对西周年代学的兴趣，独学无友，很多问题无法解决。忽闻张先生是张汝舟先生的入室弟子，精于历术，正在金景芳先生那里学习，于是便登门请教。其时张汝舟先生的遗著尚未出版，他口述汝舟先生学说，化解了我不少疑团。我们也共同钻研过彝铭，如令彝"隹八月，辰在甲申……隹十月，月吉癸未"使我们领悟"初吉"与"辰"皆指朔日，它们之间正好相隔 60 日；该彝铭在"十月月吉癸未"之后连叙甲申、乙酉，使我们认识到月相四分之说不可从，因为照"四分说"者的意见，初吉能管七八日乃至十日，与癸未紧接的甲申、乙酉又有何必要？闻玉先生的金文断代在那时已具规模，以后十余年中，更一直是他的主要事业，现终成一家系统学说。在他研究铜器断代过程中，他的文字我有作必读，同时也读了不少与他意见相左的论著，我以为如今衡量一家学说之优劣，与其看他的器物是否能够在历谱上全部找到适当的位置，不如对比分析一下学术规范的严密程度，因为方法越是粗略，器物对号入座的机遇就越大，把问题转到方法的对比上，无须看他的推算，哪个更逼近历史的真实也就一目了然了。

1998 年 9 月 20 日

作者简介：

常金仓（1948—2011），山西人，著名历史学家，周代礼学研究专家，曾任陕西师范大学教授、博士生导师。代表作《周代礼俗研究》《周代社会生活述论》等。

关于书名的说明

张闻玉

　　这部旧稿原名"西周铜器历日断代研究"，为了收进两篇涉及春秋时代的文字，辑录成集，就先去了"西周"二字。在书稿编审中我又决定改为"铜器历日研究"，其主意是 1999 年 2 月初在北京参加"夏商周断代工程"文献、金文历谱两会期间就萌发的，并非多了"断代"二字有什么不妥，而是想让当今的青铜器专家们更看重这"历日研究"四个字。

　　治青铜器的专家，比古董鉴赏家自是高出许多，他们毫不动摇地以器型类比法对铜器进行分类断代。由于出土的青铜器越来越多，大的小的，有铭的无铭的，有历日的无历日的，历日年、月、日干、月相完整的与历日不完整的……要判断铸器的时代，的确要依赖类型学，舍此别无其他。笔者受条件限制，不能接触这些铜器，更不要说大量接触，只能就专家们的介绍以及从拓本、拓片中摸索理会出一些不能条贯的道道。十多年来，我从文字中感到当今青铜器专家们开始注意到器铭历日，他们中大多数还是沿用王国维先生的方法，用"月相四分"解说历日，借以推断年代，并希望解释得更为具体。只是因为难于兼通历术，他们对历日的解说就大失水准，让人难于接受。由于他们以器形学为基准，对自己的解说（往往是误说）反而充满自信，这就大大妨碍了铜器断代的深入研究。

扬长避短，我从1985年冬开始对青铜器铭文中的历日进行研究，初衷不外是考求铜器的绝对年代，使铜器断代能上一个新的台阶。我也细读铭文，但更看重历日所反映的实际天象，因为天象不是人力所能改变的。我以"历日"进行的"断代"与青铜器专家利用类型学的断代往往结论相左，他们自然视我为外行而对我的结论不屑一顾。而我也是不甘浅薄的人，在学术问题上不愿意违心地去迎合名人大家的观点。

我的幸运在于师从张汝舟先生，学到了国学研究的方法，又得天文历术之真传，早早地就对西周年代有了一个完整而系统的认识，在这个基础上考求铜器历日，能做到得心应手，绝不糊涂。面对任何一件铜器上的历日，一开始我就不是孤立研究的，而是融入整体的研究之中。这样，可以做到一以贯之，任何例外都会一目了然。有了这个"战略"的高度，我当然就对历日研究充满信心。

虽然我尽力避免与青铜器内行专家的直接争辩，长期只取一个"井水不犯河水"的态度，但还是躲不开文字上的交流。关于卅七年善夫山鼎，关于鲜簋，关于吴虎鼎，我从历日角度考求，与铜器专家的结论都不一样。后来我逐渐明白，铸器时日与器铭历日不能完全等同。自作用器自述行事，铭文历日可视为铸器之时。而追述先祖功德，犹如叙说历史，器形即使是西周晚期，铭文也可能是中期甚至前期的史文。这一点本是很好理解的。不知为什么，青铜器专家并不理会，总是视器铭历日为铸器时日。从晋侯苏钟铭文的讨论可以看出，固执这样的偏见，不可能讨论出一个像样的结果。又如十八年吴虎鼎，历日与厉王十八年天象完全吻合，专家们毫不犹豫地视为宣王十八年器。川大一位教授告诉我，铭文有"王申厉王令"，这不是宣王又是谁？我细读原文，释为"王命……申厉王令"，我的理解是"厉王让……申厉王令"，即"他让……传达他的命令"。前一"厉王"蒙后省作"王"，并非是"宣王申厉王令"。铭文中虽有厉王名号，并非就是宣王十八年器。王国维先生"时王生称"说当不是臆度。历日吻合厉王十八年天象，作器在厉王、在共和、在宣王甚至再后都有可能。结论只能是：器属西周晚期，历日吻合厉王十八年天象。断为宣王十八年作器是失之偏颇的。

又如此鼎，器形归西周后期，而历日吻合穆王十七年天象。这仅是从历日角度研究的结论。铭文有"王在周康宫𢑌宫"，理解为"𢑌宫"就是夷王庙，只能是厉王器。厉王十六年十二月乙卯朔，厉王十七年十二月己卯朔。断此鼎为厉王器，就必须改动历日乙卯为己卯，或改十七年为十六年，还得以"既生霸为既死霸"变例解说。我早就注意到铜器专家们的见解，但我还是依据历日，归属穆王。这毕竟只是"铜器历日研究"，因为改动铭文，尤其是改动历日，得有万全的理由，否则宁可就历日本身勘合天象进行解说。铜器专家们切不可因归之穆王而嗤之以鼻，要是你对历术有通透的认识，你自会理解这其中的酸苦。老实说，我胡乱改动历日，归此鼎于厉王获得专家们的认可，岂不更为轻松？

又如番匊生壶，历日唯合成王二十六年天象。考古界认定此器为西周后期器。我早注意李仲操先生把此器列入平王。而平王二十八年才有十月己卯朔，列为平王器就得改动历年。考古界的朋友认为我"断代不当"，那是误解。我若视其为成王器，自然愚蠢之极。我只是说，历日与成王二十七年天象吻合，并不涉及器形，也不会否定器形的归类。

由于器形与历日并不划一，在铜器的具体王世判断上，我常常是扭秧歌——进退两难，顾了器形就顾不了历日，顾了历日又顾不了器形，我最终还是选定了以历日作为考求的主要对象。这样做，可供铜器专家们进行断代时认真思考，不要将器铭历日与铸器时日完全等同起来，由此而进入深层次的研究。这本书名为"铜器历日研究"，也仅是取"铜器历日"这一个角度，并不想替代铜器专家们的类型学断代。我只是研究铭文中的历日，而历日并不一定是铸器时日，就与"断代"不是一码子事。我将原书名中的"断代"二字去掉，就显得更贴切些。姑且不说"断代"，也容易得到从事断代研究的专家们的认可。历日的研究，自然可以促进断代研究的深入，最终达到共识，这正是我个人的愿望。

今年（1999 年）二月初，在北京开会期间，从朱凤瀚先生文章中看到伯大祝追鼎历日"隹三十二年八月初吉辛巳"，有的先生列为厉王（前 846 年）器。我以为，非厉王器。宣王三十三年（前 795 年）有八月辛巳朔（初吉），历年当是三十三年，始合宣王。因为鼎铭尚未公布，录此备考。谁是谁非，自可验证。

1999 年春节初三早上于贵阳

前言①　张闻玉

1985 年冬，应陈连庆教授邀请，我在东北师大历史系给古代史研究生讲历法。几位老先生要我结合铜器断代讲一讲历术的应用，逼得我将西周铜器历日做了一番清理。

我工作的第一步，是将有历日的西周铜器借助历朔的排比贯穿起来，分成若干铜器组。在这个基础上，第二步利用合天的历谱，结合文献记载，弄清了西周十二王的在位年数。② 第三步，将似是无法贯穿的少数铜器加以重点研究，得出了铜器历日研究的几个特殊条例——变例（以区别于合谱的正例）。这样，记有王年、月、月相、日干支四全的五十余件铜器铭文就一一系于西

---

① 本文后收入《西周铜器断代研究三题》，刊于《贵州教育学院学报》（社会科学版）1990 年第 2 期、《史学月刊》1990 年第 6 期。

② 具体结果见《武王克商在公元前 1106 年》（最早发表于 1987 年 9 月在中国安阳举办的中国殷商文化国际讨论会，后载入 1996 年贵州人民出版社《西周王年论稿》、2010 年贵州大学出版社《西周纪年研究》），又《共孝懿夷王序、王年考》（见本书后文）。

周王年。最后的一步工作是将无年而有月、月相、日干支的九十余器系于王年。其中，成康无年器，我参考了郭老《两周金文辞大系图录考释》（以下简称《大系》）的断代；几件列入昭王的无年器，我采用了唐兰先生的意见。新中国成立以来新出土的器物，我都尽可能查出发掘简报或考释文字，借以确定王年。

我的工作的特点是以铜器历日校比实际天象为主要手段进行断代，这就与现行的断代方法有所不同。现今普遍使用的标准器比较断代法，主要依据器物的形制、文体、人名诸项进行考释。其结果只能是粗疏的，停留于一个大致如此的阶段。在这种粗疏的结论上研究西周历史，研究者本身未必就心中踏实，产生的疑问是可以想见的。如果我们轻视铜器历日的作用，等于是舍弃准确的结论不用，继续采用那原始的耕耘方法而怡然自乐——这就是当今铜器断代的现状。

为什么标准器比较法的断代只能得出一个粗疏的结论？从研究者们的见仁见智、众说纷纭中本可以明白其中的道理。

就铜器的形制说，铸匠非此一家，非铸于一时，自不可一概而论。其中有纵的关系，一个模式或代代相传、遗范数世，或后人仿制改造，既有超迈前人者，亦有效颦之作。还有同一时代的横的关系，各地制器风格不同，各家铸匠工艺不一，形制岂能划一？如此等等，岂可以形制定王世？如全瓦纹环耳簋这种形制，有人认为是昭穆时代的流行式，不得晚于共世，所以断师虎簋为共王器。又，无曩簋与师虎簋的形制一模一样，《大系》据簋铭定为厉王器，陈梦家先生《断代》据"王征南夷"定为昭王器。如果考以实际天象，无曩簋历日与公元前829年即共和十三年实际天象吻合。当定为共和器。知共和年间亦有征南夷之举。足见全瓦纹环耳簋这种形制到西周晚期还盛行着。又如方彝，殷末周初就大量使用，一般认为可以晚至懿世。而20世纪70年代随县出土的曾国方彝说明，方彝在春秋前期还在制作。盛冬铃先生说："用图象学的方法研究铜器的形制、花纹，探求其发展演变的规律，并排比成系列，这固然也能通过各个铜器在系列中的位置而估定其时代，但这种估计往往也是相对的。"[1] 如果拘于形制，三十七年善夫山鼎"其造型和纹饰，与毛公鼎相类"，[2] 十七年此鼎"造型、纹饰是厉宣时代流行的型式，[3] 似乎只有断在厉宣时代了。而器铭历日咸与厉宣十七年或三十七年天象不合，此鼎历日恰是穆王十七年天象，善夫山鼎历日恰是穆王三十七年天象。这难道是私意的安排？我们不得以实际天象曲就形制，应将善夫山鼎历日归入穆世。[4] 此鼎铭有"王在周康宫徲宫"，唐兰氏认为徲宫即夷王庙。果如此，历日当是"既死霸己卯"才合厉王十七年天象，得用变例解说。信"既生霸乙卯"仍当视为穆世历日。

就铜器的文字来说，变化的可能性更小。一两百年内文字也

---

① 盛冬铃：《西周铜器铭文中的人名及其对断代的意义》，《文史》第十七辑，北京：中华书局，1983年6月，第27—64页。

② 朱捷元、黑光执笔，陕西博物馆：《陕西省博物馆新近征集的几件西周铜器》，《文物》1965年第7期，第19页。

③ 岐山县文化馆、陕西省文馆会等：《陕西省岐山县董家村西周铜器窖穴发掘简报》，《文物》1976年第5期，第29页。

④ 编者按：根据作者于1998年12月完成的《关于吴虎鼎》（见本书后文），作者更新观点为：善夫山鼎铭文历日合穆王三十七天象，而器形当属西周晚期。

难有重大改变。同一时代的制器，铭文不可能出自一人之手，字体的差别是必然的。如1963年武功县发现的师痩簋两盖，铭文内容全同，但顶面花纹不同，两器的字划大小风格大有差异。不同时代的制器，铭文的字体又可能是相似的、相近的。盛冬铃先生说："至于探讨铭文形式上的特点，如字形的演变、字体的作风，行款的布置，文辞的格式乃至某些特殊词语的使用，等等，指明其时代印记，无疑也是断代研究的重要着眼点，但据此断代，仍只能分若干时期，难以准确到各个王世。"① 文字形体的相对稳定与文字形体的个人风格，给据此断代造成困难。并非字体相同或相近的器就可轻易地断为同一王世。如果拘于字体，番匊生壶与克鼎、毛公鼎、𠦪攸从鼎、颂壶等器，铭文中间有横竖界格，似是相同，当断为厉王器，而番匊生壶历日与厉王或宣王二十六年绝不相合，恰又合成王二十六年实际天象。我们只能就历日合天象，视为记成王事。

就铜器的人名来说，盛冬铃先生发表了很好的意见。重要的是对人名的正确判断。同人异名，异人同名，区分实难。严格说，人名仅能提供一个线索，如果使用不当，宽严皆误，结论必不可靠。"如井伯、益公、荣伯、井叔等称号并非一人所专有，各器所见未必是同一人，或在例外。"② 如伯克壶，《大系》说："伯克与克钟、克盨、克鼎等克当系一人。"其实，克钟、克盨是

---

① 盛冬铃：《西周铜器铭文中的人名及其对断代的意义》，《文史》第十七辑，北京：中华书局，1983年6月，第27—64页。

② 盛冬铃：《西周铜器铭文中的人名及其对断代的意义》，《文史》第十七辑，北京：中华书局，1983年6月，第27—64页。

宣王器，伯克壶历日只合穆王十六年（前991年）实际天象。如果用特殊条例（变例）解说，乙未为己未之误（形近而误），伯克壶历日可合昭王二十六年实际天象：七月己未朔。又，裘卫四器，多以为二十七年记初受册封，时代较他三器为早，定卫簋为穆王器（《简报》，盛冬铃），或定为共王器（李学勤）。其实，卫簋历日合厉王二十七年实际天象，九年卫鼎与懿王九年天象吻合。三年卫盉、五祀卫鼎当用变例断为夷王器方合。裘卫究竟是一人，还是父子两代？解释是可以不同的。

毋庸讳言，以历日天象为主要手段进行断代也不是丝毫没有问题。由于历朔以31年为一个周期，每31年月日干支又重现一次。西周一代330多年，任何一个无王年的月日干支均有十个年头可合。如果王年明确，凡有王年、月、月相、日干支四全的铜器，一般都有确定的位置。只共王与宣王的年、月、日干支同。共王元年（前951年）至宣王元年（前827年），计124年，正经历四个月朔周期，所以共王器历日亦合宣王元年的天象。师虎簋定宣王，或定共王，历象不误，其理于此。我们说，以历日天象为主要手段，并不排斥以形制、字体、人名、史事等作为辅助手段进行铜器断代。

又因为有误字、夺字等变例，常有一个铜器历日，既合正例（即实际天象）又合变例的情况。如伯克壶历日，正例合穆王，变例合昭王；走簋、望簋、此鼎历日，正例合穆王，变例合厉王。我在这里虽以实际天象为据系入王年，仍感到有继续研究的必要。这当然还有待于大量铜器的出土，相互勘比，才有最后的结论。

我以上述的想法求教于陈连庆先生。陈先生六月十九日函示云："铜器中的文字形体、历史事件、人物名称，乃至铜器的形制花纹，对于铜器断代都有用处，但这种作用不宜评价过高，一般只是起相对的作用，而不是起绝对的作用。需要把这些因素集合起来，得出的结论，往往虽不中亦不远矣。历法问题，如果推算无误，当然起重要作用，对于断代十分有用。但是西周列王年代目前仍无十分有把握的结论，众说纷纭，把以上有利于断代的方法，全部否定，尚非其时。而且用历法断代也需要其他条件，互相配合，才能更有说服力。"陈先生的意见无疑是正确的。

　　总之，铜器断代的方法可以不同，但结论只能是一个。经过对西周一代铜器历日的全面研究，可以说，除非是历日本身夺误，以历日勘合天象为主要手段，再辅以形制、人名、史事进行断代，应是准确可靠的方法。

　　　　　　　　　　1986 年 6 月于吉林大学 4 舍 402 室

目 录

　　近代以来，出土铜器越来越多，已吸引若干学人就此进行专门化研究，其丰硕成果已渐次揭示中国古代文化真相，将殷周古史一页一页展现于今世。这些殷周故物，牵系着至今尚不分明的殷周——尤其是西周的王世年代，铜器断代研究便成了铜器研究的基础。前辈郭沫若同志说："时代性没有分划清白，铜器本身的进展无从探索，更进一步的作为史料的利用尤其是不可能。就这样，器物愈多便愈感觉着浑沌，而除作古玩之外，无益于历史科学的研讨，也愈感觉着可惜。"[①] 没有断代的研究，铜器的价值也就可想而知。前贤研究古器年代的方法，是以书法、文体、形状、纹饰、人名相比勘，或结合一些文献记载相与互证，确也取得不小的成绩。在大量的西周铜器中，铭文记有王年、月、月

----

　　① 郭沫若：《青铜时代》，载《郭沫若全集·历史编》（第一卷），北京：人民出版社，1982 年，第 602—603 页。

相、日干支的器物也不少。凡有历日的铜器，仅用上述方法考证年代就远远不够了。铜器的历日反映了当时的实际天象，历日本身就已告诉了我们铜器记录的年代。如果我们运用历术考求出历日所反映的可靠天象，断代就当是万无一失、准确无误的了。

依据张汝舟先生古天文说，考求历日，必须做到天上材料（实际天象）、地下材料（出土文物）和纸上材料（典籍记载）三证合一，才算可靠，尤其应当重视实际天象。① 这是很有见地的金玉之言，要语中的，针砭时弊，必将对铜器断代有所推动。

笔者近年授课之余，对铜器历日做了一番认真的清理，发现西周铜器所载历日都与实际天象相合，并不乖谬。近人断代尽管纷纭不已，百人百口，在实际天象前面则立刻是非分明，泾渭判然。现将清理所得，分四个部分公之于世，幸学人正之。

第一，铜器历日研究的有关问题；

第二，铜器历日研究条例（分正例、变例）；

第三，铜器历日的具体讨论；

第四，铜器历日与西周王年；

第五，西周王年足徵。

---

① 《贵州大学整理张汝舟遗著》，《古籍整理出版情况简报》，第 130 期（1984 年 10 月），第 8 页。

第一编

———

铜器历日研究的
有关问题

一、 说推步[①]

在我们进行铜器历日考察之先，早就读到了前辈郭沫若同志的有关文字。他说："彝铭中多年月日的记载，学者们又爱用后来的历法所制定的长历以事套合，那等于是用着另一种尺度任意地作机械的剪裁……作俑者自信甚强，门外者徒惊其浩瀚，其实那完全是徒劳之举。周室帝王在位年代每无定说，当时所用历法至今尚待考明，断无理由可以随意套合的。"[②] 我们也注意到了前辈容庚先生的意见："金文中的历日推定法根本就无足取，只可作为参考旁证，不能作为主要标准。周初有无一定的历法，当时所行的是什么历法，及西周各王的年数，是不大清楚的。就是周初所采用的月相也不大明确，徒以后人制作的标准作主观的忖测，故致异说纷纭。"[③] 不过，我们也同样受到郭沫若氏的启迪，增长了对铜器历日研究的兴趣。他说："学者如就彝铭、历朔相

---

① 此节内容原名《历术推步之目的》，载于《西周铜器断代研究三题》一文，刊于《贵州教育学院学报》（社会科学版）1990 年第 2 期、《史学月刊》1990 年第 6 期。

② 郭沫若：《青铜时代》，《郭沫若全集·历史编》（第一卷），第 603 页。

③ 容庚、张维持：《殷周青铜器通论》，北京：文物出版社，1984 年，第 15 页。

互间之关系以恢复殷周古历，再据古历为标准以校量其他，则尚矣。"① 容先生也说过："这些是用历法来考察一二器物，并未制作一个标尺来衡量大量周器。"②

我们就西周铜器历日进行全面的研究，在于要找到一个标尺来衡量大量周器。这就需要首先掌握推求实际天象的技术，并将周代月相名词做出正确的解释，再依据古代文献记载及铜器历日验证，解决西周一代各王在位年数，在此基础上利用彝铭、历朔相互间之关系以恢复殷周古历，再就古历为标准以校量其他。果真如此，就并非是根本无足取的徒劳之举。笔者经过全面的研究确认，铜器历日给我们提供了西周历史最可宝贵的资料，其年代学价值将是无可估量的。

历术推步的根本目的是什么？门外人不甚了了。多以为历家闭门造车，逞臆杜撰，以强合古籍年月，如此而已，不屑一言。今人黄盛璋同志说："西周历法真相难明，自造历谱如何可信？"③ 戚桂宴同志说："根据现有的材料，要安排一个近于实际的西周历谱，可以说目前还是一件不太可能的事。如果依据已制定的西周历谱去解决青铜器断代的问题，其结果十之八九也是靠不住的。"④ 殊不知，古今的中国历术都如实地反映着天象。中国古代天文学就包含着历法的内容，或者说历法本身就是实用天文学的组成部分。所以古代文献中，星历、星算、天历、星术，总

① 郭沫若：《两周金文辞大系考释·初序》，（日本东京）文求堂书店，昭和10年（1935年），第3页a。
② 容庚、张维持：《殷周青铜器通论》，第15页。
③ 黄盛璋：《历史地理与考古论丛》，济南：齐鲁书社，1982年，第330页。
④ 戚桂宴：《厉王铜器断代问题》，《文物》1981年第11期。

是结合着说的，正反映着中国古代合天文、历法为一事。在漫长的观象授时的年代，制历完全依据天象。太阳的出没、月亮的盈亏、星辰的隐现，都是人们安排年月日所必须观测并加以记录的。铜器中年月日的记载，月相的书写，都来自于实际天象。追求实际天象，自然就是历术推步的目的，舍此别无其他。推步而不能求出实际天象，这种推步将毫无价值；尽管求得实际天象，如对月相解释有误，或对王年误断，推步所得也无法加以利用。古今推步者，或失之疏，未得实际天象，如刘歆、王国维皆是；或失之误，得实际天象而不能用，如新城新藏、董作宾皆是。①

汉代学者刘歆，精于四分术，为王莽改制而创《三统历》。他用"三统"之孟统（周历）推考武王克商的年代在公元前1122年，对后世影响甚大。《三统历》更被推崇为古代三大名历之首，至今还有人据以考求古代历朔。刘歆的时代，视回归年长度为 $365\frac{1}{4}$ 日，不知四分术与真值尚有差距。所以，刘歆推定的克商之年公元前1122年的历朔，并不符合公元前1122年的实际天象，这是可以理解的。今人再据以推求西周历朔，必与真相相差甚远。王国维氏"悟"出"四分月相"，其失在此。

到东汉，历法的行用常有后天不符的事实，人们已粗略地感到四分术的不精，已大体知道四分术行用三百年必有明显的误差。这就是《后汉书·律历志》所载"历稍后天，朔先于历，朔

---

① 刘歆尚不知四分术与实际天象误差，造《三统历》，王国维氏据孟统推算周历历日，所得非实际天象。新城氏误信月相四分，董作宾氏固守"三正说"，虽得实际天象而无法正确利用。

或在晦，月或朔见"① 的事实。东汉人还不敢怀疑到四分术本身的误差，而是从一个神秘的角度去加以解说，纬书所谓"三百年斗历改宪"便是。《后汉书·律历志》记刘洪的话："甲寅历于孔子时效；己巳《颛顼》历秦所施行，汉兴草创，因而不易。至元封中，迂阔不审，更用《太初》，应期三百改宪之节。"姑不论刘洪对甲寅元殷历、己巳元颛顼历的认识如何，这个"应期三百改宪之节"就透露了东汉人对四分术当三百年一"改宪"的消息。《后汉书·律历志》反复征引纬书"三百年斗历改宪"，载贾逵论历"一家历法必在三百年之间"的说法，说明在东汉人心目中，改历（改宪）是古已有之，以三百年为期（节）。这就是东汉人对历法后天的解说。

到南朝的何承天、祖冲之，才明确提出四分术与实际天象的误差。何承天说："四分于天，出三百年而盈一日，积代不悟。"祖冲之说："四分之法，久则后天，以食验之，经三百年辄差一日。"② 这就是说，用四分术（包括《三统历》）推求历朔，除了有一个可靠的起点——历元近距，还必须计算这个误差进去，才能得出实际天象。

东汉一代，谶纬之说盛行，十分重视对历元的追求，所谓"建历之本，必先立元"③。除了已有的甲寅元殷历，己巳元颛顼历，又有黄帝历、夏历、周历、鲁历之说。我们不妨将"古六历"看作东汉改历之前的一些历家托古自重，故神其说的方案。

---

① （南朝宋）范晔：《后汉书》，北京：中华书局，1965年，第3025页。
② （南朝梁）沈约：《宋书》，北京：中华书局，1974年，第308页。
③ （南朝宋）范晔：《后汉书》，北京：中华书局，1965年，第3036页。

"古六历"是本无所有，纯系东汉人的附会，史书只有天正甲寅元及人正乙卯元。人正乙卯元（即已巳元颛顼历）是取甲寅元殷历历元之后六十二年为历元，以示有别，而四分术的实质是无可更改的。说得简明一点，战国以来所施行的四分术就是甲寅元的殷历。这是从史载历日可以考知的。殷历即"斗历"，取冬至点在牛初的天象为依据。实际天象冬至点在牛初，相当于战国初期，公元前450年前后。

自汉以来，两千余年历代学人几乎皆接受了"古六历"之说。到唐代，《开元占经》将《古六历》上元积年都一一载明。古有六历，必有六元，谁是谁非，无所适从。这就给探求古代制历设置了重重障碍，烟雾弥漫，致愈演愈烈，莫衷一是。推考实际天象，则无从入手。

唐代大星历家僧一行，精于历术，也懂得四分术与天象的误差，他推求武王克商在公元前1111年，这是一个接近真值的结论。但他没有找到四分术殷历行用的具体年代，只能据他所生活的唐代，上溯千余年进行推演。一行之说，已近于史实，尚有少许的误差。而克商之年只有一个，必须具体定在某年，差一年都不合历史的真实。比较刘歆的推步，僧一行是大大前进了。今人董作宾氏大申一行公元前1111年克商说，但囿于"三正"，而不能恢复殷周古历的建正，不得不以公元前1111年实际天象曲就古文《武成》历日，定为克商之年。①

有清一代，天算家辈出，终未突破汉以来所设置的网罗，虽

---

① 董作宾：《董作宾先生全集甲编》（第一册），台北：艺文印书馆，1977年，第81—112页。

精心考求，终未尽人意。

近代研治古历者也不乏其人，还能利用现代科学技术考求准确无误的实际天象，但终究冲不开"古六历"迷雾。解不开这个乱麻团，无法找到古代行用四分术的具体年代，便不能揭示两周用历的真相，更无以考究西周的历日。探索者必然致误。

二、 求天象

怎样推求实际天象？这是一般从事文史研究工作者所应该掌握也是不难掌握的一种技巧。

前面说过，中国最早行用的四分术殷历，当创制行用于战国初期。掌握四分术的推步，自是推求实际天象的基础。四分术的推演规律何在？张汝舟先生在《〈历术甲子篇〉浅释》[1] 中指出，《史记·历术甲子篇》就是殷历四分术之"法"，《历术甲子篇》所载七十六年大余、小余，便是殷历历元太初第一蔀甲子蔀七十六年各年冬至月朔干支和冬至日干支及余分（小余）。如果我们剔除窜入的"天汉""太始""征和""始元"等年号[2]，将七十六年朔、气顺次编排，则一蔀之朔闰便可了如指掌。

---

① 张汝舟：《二毋室古代天文历法论丛》，杭州：浙江古籍出版社，1987年，第28—80页。

② "天汉"等年号为后人窜入，说见梁玉绳《史记志疑》卷十五（北京：中华书局，1981年，第766页）、张文虎《校刊史记集解索隐正义札记》卷三（北京：中华书局，1997年，第312页）。

《历术甲子篇》朔日表

1	〇朔 0	20	三十九 705	39	十九 470	58	五十九 235
2	五十四 348	21	三十四 113	40	十三 818	59	五十三 583
3	四十八 696	22	二十八 461	41	八 226	60	四十七 931
4	十二 603	23	五十二 368	42	三十二 133	61	十一 838
5	七 11	24	四十六 716	43	二十六 481	62	六 246
6	一 359	25	四十一 124	44	二十 829	63	〇 594
7	二十五 266	26	五 31	45	四十四 736	64	二十四 501
8	十九 614	27	五十九 379	46	三十九 144	65	十八 849
9	十四 22	28	五十三 727	47	三十三 492	66	十三 257
10	三十七 869	29	十七 634	48	五十七 399	67	三十七 164
11	三十二 277	30	十二 42	49	五十一 747	68	三十一 512
12	五十六 184	31	三十五 889	50	十五 654	69	五十五 419
13	五十 532	32	三十 297	51	十 62	70	四十九 767
14	四十四 880	33	二十四 645	52	四 410	71	四十四 175
15	八 787	34	四十八 552	53	二十八 317	72	八 82
16	三 195	35	四十二 900	54	二十二 665	73	二 430
17	五十七 543	36	三十七 308	55	十七 73	74	五十六 778
18	二十一 450	37	一 215	56	四十 920	75	二十 685
19	十五 798	38	五十五 563	57	三十五 328	76	十五 93
						77	三十九 0

四分术取岁实 365$\frac{1}{4}$日。一蔀七十六年，为 27759 日。四分术闰章规定，十九年七闰，一蔀四章必二十八闰。故一蔀七十六年得 940 月。所以一朔望月长度为：

$$27759 \div 940 = 29\frac{499}{940}日$$

《历术甲子篇》已列出每年冬至月朔干支及冬至日干支及余分（小余），便可作为每年月朔及节气起算点进行推演。其法是：月大三十日，月小二十九日，逐月累加，排出每月前大余（朔日干支）。由于四分术朔策 29$\frac{499}{940}$日，逢小月二十九日，小余当加 499 分；逢大月三十日，小余当减 441 分。小余逢 940 分进一日，为连大月。

中气的大余、小余（后一个大余、小余），从冬至日起算，每月累加三十日十四分。因为 365$\frac{1}{4}$÷12=30……余 5$\frac{1}{4}$。

$$5\frac{1}{4} = 5\frac{8}{32} = \frac{168}{32} \qquad 168 \div 12 = 14（分）$$

所以，前小余分母为 940，逢 940 分进一日，后小余分母为 32，逢 32 分进一日。《历术甲子篇》的前后小余皆省去分母。

《历术甲子篇》仅列历元太初之第一蔀甲子蔀七十六年各年朔闰，由于是"法"，自可以一蔀推二十蔀，贯通整个四分历法。甲子蔀 76 年后即 77 年前大余三十九，进入第二蔀癸卯蔀元年。三十九，即甲子蔀所余，称"蔀余"。以后每蔀当递加三十九；逢 60 去之，得出二十蔀蔀余。蔀余即每蔀首日干支序数。

殷历甲寅元太初元年为公元前 1567 年，以此推出各蔀首年：癸卯蔀，前 1491 年；壬午蔀，前 1415 年；辛酉蔀，前 1339 年；庚子蔀，前 1263 年；己卯蔀，前 1187 年……

要推算公元任何一年的朔闰，必将该年纳入殷历的某蔀第几年。"蔀"用《殷历二十蔀首表》，"年"用《历术甲子篇》七十六年之年序。查得该年之前大余，加上该蔀蔀余，就得该年之冬至月朔日干支，然后逐月推演。节气从冬至起算，同样加蔀余推演。

殷历二十蔀首表

一	甲子蔀	0	六	己卯蔀	15	十一	甲午蔀	30	十六	己酉蔀	45
二	癸卯蔀	39	七	戊午蔀	54	十二	癸酉蔀	9	十七	戊子蔀	24
三	壬午蔀	18	八	丁酉蔀	33	十三	壬子蔀	48	十八	丁卯蔀	3
四	辛酉蔀	57	九	丙子蔀	12	十四	辛卯蔀	27	十九	丙午蔀	42
五	庚子蔀	36	十	乙卯蔀	51	十五	庚午蔀	6	二十	乙酉蔀	21

如公元前 1122 年当入己卯蔀第 66 年，公元前 1111 年当入戊午蔀元年，公元前 1027 年当入丁酉蔀第 9 年。如果不加蔀余（即蔀余为 0）还是甲子蔀某年冬至月朔干支。《历术甲子篇》所列大余，《二十蔀首表》之蔀余，都是干支序数，一查即得。

铜器历日研究

一甲数次表

0 甲子	10 甲戌	20 甲申	30 甲午	40 甲辰	50 甲寅
1 乙丑	11 乙亥	21 乙酉	31 乙未	41 乙巳	51 乙卯
2 丙寅	12 丙子	22 丙戌	32 丙申	42 丙午	52 丙辰
3 丁卯	13 丁丑	23 丁亥	33 丁酉	43 丁未	53 丁巳
4 戊辰	14 戊寅	24 戊子	34 戊戌	44 戊申	54 戊午
5 己巳	15 己卯	25 己丑	35 己亥	45 己酉	55 己未
6 庚午	16 庚辰	26 庚寅	36 庚子	46 庚戌	56 庚申
7 辛未	17 辛巳	27 辛卯	37 辛丑	47 辛亥	57 辛酉
8 壬申	18 壬午	28 壬辰	38 壬寅	48 壬子	58 壬戌
9 癸酉	19 癸未	29 癸巳	39 癸卯	49 癸丑	59 癸亥

《历术甲子篇》"无大余"代甲子日,故癸亥59,一甲数次终。

以上是殷历四分术的推算法。刘歆《三统历》仍可按三统章蔀进行推算,并不繁难。一般的四分术推步就进行到此。要是求西周时代的历朔,这还不是实际天象,还必须计入四分术与真值的误差。

由于四分术粗疏，"三百年辄差一日"，每年比实际天象约浮3.06分（940分进一日）。张汝舟先生研究，殷历创制于战国初期，行用于周考王十四年（前427年），[①] 所以必以前427年为准，此前每年加3.06分，此后每年减3.06分，才能得到密近的实际天象，解决历术先天或后天的误差。这个前427年，合殷历己酉蔀首年，称"历元近距"，是实际用历的起点，也是推求实际天象的起算点。前人不知，推算便无从下手，或以上古积年算，或自定历元近距起算，多有不合。

这是利用殷历四分术计入误差求得的实际天象，人人可得而用之。这是密近的天象（平朔、平气），与日月的准确位置（定朔、定气）相去极微。

当今，可资利用的合乎天象的西周历朔，易查的有三种。

1.董作宾氏《西周年历谱》[②]

2.张汝舟氏《西周经朔谱》[③]

3.张培瑜氏《西周历法和冬至合朔时日表》[④]

董氏谱用平朔，有时为了勘合建子，便更动连大月或闰月来

---

① 张汝舟：《二毋室古代天文历法论丛》，第228—428页。

② 董作宾：《董作宾先生全集甲编》（第一册），第249—328页。

③ 张汝舟：《二毋室古代天文历法论丛》，第228—428页。

④ 张钰哲主编：《天问》，南京：江苏科学技术出版社，1984年，第25—91页。

曲就金文。张汝舟先生谱用经朔（平朔），并列出合朔余分，置闰与连大月全依四分术，简便易行，使用时还可自行推算验证。张培瑜《时日表》用定朔，并计算出合朔的时与分，准确可靠，校比历日最便。下文凡需推演历日者，以张汝舟先生《经朔谱》为基础，校以张培瑜氏《时日表》，当可取信于方家。

推演法举例：求公元前1106年实际天象。

第一步，入蔀。前1106年入殷历甲寅元戊午蔀第6年。查《二十蔀首表》，戊午蔀蔀余54；查《历术甲子篇》太初六年，闰十三，前大余一，小余359分。

蔀余加前大余，得殷历是年冬至月朔干支。

$$54+1=55（查一甲数次表，己未55）$$

殷历前1106年冬至月朔己未，359分。

第二步，求实际天象。从前427年起算，每年加3.06分，得2078分，即历术先天2078分。逢940分进一日，得2日198分。日加日，分加分。

$$55+2=57（辛酉）\quad 359+198=557（分）$$

公元前1106年冬至月朔辛酉557分。这就是实际天象。

第三步，推演全年十三月（有闰月）实际天象。月大加30日，小余减499分；月小加29日，小余加441分。

子月朔辛酉557分	丑月朔辛卯116分
寅月朔庚申615分	卯月朔庚寅174分
辰月朔己未673分	闰月朔己丑232分
巳月朔戊午731分	午月朔戊子290分

未月朔丁巳 789 分　　申月朔丁亥 348 分

酉月朔丙辰 847 分　　戌月朔丙戌 406 分

亥月朔乙卯 905 分①

三、 释月相②

月相，是金文研究中不可回避的重要问题。对月相的解释尤其如此，纷纭不已。自古来，说月相者不下数十家。大体可分为定点与不定点两个对立的营垒。清以来，定点说的代表是俞樾，著有《生霸死霸考》。③ 不定点说的代表是王国维，也著有《生霸死霸考》。④ 王氏之说，即"月相四分"，在近代文物考古界颇有市场。

四分历创制于战国初期，故战国以前，包括岁星纪年在内，均属观象授时，制历尚无"法"可依。西周的实际用历，当以太阳的高低位置形成的冷暖寒暑确定春夏秋冬四季；置闰的十九年七闰规律在春秋中期人们才得以掌握，西周一代大体依"三年一闰，五年再闰"安插闰月，随时观测、随时置闰，非岁终置闰，

---

① 闰月设置，见拙著《古代历法的置闰》，《学术研究》1985 年第 6 期。

② 此节内容原名《月相解说之大要》，载于《西周铜器断代研究三题》一文，刊于《贵州教育学院学报》（社会科学版）1990 年第 2 期、《史学月刊》1990 年第 6 期。

③ （清）俞樾：《曲园杂纂》，《春在堂全书》（第三册），南京：凤凰出版社，2010 年，第 84—88 页。

④ 王国维：《观堂集林》，北京：中华书局，1959 年，第 19—26 页。

亦非无中气置闰，朔望月长度是以月亮的盈缩通过实测确定的，月大三十日，月小二十九日，月相的观察显得十分重要。以月相确定朔望，则有连大月，也必有连小月。除了阴雨无月，一般说来，历朔更接近于合朔真值（定朔）。

古籍与铜器铭文对月相的记载，反映了西周一代对月相的认识。如果细加分析，可以明确数事。

1.生霸、死霸非月相。《尚书》和器铭中，都没有单用死霸或生霸来记日的，可见生霸、死霸非月相。刘歆说"死霸，朔也；生霸，望也"当是"既死霸，朔也；既生霸，望也"。张汝舟先生说："死霸，指月球背光面；生霸，指月球受光面。并不能作为某一天的月相。"当从。①

2.月相非定点不可。《尚书·召诰》云："惟二月既望，越六日乙未。"既望不固定，何以有过六日的乙未？董作宾氏说既望，包括十六、十七、十八三天，亦不可通。《尚书·武成》云："粤若来三［二］月既死霸，粤五日甲子，咸刘商王纣。"既死霸不固定，何来过五日的甲子？月相非定点不可，还必须定在一日，没有两日的活动，也没有三日的活动。

3.既死霸为朔。有人以为既死霸为晦日，指月之二十九（小月）或三十日（大月）。从《武成》"二月既死霸，粤五日甲子"知，绝非晦日。《逸周书·世俘》从"越若来二月既死霸，粤五日甲子"记到丁卯、戊辰、壬申、辛巳、甲申。既死霸去甲申已二十五日，既死霸必在初五日之前。联系《召诰》"越若来三月，

①　张汝舟：《西周考年》，《二毋室古代天文历法论丛》，第165页。

惟丙午朏"，朏为初三，则既死霸不得再为初三，当指朔日。

又，令簋、召尊两器记同时同地之事。令簋云："佳王于伐楚伯在炎，佳九月既死霸丁丑。"召尊云："佳九月在炎师，甲午伯懋父赐召白马。"同是九月，丁丑至甲午共 18 日。既死霸丁丑为初一，则甲午为九月十八日。既死霸不可能在九月十五日以后。既死霸若在下半月，甲午必记在十月某日了。有人以召尊九月甲午指闰九月，说无据。

4.旁死霸为既死霸后一日。古文《尚书·武成》"一月壬辰旁死霸"到"二月既死霸（庚申）"相距二十八日，约当一个月少一天。以此知旁死霸在既死霸后一天。同理，旁生霸当在既生霸后一天。既死霸为初一，旁死霸为初二。既生霸为十五，则旁生霸为十六。

5.朏为初三，既望为十六。《尚书·召诰》："惟二月既望，越六日乙未。"知既望为庚寅。又，"越若来三月，惟丙午朏"。二月既望庚寅到三月丙午朏，相去十六日。既望为十六，月小，朏为初三。古今解说无异。

6.月首为朔日，不得为朏。《尚书·召诰》："惟二月既望，越六日乙未。"又"越若来三月，惟丙午朏"。《尚书·洛诰》："戊辰。在十有二月。"排比历日知：二月乙亥朔，得十六日既望庚寅；三月甲辰朔，得初三朏丙午；十二月己亥朔，得三十日戊辰。从《周礼·春官·大史》"颁告朔于邦国"，《汉书·律历志》"周道既衰，幽王既丧，天子不能班朔，鲁历不正"知，西周一代颁朔制度确已存在，并视为吉礼，郑重对待。月首为朔，不得为朏。令彝历日更确不可易。

7.初吉为朔。铜器多有初吉的记载，实为朔日无疑。古代帝王重告朔之礼，视朔为吉日，为一月之始，故称初吉。《诗经·小雅·小明》："二月初吉。"毛传："初吉，朔日也。"《国语·周语上》："自今至于初吉。"韦注："初吉，二月朔日也。"亦省作"吉"。《周礼·天官》："正月之吉。"郑注："吉谓朔日。"亦谓之"月吉"。《周礼·地官司徒》："月吉，则属民而读邦法。"郑注："月吉，每月朔日也。"以文献证铜器初吉，谓朔日无疑。

8.凭月相定朔望。古人观象授时，肉眼观察，凭月相定朔望。两望之间必朔，两朔之间必望。一个朔望月长度二十九天半还稍多，经过不长时间的观察就可以大致掌握。月相在天，有目共睹。肉眼观察也不会把十五说成十六，更不会说成十七。同理，也不会将初一定为初二，更不会定为初三。朔与望相对，凭月相定朔望则月首必为朔，不得为朏。若以月首为朏，实则否定了朔望月，因为与望相对的是朔而不是朏。朏指月牙初见，其作用与日食、月食的发生一样，可用以验证朔望的准确性。凡重视月相的观察，必知道日食在朔、月食在望。朔与望的确定当是无疑的了。不得因甲骨文尚未发现"朔"字而否定朔日的事实。

9.西周无承大月承小月之说。《后汉书·律历志》载："历稍后天，朔先于历，朔或在晦，月或朔见。"这是汉代使用四分术推步而历法后天的实录。[①] 故《说文·月部》"承大月二日，小月三日"当指朏而言，或为初二，或为初三，有两天的活动范

---

① 汉武帝太初以后，行邓平八十一分法。八十一分法只能视为四分术的简便形式，实质同于四分术。

围。同理，《释名·释天》释"望"："月大十六日，小十五日。"或十六，或十五，有两天的活动范围。这是历法后天所致。承大月承小月是汉代之说，以之律古，认为西周一代如此，则无根据。西周人重视月相，肉眼观察，历不成"法"，不得后天，月牙初见为朏，月满圆为望。按后代数序纪，即初三为朏，十五为望。月相定点，定在一天。朏无初二之说，望无十六之说。旁死霸指初二，旁生霸指十六，既望亦指十六，皆固定一日，不得有两日的活动。

10.月相总说。月相的正确解说，前有俞樾《生霸死霸考》奠定基础，今更臻其完备。归纳如是：初一为朔，为既死霸，为初吉，又称吉、月吉；初二为旁死霸，取傍近既死霸之义；初三为朏，为哉生霸；十五为望，为既生霸，取生霸尽现之义；十六为既望，为旁生霸，取傍近既生霸之义；十七为哉生霸，为既旁生霸，既为既已之义。

11.月相主要指朔与望。体味月相的正确解说，古人于月相主要取朔与望两日。朔与望相对，朔为既死霸，望为既生霸，两"既"均既尽之义；朔之后一日为旁死霸，望之后一日为旁生霸，实即旁既死霸、旁既生霸之省文；朔之再后一日为哉生霸，望之再后一日为哉死霸，取受光面或背光面始现之义。哉生霸又称朏，月牙初见；哉死霸又称既旁生霸，取义于旁生霸之后一日。朔望相对，月相亦两两相对。名词虽多，实只朔望两日，其余不是相关即为相近。今人有否定"月相四分"而主张"一月二分"

者，① 联系古人重视朔、望两个月相，似乎可通，实为貌似真理的谬误而已。西周一代是明白无误的朔望月，不可能也无必要分一月为上半月和下半月。

结论十分清楚：月相必须定点，月相不定点就失去了记录时日的作用。定点必定在一日，不可有两天的活动（如承大月承小月之说），也不会有三天的活动（如董作宾氏说既望），更不会有七天八天的活动（如王国维氏月相四分说）。

月相定点，定在一日。而古人肉眼观察，失朔自不可避免。失朔又不得过一日，必在一日之内。四分术朔望月长度为 $29\frac{499}{940}$ 日，失朔当在 500 分（12 时 46 分）之内。计日以整，月大三十日，月小二十九日，失朔在半日左右，仍应看作相合。

月相有关问题已如上述。下面就中外专家引证铜器中月相有异说者略陈私见，作为对月相正确解说的补充。

甲、乍册翻卣的月相

铭记："在二月既望乙亥……零四月既生霸庚午。"陈梦家先生云："设乙亥为十六日（承大月），则四月庚午十二；设乙亥为十七日（承小月），则庚午为十三日。如此则当无闰之年，既望为十六、十七日，既生霸是十二三日，与《尚书》十二日相合。"②

按：陈说涉及月相之解说，不得不辨。既望十六乙亥，必二月庚申朔。既生霸十五庚午，则丙辰朔。庚申朔之后第九月始有

---

① 张钰哲、张培瑜：《殷周天象和征商年代》，《人文杂志》1985 年第 5 期。
② 陈梦家：《西周铜器断代（二）》，《考古学报》1955 年第 2 期。

丙辰朔。与铜器所记，绝不合。设乙亥为己亥，则通达不误。己亥十六，必二月甲申朔。甲申朔前之第四月为丙辰朔。即丙辰，乙酉，乙卯，甲申。二月甲申朔，既望己亥；此前四月即丙辰朔，既生霸庚午，己与乙，形近而误，古籍中多例。雩同粤、越，此处"雩四月"指往前数第四个月，非三月、四月之四月，乃追忆前事，并非顺记。细玩文义，雩（越、粤）有相距义。曾运乾《尚书正读》云："后岁言来岁，后月言来月，犹明日言昱日也。古书言下一月皆称来月。"并引《尚书·武成》《逸周书·世俘》"粤（越）若来二月"。强调一个"来"字，则粤、越的相距义甚明。雩、粤、越有相距义，或距后，如"二月既死霸，越五日甲子"，或距前，如"雩四月既生霸庚午"。此器诸家列成王，合公元前 1074 年，即成王三十一年天象：冬至月朔丙辰，十二月乙酉，正月乙卯（定朔甲寅 22^h13^m），二月甲申。是年闰十三，建寅。合。①

乙、颂鼎的月相

日本薮内清教授引颂鼎与史颂簋铭文历日，以证既死霸必在下半月。② 颂鼎："隹三年五月既死霸甲戌。"史颂簋："隹三年五月丁巳。"郭沫若氏《大系》云："史颂即颂鼎之颂。"同断为共王器。干支序数，丁巳在甲戌前十八日，甲戌与丁巳同在五月，则既死霸必在下半月，不得在十八日之前。

按：郭氏《大系》断"史颂即颂"，虽系一人所作两器而未

---

① 实际天象或用张汝舟《经朔谱》，列余分；或用张培瑜《时日表》，列小时（h）与分（m），下不另注。

② ［日］薮内清：《中国の天文历法》，东京：平凡社，1969 年。

必同王。颂鼎载有王年、月、月相、日干支，完全可借助实际天象考察。既死霸为朔，颂鼎历日合厉王三年（前 876 年）天象。史颂簋非厉王器可明。两器不同王，不能强拉佐证既死霸在下半月。史颂簋可断为夷王三年器。夷王三年五月壬寅朔，十六丁巳。夷王三年三月壬寅朔，合卫盉历日（用变例），连大月，下接续五月史颂簋历日。

四、 考建正

由于春秋后期"三正说"勃兴，影响深远，凡提及周代用历，都从子正角度考虑，几乎没有例外。至近现代，才有钱宝琮等加以否定。[①]

考之史籍，春秋以降，诸侯不统于王，各国用历建正不同本是事实，而托古自重之风以此上溯夏、商、周三代，造出"夏代历法建寅，商代历法建丑，周代历法建子"的神话，便与史乖违。一部《春秋》，记载若干王年、月、日，各年建正均可考出。如隐公三年寅月己巳朔，经书"二月己巳，日有食之"，当是建丑为正；桓公三年未月定朔壬辰，经书"七月壬辰朔，日有食之"，亦是建丑为正。将一部《春秋》进行研究，可以发现。

隐、桓、庄、闵共 63 年，其中

---

① 钱宝琮：《从春秋到明末的历法沿革》，《历史研究》1960 年第 3 期。

49 年建丑，8 年建寅，6 年建子；

僖、文、宣、成共 87 年，其中

58 年建子，16 年建丑，13 年建亥。

事实明摆着，春秋前期建丑为多，少数失闰才建子、建寅，而没有建亥的；春秋后期建子为正，少数失闰才建亥、建丑，没有建寅的。说明失闰都在一月之内，没有再失闰的记载。《左传·襄公二十七年》所谓"再失闰"是不可信的。

失闰，如昭公十五年经朔：子月己未 623 分，丑月己丑 182 分，寅月戊午 681 分，卯月戊子 240 分，辰月丁巳 739 分。《春秋·昭公十五年》记："二月癸酉，有事于武宫"，"六月丁巳朔，日有食之"。以此二条记载验之，己未朔，癸酉乃十五，子月实《春秋》所书"二月"，"六月丁巳朔"正合辰月。这一年必是建亥为正，子月顺次记为二月，辰月顺次记为六月。春秋后期建子为正，现在正月到了亥月，这就是失闰的铁证。

僖公以前，春秋初期建丑为正，这自然是接续西周后期的丑正。不可能西周建子，到春秋突然来一个建丑。

如果我们将记载观象授时的几部要籍的天象加以比照，可以发现，西周一代确行丑正无疑。

《尧典》	《夏小正》	《诗·七月》	《月令》	夏历	殷历	周历
五月日永星火	六月初昏斗柄正在上	六月莎鸡振羽	季夏之月昏火中	五	六	七

《尧典》	《夏小正》	《诗·七月》	《月令》	夏历	殷历	周历
六月	七月初昏 织女正东向	七月流火	孟秋之月 昏建星中	六	七	八
七月	八月 辰则伏	八月断壶	仲秋之月 昏牵牛中	七	八	九
八月 宵中星虚	九月内火 辰系于日	九月授衣	季秋之月 昏虚中	八	九	十

从表上看出：

1. 《夏小正》"六月初昏斗柄正在上"，指夏至之月。冬至月在子，夏至月在午，午月为六月，必是建丑。

2. 《月令》"季夏之月昏火中"，合《尧典》"五月日永星火"，《月令》"季秋之月昏虚中"合《尧典》"八月宵中星虚"。建正相错一月。《尧典》用夏正，《月令》合丑正。

3. 《夏小正》"辰则伏""辰系于日"，辰指大火。辰则伏即火伏，辰系于日即内火。传云：辰，房星也。乃春秋时代作传者的见解。联系《月令》"季夏之月昏火中"，《诗·七月》"七月流火"，"火"的中、流、伏、内顺次不紊，一月变换一个角度，刚合时钟十二点（中）到十一点（流），到十点（伏），到九点（内）的位置。足见《夏小正》《诗·七月》《月令》咸用丑正，非子正可明。西周一代这些观象授时要籍的建正告诉我们，考校西周铜器历日当多从丑正角度勘合。

建正牵涉置闰。从《春秋》记载知，十九年七闰的规律是在春秋中期（公元前589年）以后才得以掌握。西周的闰月设置并不遵从闰章，而是随时观察随时置闰。从《召诰》《洛诰》历日知，三月甲辰朔到十二月己亥朔之间必有闰月。应是岁中置闰，不全放在岁末，也不是行无中气置闰。无中气置闰是在掌握了十九年七闰规律以后更高一级形式的置闰法，西周历术水平尚未达到如此高度。西周用历的置闰当合"三年一闰、五年再闰"的大规矩，既活而不死，又不违背四时，与朔望月周期的大体相合。郭沫若《大系》说西周是岁末置闰，董作宾氏以为西周行无中气置闰，都是不可信据的。

如果我们再用大量铜器历日验证，西周一代行丑正，不行子正。因为是观象授时，肉眼观察，必有失闰。少置一闰，丑正就成为子正；多置一闰，丑正就成寅正。个别铜器记载"十四月"，说明西周制历粗疏，再失闰还不可避免。虽行丑正，再失闰必为建亥。

总之，考查西周铜器历日，当以建丑为主，少数失闰建子、建寅，再失闰建亥。切不可将正月固死在子月，更不可像董作宾先生《西周年历谱》一样，为了将正月固死在子月而更动连大月与置闰。

建丑，而又并非绝对固定，这就是西周历制建正的事实。

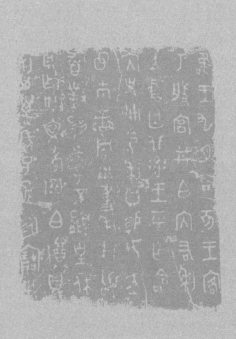

第二编

铜器历日研究条例

正确理解了西周月相名词，对西周一代用历又有了基本的认识，殷末西周实际天象也已了如指掌，铜器历日的全面研究就可以提上日程。

一大堆铜器历日，当从何入手？这同一般学术研究方法一样，应当反复进行归纳、排比、分析，揭示出它们之间的内在关系。首先当用历日的排比，将杂乱的铜器分别联系起来，再以实际天象所代表的年代勘合，确定其准确的制作年代。这一步骤结束，可将多数铜器历日系之于周王年岁。由此归纳出研究方法的六个一般条例，即正例。还有一少部分铜器历日脱轨于正例之外，得用别样方法（包括形制、纹饰、字体、铭辞、人名、史事等近代学者断代的依据和结论）将它们加以框合，使之有合理的解说而系之于周王年岁。由此归纳出研究方法的四个特殊条例，即变例。正例处理一般铜器历日，变例解说特殊铜器历日。

凡事，皆有一般和个别、普遍和特殊的存在。这完全符合事物的客观规律。如果否认个别、普遍和特殊的存在（这当然是可笑的！而有的人仅在理论上承认），铜器历日的研究则无法进行。个别学者、前贤振振有词地否定历日在铜器断代中的作用，其主要原因是没有看到某些铜器历日的特殊性；不少学者、前贤利用历日进行铜器断代而没有取得满意的结果，其主要原因也是忽视了某些铜器历日的特殊存在，往往用一般条例进行勘合而功亏一篑。事实上，不能掌握研究中的特殊条例，就等于否定了客观事物的特殊存在，任何学术研究都不可能真正进行。学术研究中的一般法则似不难掌握，而特殊法则理应是我们研讨的重点，要花大力气去做。所以，我们当高度重视特殊条例的作用，因为特殊矛盾不可回避，应该摆于首位。自然，这种重视并不等于滥用。能用正例解释的，一般来说都不用特例解说。任何一般法则毕竟还是基本法则，是不可随意抛弃不用的。或者说，一般条例是无条件的，非此不可的，而特殊条例则是有条件的，离开了一定的条件就不成其为特殊。两者的区别十分明显，而两者又相辅相成。两者的结合，使铜器历日的研究得以全面进行，使铜器历日的断代产生令人信服的结论。

如克钟与克盨，作器者为克，排比历日知，有克钟十六年九月初吉庚寅，不得有克盨十八年十二月初吉庚寅。克钟历日合宣王十六年实际天象，克盨得用特殊条例解说，可定为宣王十八年器。又，有师兑簋（甲）元年五月初吉甲寅，不得有师兑簋（乙）三年二月初吉丁亥。师兑簋（甲）合厉王元年实际天象，师兑簋（乙）用特殊条例解说，仍可定为厉王三年器。详见下。如果不用特殊条例加以辨析，铜器历日的研究则不可能深入。

一、 辰为朔日例

在二十余件铜器中，有"辰在××"的铭文，一般是作为

“日辰”理解的。如果细加研究，“辰在××”之“辰”无一不是朔日。

“辰在××”，大体可分为两个类型。

甲、年月后直书“辰在××”

1.师覩鼎：隹王八祀正月，辰在丁卯。

2.䰠簋：隹王正月，辰在甲午。

3.彔伯戜簋：隹王正月，辰在庚寅。

4.邾公孙班钟：隹王正月，辰在丁亥。

5.宜侯夨簋：隹四月，辰在丁未。

6.商尊：隹五月，辰在丁亥。

7.剌鼎：隹五月，辰在丁卯。

8.令彝：隹八月，辰在甲申。

9.伯晨鼎：隹王八月，辰在丙午。

10.散氏盘：隹王九月，辰在乙卯。

11.盠驹尊：隹王十又二月，辰在甲申。

12.䢅𨟭进方鼎：隹八月，辰在乙亥。①

13.白中父簋：隹五月，辰在壬寅。

如果用历术排比铜器历日，辰为朔日无疑。例8令彝，记有两个历日：“隹八月，辰在甲申……隹十月，月吉癸未。”《周

---

① 例1—例11，引自白川静《金文通释》（日本神户：白鹤美术馆，1962年）。例12见黄盛璋《长安镐京地区西周墓新出铜器群初探》，《文物》1986年第1期。

礼·族师》郑注："月吉，每月朔日也。"历日的排比只有两种形式：

> 甲式：八月大甲申朔，九月小甲寅朔，十月大癸未朔。
> 乙式：八月小甲申朔，九月大癸丑朔，十月小癸未朔。

中间无闰月可插，无论月大月小，"辰在甲申"，辰即朔日。郭沫若氏、陈梦家氏考定令彝为成王器，今更用实际天象考出，令彝实成王十五年（前1090年）器。详见后系年。

又，例1师訇鼎，考释者定为共王器。[①] 此器历日与共王诸器不合，非共王器。历日合孝王八年（前921年）实际天象，建亥，正月丁卯朔。辰即朔日。

又，例5宜侯夨簋，断为康王器。[②] 考以实际天象，合康王二十六年（前1042年），建丑，四月丁未朔。辰即朔日。

又，例3彔伯㲃簋，郭沫若氏定穆王器。考之实际天象，合穆王五十一年（前956年）建子，正月庚寅朔。

又，例6商尊，乃晚殷器。合公元前1111年天象，建丑，五月丁亥朔。张汝舟先生考定武王克商在公元前1106年，克商之前五年正是晚殷。商尊之"辰"，即朔日无疑。

又，例12归夨迟方鼎，定为成王器。合成王三十二年（前

---

① 吴镇烽、雒忠如：《陕西省扶风县强家村出土的西周铜器》，《文物》1975年第8期。

② 各家断代多引自白川静《金文通释》。不另注。郭沫若氏断代引自《大系》。

1073年）天象，建丑，八月乙亥朔。辰即朔日。

又，例10散氏盘，郭沫若氏、容庚氏、吴其昌氏定为厉王器。考之天象，合厉王十一年（前868年），建子，九月乙卯朔。

又，例11盠驹尊，唐兰氏定共王，郭沫若氏定懿王，李学勤氏定孝王，史树青氏定厉王。考之实际天象，孝王无"十二月甲申朔"，懿王无"十二月甲申朔"，厉王无"十二月甲申朔"，合共王二十二年（前930年）天象：亥月甲申朔。

总之，凡能据以推演实际天象的"辰在××"，辰皆为朔日。

乙、"辰在××"前冠以月相或初吉

14. 夷伯夷簋：隹王正月相吉，辰在壬寅。

15. 邾公牼钟：隹王正月初吉，辰在乙亥。

16. 耳尊：隹六月初吉，辰在辛卯。

17. 旂鼎：隹八月初吉，辰在乙卯。

18. 善鼎：隹十又二月初吉，辰在丁亥。

19. 吕方鼎：隹五月既死霸，辰在壬戌。

20. 豆闭簋：隹王二月既生霸，辰在戊寅。

21. 智鼎：隹王四月既生霸，辰在丁酉。

22. 小盂鼎：隹八月既望，辰在甲申……隹王卅五祀。

23. 庚嬴卣：隹王十月既望，辰在己丑。

24. 县改簋：隹十又三月既望，辰在壬午。

器铭书月相不书干支者，其例甚多。如趩曹鼎"隹七年十月既生霸，王在周般宫"，免盘"隹五月初吉"。如果补充"辰在×

×"，交代朔日干支，月相的干支就不言自明，曶鼎，"四月既生霸，辰在丁酉"，必须理解为：四月丁酉朔，既生霸十五，为辛亥。虽不书辛亥，既生霸之干支亦明白无误。曶鼎还载一历日在前，"隹王元年六月既望乙亥"。既望十六乙亥，必六月庚申朔。两历日的关系，只能是上年四月丁酉朔，下年才有六月庚申朔。丁酉朔去庚申朔十五个月（中含一闰月），八大七小，计443日。干支序数丁酉去庚申23日。443日正是60日干支的七个轮回，余23日。近人多说"四月既生霸"在"六月既望乙亥"后，实不知曶鼎第二段"四月既生霸，辰在丁酉"与第三段同是追记往事。四月与六月这种明白无误的关系，只能说明"辰在丁酉"之辰为朔日无疑。

再以王年、月、月相、日干支俱全的小盂鼎为例。此器各家断康王器。细审拓本，实为"隹王卅又五祀"，非康王器可明。昭王三十五年（前1007年）实际天象，建子，七月定朔甲寅，得八月甲申朔。既望十六，当为己亥，铭文不记"己亥"，用"辰在甲申"作补充，既望之干支自明。小盂鼎、大盂鼎皆得列为昭王器。

例14—例24，前面记有月相或初吉，后面再接以"辰在××"。对既死霸与初吉来说，"辰在××"在突出月相。对既生霸（十五）与既望（十六）来说，"辰在××"应看成是对前面月相的补充。一见时人对月相的重视。

我们不妨将"辰在××"看作晚殷以来表达朔日干支的固定格式，所以才有既死霸或初吉后面似为多余的重复。

铜器铭文中"辰在××"之"辰"，即朔日，合《左传·昭公七年》"日月之会是谓辰，故以配日"。日月之会，正是朔日，故以辰配日。

二、 两器同年例

根据铭文所反映的内容，时代相近的两器，比合历朔，可定为同王同年之器。

员鼎：隹正月既望癸酉。

令彝：隹八月，辰在甲申……隹十月，月吉癸未。

按：两器各家断为成王。既望十六癸酉，必正月戊午朔。有正月戊午朔，必有八月甲申朔，十月癸未朔。考以成王各年实际天象，公元前1090年即成王十五年。是年冬至月朔戊子。实际用历建丑，正月戊午，二月丁亥，三月丁巳，四月丙戌，五月丙辰，六月乙酉，七月乙卯，八月甲申，九月甲寅，十月癸未，十一月癸丑。与器铭所记吻合无误。

师毁簋：隹王元年正月初吉丁亥。

师兑簋：隹元年五月初吉甲寅。

按：师毁簋，各家定为厉王器。师兑簋，郭氏《大系》列幽王，董作宾氏入夷王。厉王元年即公元前878年，实际天象是，冬至月朔丁巳，丑月丁亥，寅月丙辰，卯月丙戌，辰月乙卯，闰月乙酉，巳月甲寅，午月甲申。下略。实际用历，是年闰十三，建丑，置闰在正月到五月之间，正月丁亥朔，五月甲寅朔。师兑簋所记只合厉王，不合幽王元年，也不合夷王元年实际天象。

　　逆钟：隹王元年三月既生霸庚申。
　　师颍簋：隹王元年九月既望丁亥。

　　按：既生霸十五庚申，必三月丙午朔。九月既望十六丁亥，必九月壬申朔。逆钟，有列为厉王器者，不合。师颍簋，董作宾氏定昭王，白川静列夷王，周法高列懿王。[1] 两器历日合公元前928 年实际天象（孝王元年）。是年冬至月朔丁未，丑月丁丑。实际用历建子，闰十三，正月丁未，二月丁丑，三月丙午，四月丙子，五月乙巳，六月乙亥，七月甲辰，八月甲戌，闰月癸卯，九月壬申（定朔癸酉 12^h54^m，失朔半日）。闰月在三月到九月间，今定在八月。九月壬申，失朔半日，仍应看作相合。是年不当闰而闰，足见并非行用无中气置闰，闰在三月到九月间，足见并非行岁末置闰。甲戌朔之后接癸卯朔，接壬申朔，足见有连小月的设置，并非行用四分术可明。西周一代用历的面貌大体可见。

────────────

　　① 参见周法高《西周年代新考——论金文月相与西周王年》，载北京图书馆文献信息服务中心剪辑《中国历史研究（第 1 辑）》，北京：书目文献出版社，1986 年，第 35—66 页。

三、 似误不误例

两器历日，粗看似有矛盾，细加分析，实为不误。

郰簋：佳二年正月初吉，王在周邵宫，丁亥。

吴彝：佳二月初吉丁亥，王在周成大室，佳王二祀。

按：郰簋，初吉与丁亥间插入表地词语；吴彝，初吉丁亥与佳王二祀间插入表地词语。金文多例，不得影响年、月、月相、日干支的连贯性。① 按常规，有正月初吉丁亥，不当再有二月初吉丁亥。所以，郰簋郭氏、吴其昌氏入幽王；吴彝郭氏入共王，吴其昌氏入夷王，视为历日不容。唯董作宾氏精于历术，两器均入幽王。幽王二年即公元前 780 年，实际天象是：冬至月朔戊午。是年丑正，闰十三。实际用历，正月丁亥，闰月丁巳，二月丁亥，三月丙辰。下略。正月二月间置一闰，又逢连大月。董氏正是这样解说的。②

师晨鼎：佳三年三月初吉甲戌。

颂鼎：佳三年五月既死霸甲戌。

---

① 刘雨：《金文"初吉"辨析》，《文物》1982 年第 11 期。

② 吴彝与幽王诸器不合，吴彝不得列幽王。董氏的排列合于历术，仅此而已。

按：初吉为朔，既死霸亦为朔。按常例，三月有甲戌朔，五月不当再有甲戌朔。如果用连大月解释，并无龃龉。查公元前876年即厉王三年实际天象：冬至月朔丙子（定朔乙亥22ʰ55ᵐ）。建丑，闰十三。正月丙午（定朔乙巳18ʰ34ᵐ），二月乙亥，闰月乙巳，三月甲戌，四月甲辰，五月甲戌（定朔癸酉11ʰ24ᵐ，失朔半日），六月癸卯。西周凭月相定朔望，只是在难于观察月相的阴雨时日，则下一个月朔就只能凭经验大体确定，这才有失朔半日的出现。为此，实际用历有连续大月或连续小月的历朔，当不足为怪。正因为凭月相定朔望，只要观察不误，当更接近于定朔。这两种情况都有违于四分术的推演。厉王三年如正月乙巳朔（用定朔），则二月乙亥，闰月乙巳，出现连大月。三月四月再接一个连大月，形成连续的两个连大月。从四分术的角度看，则难于理解。而西周用历事实告诉我们，既要允许失朔半日，又要承认近于定朔。这是凭月相定朔望的必然结果。当我们以四分术为基础推演历日时，得注意到以上的事实。

四、 两器矛盾例

两器或有同名，或有同事，或分别合于某年天象，细加分析，实彼此乖违，非同年器，亦非同王之器。

师旋簋甲：佳王元年四月既生霸，王在减居，甲寅。

师旋簋乙：隹王五年九月既生霸壬午。

按：两器 1961 年 10 月出土于陕西长安张家坡，《简报》称，多为夷厉时器。郭沫若氏列为厉王，白川静列为夷王。皆与天象不合。四月既生霸甲寅，必四月庚子朔；九月既生霸壬午，必九月戊辰朔。排比历日知，元年四月庚子朔，五年九月当是甲辰朔（中置两闰）。若五年九月戊辰朔，其元年四月当为癸亥朔（中置两闰）。师旋簋两器历日彼此不容。虽作器者为一人，同出土于长安张家坡，实当分列二王。考校天象，师旋簋乙历日合幽王五年，师旋簋甲不合，当以特殊条例释之，列平王元年。

颂鼎：隹三年五月既死霸甲戌。

史颂鼎：隹三年五月丁巳。

按：郭氏《大系》断颂与史颂为一人，列为共王器。既死霸为朔，不可易。五月甲戌朔，五月不得有丁巳。甲戌去丁巳五十四日。两器非同年器可明。同为"三年五月"，两器不得为一王之器可明。历日不容于一王，若以闰月释之，无据。且厉王三年（颂鼎）五月不闰。

卫鼎：隹九年正月既死霸庚辰。眉敖使来。

乖伯簋：隹王九年九月甲寅，王命益公征眉敖。二月眉敖至。

按：两器皆涉眉敖与周王事。唐兰氏列两器为共王器。云：共王九年正月先派使者来，九月共王又派益公去，眉敖才来朝见。[1] 排比历朔知，是年正月庚辰朔，九月当为丙子朔，九月无甲寅。乖伯簋当是共王器，益公实共王、懿王时代之重臣。[2] 共王九年九月，王派益公征眉敖，十年二月眉敖至，见共王。这是乖伯簋所叙。卫鼎所记历日合公元前 908 年即懿王九年天象。是年闰十三，冬至月朔辛巳。丑月辛亥，寅月庚辰。实际用历，闰在正月前，建丑。则正月庚辰，二月庚戌，三月己卯……九月丙子，十月丙午。乖伯簋历日不容于懿王九年。知懿王九年正月眉敖使来。

逆钟：隹王元年三月既生霸庚申。

师𩹄簋：隹元年二月既望庚寅。

按：既生霸十五庚申，必有三月丙午朔；既望十六庚寅，必有二月乙亥朔。刘启益氏定逆钟为厉王器，唐兰氏定师𩹄簋为厉王器。查《时日表》，公元前 933 年实际天象：冬至月朔丁丑 06^h36^m，丑月丙午 17^h22^m，寅月丙子 03^h13^m，卯月乙巳 12^h24^m，辰月甲戌 21^h21^m。下略。如果建亥，三月丙午朔，合逆钟历日。建丑，二月乙亥朔（失朔 3^h13^m），合师𩹄簋历日。两器分别可合，但两器历日彼此不容。排比历朔知，二月乙亥朔，则三月小

---

[1] 庞怀清、镇烽、忠如、志儒：《陕西省岐山县董家村西周铜器窖穴发掘简报》，《文物》1976 年第 5 期。

[2] 懿王器休盘铭有益公，与乖伯簋之益公当是一人。

乙巳朔或三月大甲辰朔，平得有三月丙午朔。若三月丙午朔，则二月大丙子朔或二月小丁丑朔，不得有二月乙亥朔。两器非一王可明。

五、 上下贯通例

记有历日的铜器，虽有相互不容者，更多的是彼此可以联系，上下贯通，两个以上就组成一个铜器组。以此断代，西周王年就明白无误。

𢼐攸从鼎：隹卅又一年三月初吉壬辰。

按：郭氏《大系》定厉王器，吴其昌氏、唐兰氏、董作宾氏皆列厉王。查厉王三十一年即公元前 848 年实际天象：冬至月朔癸亥。丑月壬辰，寅月壬戌，卯月辛卯（定朔壬辰 01^h23^m），辰月辛酉，巳月庚寅。若建亥，则正月癸巳，二月癸亥，三月壬辰。合。考虑到厉王三十三年有伯寬父盨；历日必须上下贯通。所以，厉王三十一年实际用历当是建丑，正月壬辰朔，二月壬戌朔，三月壬辰朔（用定朔），四月辛酉，五月辛卯。下略。厉王三十二年即公元前 847 年冬至月朔丁巳。经 354 日到厉王三十三年（前 846 年）冬至月朔辛亥。是年闰十三，建丑。闰月辛巳，正月庚戌，二月庚辰，三月己酉，四月己卯，五月己酉，六月戊寅，七月戊申，八月丁丑，九月丁未，十月丙子，十一月丙午。

伯寛父盨：隹卅又三年八月既死辛卯。

按：此器1978年9月于陕西岐山凤雏村出土。《简报》说：观其形制、铭文，当属厉王时器。"既死辛卯"为明显夺误。与实际天象校，八月丁丑朔，得十五日辛卯。既生霸为十五。铭文当是"既生霸辛卯"之误。有人定为"既望辛卯""既死霸辛卯"，皆与实际天象不合。由此知，伯寛父盨与爯攸从鼎上下贯通，咸为厉王器。厉王在位37年当是无可怀疑的了。

走簋：隹王十又二年三月既望庚寅。

望簋：隹王十又三年六月初吉戊戌。

按：走簋，既望十六庚寅，必三月乙亥朔。郭氏《大系》列共王，吴其昌氏、董作宾氏列孝王。望簋，郭氏《大系》列共王，吴其昌氏因有"康宫新宫"入昭王。排比历朔可知，两器历日前后可衔接，实为一王前后两年之器，查公元前995年实际天象：冬至月朔丁未。是年建丑。正月丙子，二月丙午，三月乙亥，四月乙巳，五月甲戌，六月甲辰，七月癸酉，八月癸卯，九月壬申，十月壬寅，十一月辛未，十二月辛丑。接公元前994年天象：冬至月朔庚午。依四分术，上年当闰八月。当闰未闰，故上年丑正到本年变为子正。正月庚午，二月庚子，三月己巳，四月己亥，五月戊辰，六月戊戌，七月丁卯，八月丁酉，九月丙寅，十月丙申，十一月丙寅，十二月乙未。比照走簋历日，合公元前 995 年三月乙亥朔；比照望簋历日，合公元前 994 年六月戊戌朔。知走簋与望簋可列为同王之器。①

六、 再失闰例

西周观象授时，肉眼直观，失闰不可避免。虽以丑正为主，建子建寅可视为失闰。在建子基础上，再少置一闰，必建亥。对丑正来说，建亥即为再失闰。

师𫸩鼎：隹王八祀正月，辰在丁卯。

按："辰在丁卯"即朔日丁卯，正月丁卯朔。查公元前 921 年实际天象：冬至月朔丁酉。上一年即前 922 年当闰十三，又知前 923 年建子（有六年史伯硕父鼎合天象）。前 922 年当闰不闰，前 921 年必建亥，有正月丁卯朔。与师𫸩鼎历日合。

再以宣王数器为例。

虢季子白盘：隹十又二年，正月初吉丁亥。

按：王国维氏定为宣王器，可从。王氏说："正月乙酉朔，

_____

① 这里是就历日排列说的。望簋铭文有"史年"，比照史年诸器，望簋必夷厉器。历王十四年天象可合望簋，"十三"当是"十三"，方合。"系年"列入厉王。

丁亥乃月三日。"王氏用《三统历》之孟统推算，得正月乙酉朔，乃不知四分术先天，未求出实际天象。宣王十二年即公元前816年天象：冬至月朔丁亥。是年建子，闰十三，四分术闰十月。全年月朔当是：正月丁亥，二月丁巳，三月丙戌，四月丙辰，五月乙酉，六月乙卯，七月甲申，八月甲寅，九月癸未，十月癸丑，闰月癸未，十一月壬子，十二月壬午。虢季子白盘历日合。王氏月相四分误。

克钟：隹十又六年九月初吉庚寅。

按：唐兰定克钟为宣王器，是。宣王十六年即公元前812年实际天象：冬至月朔甲子。是年建亥，正月甲午，二月甲子，三月癸巳，四月癸亥，五月壬辰，六月壬戌，七月辛卯，八月辛酉，九月庚寅，十月庚申，十一月己丑，十二月己未。克钟"九月初吉庚寅"与宣王十六年天象合。是克钟与虢季子白盘相联系，上下贯通，为宣王铜器组。

趞鼎：隹十又九年四月既望辛卯。

按：此器铭文"史留"，唐兰以为即宣王太史籀。所论甚是。既望十六辛卯，必四月丙子朔。宣王十九年即公元前809年实际天象：冬至月朔丙子。是年建亥，正月丁未，二月丙子，三月丙午，四月丙子，五月乙巳，六月乙亥。下略。趞鼎所记与实际天象"四月丙子朔"吻合。趞鼎为宣王铜器组之一。

从宣王铜器组知，宣王十二年以后，至少到宣王二十年，历用建亥。有再失闰建亥，必有一年十四个月的再闰。从宣王二十七年伊簋和二十八年寰盘历日可知，宣王二十七年即公元前801年建子，全年十四个月，再闰，才能接续宣王二十八年的寅正，到宣王二十九年的建丑。说见后。

以上为铜器历日研究条例之正例，属于一般性原则。下面数项算是变例，作为特殊性历日的处理原则。

七、 器铭自误例

青铜器铭文常有误字，或错讹，或残缺，泐蚀尚不在此例。南季鼎铭，五十余字，铭字错了三个。说明器铭不会无误。我们考求历日，依据的是铭中的年、月、月相、日干支，而这些关键性文字，其误也在所难免。"自误例"指此而言。如果认为历日文字绝对无误，既与事实不符，又反而束缚了我们自己。

伯宽父盨：隹卅又三年八月既死辛卯。

按："既死辛卯"，月相显误。可能是"既望辛卯"，也可能是"既死霸辛卯"，也可能是"既生霸辛卯"。前已述及，断为厉王器，当为"既生霸辛卯"方与天象合。

大鼎：隹十又五年三月既霸丁亥。

按："既霸丁亥"，月相误字。或为"既生霸"，或为"既死霸"，或为"既望"。吴其昌氏列懿王，补为"既生霸"；董作宾氏定孝王，补为"既死霸"。联系大簋盖"隹十又二年三月既生霸丁亥"，合孝王十二年天象；大鼎只合懿王十五年天象。详见后。

永盂：隹十又二年初吉丁卯。

按：根据铭文内容，唐兰氏定为共王器。此器缺月。以共王年代实际天象考之，有共王十年二月初吉丁卯。其误可知。

蔡簋：隹元年既望丁亥。

按：此器缺月。郭氏《大系》云："未言何月，甚可异。"比照师𩵦簋"隹王元年九月既望丁亥"，历日当与蔡簋同。断为孝王元年器，且与天象合。历日丁亥，未必是实实在在的丁亥。若以亥日释之，则夷王元年有"二月甲申朔"，十六日既望己亥。可断蔡簋为夷王器。

卫鼎：隹正月初吉庚（寅）戌……隹王五祀。

按：干支庚戌之"庚"，铭文似庚似寅。一般释为"庚戌"。《新出金文分域简目》释为"寅戌"。查对实际天象，共王五年正月戊戌朔，孝王五年正月甲寅朔，懿王五年正月甲戌朔，夷王五年正月庚寅朔。此器定西周中期无疑。而与各王五年实际天象均不合，必是干支有误。我们定为夷王五年器，干支当为"庚寅"。

师旋簋：隹王元年四月既生霸，王在减居，甲寅。

按：师旋簋两器历日不相连贯，非一王器可明。说已见前。五年师旋簋合幽王五年天象，列幽王器。此簋定平王，与长安张家坡出土的另一器——叔専父盨同王同年。平王元年四月戊子朔，既生霸十五为壬寅。知器铭甲寅为壬寅之误。金文甲（十）与壬（工），形近而误。考之宣王元年、共和元年天象，皆不合。知必为壬寅之误。

八、 既生霸为既死霸例

据实际天象验证，器铭有既死霸书为既生霸者，已见二例。生死之误，有意为之称"讳"，无意为之谓误。难明。姑以误例为解。

癲盨：隹四年二月既生霸戊戌。

按：既生霸十五戊戌，必四年二月甲申朔。铭文"王在周师录宫。司马共"又见于师晨鼎、谏簋。师晨鼎历日合厉王，谏簋历日合夷王。瘐必夷厉间器。又，十三年瘐壶历日合共王，若为一人所作两器，此盨当不得晚于厉世。查夷王四年即公元前890年实际天象：冬至月朔丁卯。无论建子、建丑、建寅，二月皆无甲申朔。不合。查宣王四年即前824年实际天象：冬至月朔甲辰。不可能有二月甲申朔。师晨鼎为厉王三年器，厉王四年即前875年实际天象：冬至月朔己亥。是年建丑，正月己巳，二月戊戌，三月戊辰。下略。戊戌朔即既死霸戊戌。"四年二月既死霸戊戌"正合厉王四年二月天象。知器铭"既生霸"必为"既死霸"之误。有意为之乎？无意为之乎？难明。

卫盉：隹三年三月既生霸壬寅。

按：既生霸十五壬寅，必三月戊子朔。是器有列共王者，有列懿王者，有列夷王者。九年卫鼎历日只合懿王。卫盉为西周中期器，可定。查实际天象，共王三年即前949年三月无戊子朔，也无壬寅朔；查孝王三年（前926年）三月无戊子朔，也无壬寅朔；懿王三年（前914年）三月无戊子朔，也无壬寅朔；夷王三年（前891年）三月壬寅朔。白川静定卫盉为夷王器，可从。壬寅朔即既死霸壬寅。知器铭"三月既生霸壬寅"当为"三月既死霸壬寅"之误。

九、 丁亥为亥日例

干支日丁亥为吉日，古人多用之。最早用于青铜器上见于武王克商之前的商尊铭文"隹五月辰在丁亥"，是公元前 1111 年之器。足见殷商后期已视丁亥为吉日。《仪礼·少牢馈食礼》"来日丁亥"，郑注："丁未必亥也，直举一日以言之耳。《禘于太庙礼》曰'日用丁亥'，不得丁亥，则己亥、辛亥亦用之；无则苟有亥焉可也。"

西周青铜器铭文，已发现数例当为乙亥而书为丁亥者。器铭"初吉丁亥"，若以丁亥朔释之，则与天象不合，以乙亥朔释之，则吻合不误。是知乙亥书为丁亥，严格说当是"丁亥为乙亥例"。

就现有铜器历日考核，最早一例是十一年师嫠簋，当是孝王器。西周一代青铜器中，多乙亥书为丁亥，少见其他亥日书为丁亥者。说明在西周，"初吉丁亥"尚未完全公式化，这是可以肯定的。郑玄说凡亥日皆可书为丁亥，当指春秋及其以后了。

师兑簋甲：隹元年五月初吉甲寅。（《大系》154）
师兑簋乙：隹三年二月初吉丁亥。（《大系》155）

按：排比历日知，元年五月甲寅朔，三年二月不得有丁亥朔，只有乙亥朔。从元年五月朔，到三年二月朔，其间经 21 个月，12 个大月，9 个小月，计 621 日。干支周 60 日经十轮，余

21 日。甲寅去乙亥，正 21 日。可见任何元年五月甲寅朔，到三年二月都是乙亥朔。甲寅去丁亥为 33 日，显然不合。师兑簋两器同一王，彼此内容衔接。二月初吉丁亥实二月初吉乙亥。是乙亥书为丁亥，取丁亥之吉祥义。

伊簋：隹王廿又七年正月既望丁亥。

按：既望十六丁亥，必正月壬申朔。伊簋，郭氏《大系》、吴其昌氏、容庚氏列入厉王，董作宾氏列夷王。夷王无廿七年，有二十七年之昭王、穆王皆不合，厉王二十七年即公元前 852 年天象：冬至月朔丙申，无正月壬申朔。

宣王二十七年即公元前 801 年天象：冬至月朔庚申。是年建子，得正月庚申朔，既望乙亥。此器定宣王，丁亥当为乙亥，仍取丁亥之吉祥义。

伊簋历日说明，朔为吉日，既望亦得为吉日。丁亥为乙亥，不得局限于初吉，亦有既望丁亥。朔为吉日，故初吉指朔。望亦为吉日，有《易·归妹》"月几望，吉"为证。月满为望，而真正的月满圆多在十六，在既望。月相除记初吉外，记既望为多，肉眼观察，必致如此。

大鼎：隹十又五年三月既（死）霸丁亥〔乙亥〕。
大簋盖：隹十又二年二月既生霸丁亥。

按：大鼎月相缺字，当补为既死霸。大鼎与大簋盖作器者为一人，两器历日彼此不容。大簋盖历日合孝王十二年天象，列孝王。孝王在位十二年，大鼎亦不合共王、夷王，列懿王。懿王十五年即公元前902年天象：冬至月朔丙子。是年建子，正月丙子，二月丙午，三月乙亥，四月乙巳。三月乙亥朔即大鼎三月既死霸丁亥。大鼎所记丁亥乃乙亥，与懿王十五年天象全合。

师嫠簋：隹十又一年九月初吉丁亥。

按：郭氏《大系》以铭文中"师和父"即共伯和，定为宣王器。董作宾氏早已注意到宣王年历与此铭月日不相容，列入懿王。师兑簋铭有"命师兑承继其职在元年"，师嫠簋当先于师兑簋无疑。师兑簋两器历日分别合厉王元年、三年天象，知师和父生活在厉世之前。师和父非共伯和，师嫠簋中之宰琱生更不得是宣王之太宰。考之天象，懿王十一年即公元前906年冬至月朔庚子，夷王十一年即公元前883年冬至月朔丙辰。懿王、夷王十一年皆无九月丁亥朔，也无九月乙亥朔。唯孝王十一年即公元前918年天象，冬至月朔己酉，建丑，九月乙亥朔。依丁亥为乙亥例，定为孝王十一年器。只有这样，历日天象可诠释无碍，又与厉王元年之师兑簋相应。师和父为懿王之重臣，死于厉世前。厉王即位，命师兑承其职。师嫠簋之伯和父，当是厉王之重臣，与夷厉间之司马共效力于厉世。共伯和者，不得与师和父相涉。

西周铜器铭文中书丁亥者不少，如大簋盖"二月既生霸丁亥"，散季簋"八月初吉丁亥"等，能与天象吻合者不得视为乙亥。"丁亥为乙亥"作为变例，只是一个特殊性的原则，处理极少数似与天象乖违而合于事理的铜器。变例的应用，须恰到好处，否则宽严皆误，反无助于铜器历日的研究。

十、 庚寅为寅日例

除了丁亥，古人亦视庚寅为吉日。一部《春秋》，经文记八个庚寅日，几乎都系于公侯卒日；《左传》十一次记庚寅日，几乎都是关于攻伐用兵。大事择庚寅，必视庚寅为吉利。唐贞观十年六月长孙皇后死，于十一月庚寅日葬于九嵕山，此上古之遗风。西周铜器铭文中，多有庚寅的记载。如康王器献彝"隹九月既望庚寅"，穆世器录伯威簋"隹王正月，辰在庚寅"，师奎父鼎"隹六月既生霸庚寅"，孝王器王臣簋"隹二年三月初吉庚寅"等。月相以既望、初吉为多。查厉宣时代器铭，其书庚寅者取其吉利，实非庚寅而多为丙寅日。

　　裹盘：隹廿又八年五月既望庚寅。

　　按：既望十六庚寅，必五月乙亥朔。在位二十八年以上的王不多，这种"高龄器"的历日最便于考求。此器当为西周后期器。郭氏《大系》云："此裹，余谓与宣世师裹簋之师裹为一人。"郭以师裹为方叔，定为厉王器。就铜器历日说，前与昭王、穆王二十八年天象皆不合，只能考求厉宣。厉王二十八年即公元前851年天象：冬至月朔辛巳。知五月不得有乙亥朔，朔日也非丁亥、己亥、辛亥、癸亥。再查宣王二十八年即公元前 800 年天象：冬至月朔甲寅，建寅，五月辛亥朔，既望十六丙寅。袁盘定宣王器，历日"既望庚寅"只有视为一个变例作特殊性处理了。否则袁盘无一王可合。

师訇簋：隹元年二月既望庚寅。

按：郭氏《大系》定为宣世器，云"本铭与毛公鼎铭如出一人手笔，文中时代背景亦大率相同，故以次于此。"董作宾氏说："此器足为毛公鼎年代排列的标准，最重要。旧有康王、宣王两说，聚讼莫决。今可以年历为之定案。吴氏以师訇簋与毛公鼎文法同者十八次，字体同者十七次。又谓铭文中'哀哉今日，天疾畏降丧'，是成王新崩时语气，其说均不可易。"董氏定为康王器。康王元年即公元前 1067 年天象：冬至月朔甲辰，丑月甲戌，寅月癸卯。建子、建丑、建寅，均无二月乙亥朔。再失闰建亥，得正月乙亥朔，二月甲辰。不合。若建子，正月乙巳（定朔甲辰 17^{h}56^m），二月乙亥（定朔甲戌 04^{h}08^m），失朔在 20 小时，超过了大半天。我们以为，失朔是观象授时阶段的正常现象，但失朔限至多在半日左右。失朔 20 小时已近一日，宁可不用。师訇簋不得定为康王器。又，宣王元年即公元前 827 年天象：冬至月朔辛卯。无二月乙亥朔。非宣王器可知。我们定为共和元年器。共和元年即公元前 841 年天象：冬至月朔壬午，丑月壬子，寅月辛巳，卯月辛亥。是年建寅，二月辛亥朔，既望十六丙寅。师訇簋铭"既望庚寅"实即既望丙寅，与袁盘"既望庚寅"同例。

走簋：隹王十又二年三月既望庚寅。

按：郭氏《大系》以铭文有"司马井白"定为共王器，佐证不足。吴其昌氏列孝王，其推演有误，又从王国维月相四分，不可信据。董作宾氏列孝王十二年（前943年）与大簋盖同王同年。并说"由走簋和恭王组之师虎簋、𩵋鼎，可以证明周人于每月之十六、十七、十八三日，均可称为既望。"董氏持月相定点说，而既望有三天的活动，实出臆度。既望之前一日为望，既望有三天的活动，则必牵动着望，也当有三天的活动；望与朔相对，朔当亦有三天的活动，则何以定点？岂不自乱门法？故人多疑其说。若以"既望庚寅为丙寅例"较之，厉王十二年天象可合走簋。是年（前867年）冬至月朔癸丑，丑月癸未，寅月壬子。闰十三，建丑，得闰月癸未，正月壬子，二月壬午，三月辛亥。三月既望十六丙寅。这是用变例做特殊性处理，可列走簋为厉世器。又，走簋历日合穆王十二年即公元前995年天象：冬至月朔丁未，丑月丙子，寅月丙午，卯月乙亥。建丑，三月乙亥朔，得既望庚寅。

遇有这种能用变例又能用正例解释的铜器历日，除非有不可改易的证据，我们得放弃变例，尽量遵从正例的原则断代。所以，我们定走簋为穆王器。随着铜器的不断出土，若能有新的材料断定走簋非厉世器不可，则不妨使用变例。

以上系庚寅为丙寅例。还须讨论一器。

克盨：隹十又八年十又二月初吉庚寅。

按：历日有"初吉庚寅"者尚有多器，如王臣簋、谏簋、兮甲盘、克钟等。克钟与克盨，作器者同为一人。克钟历日"隹十又六年九月初吉庚寅"合宣王十六年天象，定为宣王器。据历朔规律知，有十六年九月初吉庚寅，不得有十八年十二月初吉庚寅，两器历日彼此不容。现已肯定克钟为宣王器，克盨只有考虑厉王器了，因共和、幽王无十八年。厉王十八年即公元前861年天象：冬至月朔戊申。经355日到下一个冬至月朔癸卯。无十二月庚寅朔，知克盨非厉王器，回头再看宣王十八年即公元前810年天象：冬至月朔癸丑，建子，有十二月戊寅朔。是十二月戊寅朔书为"十又二月初吉庚寅"？丙寅可书为庚寅，戊寅何以不能书为庚寅！似乎只有这唯一的解释。历日与天象方可无碍。

细加考察，乙亥实为吉日丁亥与吉日庚寅之桥梁。有初吉乙亥，必有十六既望庚寅。西周一代，丁亥为大吉之日，乙亥亦为吉日——如曶鼎"六月既望乙亥"实为既望辛亥。从月相角度说，朔为吉日，既望亦为吉日。故有初吉乙亥，亦有既望乙亥。初吉乙亥为吉日，必有十六既望庚寅亦得为吉日。故有既望庚寅，又有初吉庚寅。

因为取其吉利，两周铜器历日，除丁亥外，以乙亥、庚寅为多，就不足怪了。

第二编

——

铜器历日的
具体讨论

一、 关于歸𫘪进方鼎

西周镐京附近地下出土物时有问世，最新的器物出之于长安县花园村墓群。其中尤以长花 M15 与长花 Ml7 两墓的西周初期青铜器引人注目。

1986 年《文物》第 1 期已刊《西周镐京附近部分墓葬发掘简报》详细介绍，又发李学勤先生、黄盛璋先生两篇文章（下称李文、黄文）加以研讨。[①] 现就个人意见，将歸𫘪进方鼎王年诸问题书于次，以求教于方家。

（一）关于"父辛" 器群

长花 M15 与 Ml7 皆有歸𫘪进方鼎，共三件，同铭，其文是：

> 隹八月，辰在乙亥，王在丰京，王赐歸𫘪进金，肆奉对扬王休，用作父辛宝齍。亚束。

[①] 李学勤：《论长安花园村两墓青铜器》，《文物》1986 年第 1 期；黄盛璋：《长安镐京地区西周墓新出铜器群初探》，《文物》1986 年第 1 期。

简报以为，歸**即鲁考公酉，此器铸在康王十六年考公即位以前。黄文以为，"从字体、铭刻看应属周早期偏晚，但不能早到周初……下限不过昭王。"李文比照数件铜器，以为"放在昭世是符合的"。

如果我们将传世的周初为"父辛"所作器群加以考释，会不无启发。

与歸**进鼎密切相关的铜器，首推长花 M15 禽鼎："禽作文考父辛宝盨。亚束。"另一鼎铭是："禽作文考宝鬻鼎子子孙孙永宝。亚束。"

大家还注意到了厚趠方鼎，铭文是：

> 惟王来格于成周年，厚趠有償于濂公，趠用作厥文考父辛宝障盨，其子子孙孙永宝。束。

李文、黄文考歸**进与禽、厚趠，当是兄弟行。可从。

另有一个"征"，不可忽视。白川静《金文通释》（以下简称《通释》）16 有载：

> 有征角：丁未，**商（赏）征贝，用作父辛彝。
> 有征盘：征作周公障彝。
> 有子征尊：子征　　　父辛。

如果将**视为歸**进，这个"征"，也应当与禽为兄弟行。这个征的地位是很高的：王束伐商邑，令康侯，啚于卫（康侯篚,《通释》14);乙卯,王令保及殷东或,五侯征兄六品,蔑历于保(保卣,《通释》16)。

"父辛"器群还包括:

> 束觯(《通释》4):公赏束,用作父辛于彝。
>
> 御正良爵(《通释》8):佳四月既望丁亥,今大保赏御正良贝,作用父辛彝隣。
>
> 嗣鼎(《通释》32):王初□□于成周,灁公蔑嗣历,易□□□□,嗣扬公休,用作父辛隣彝。
>
> 眘卣(《通释》37):眘作父辛隣彝。
>
> 匽侯旨鼎(《通释》38):匽侯旨作父辛隣。
>
> 宪鼎(《通释》40):用作召白(伯)父辛宝隣彝。
>
> 羋彝(《通释》55):佳八月甲申,公仲在宗周,易羋贝五朋,用作父辛隣彝。

盖为"父辛"作器者,计十数人。有"亚束"记号者凡三。其余诸人,尚可分析。

关于"亚束",当是铸匠的记号,或铸自一人(代代传之),或铸自一地,或铸于一时。金文中的若干记号,大体如此(亦有可能为族徽金文)。

关于"父辛"之"父",不一定指亲生之父,大多表尊敬,相当于"老前辈"。如毛公鼎铭文中之"父厝"即是。

如果用人名联系器物,大体能反映出铸器的年代。

厚趠方鼎:父辛　　　　灁公

嗣鼎：父辛　　　　　　漅公

窖鼎：　　　　　　　　漅公　　史旟

员卣：员　　　　　　　史旟

员鼎：员

关于窖鼎，《大系》说："必为成王东征时器。"又断员卣、员鼎"当在周初"。这样，厚趠方鼎、歸佣进鼎、禽鼎亦当周物。

周初有禽簋："王伐蓋厌，周公谋禽祝，禽又（有）戉（肇）祝。王锡金百孚。禽用作宝彝。"

《大系》指出："周公与禽同出，周公自周公旦，禽即伯禽。"

长花 M15 之禽鼎，与禽簋同，禽即伯禽，父辛即周公旦。周初"父辛"器群多为周公旦作，或亲子为父作，如禽、厚趠、歸佣进、征；或晚辈为长辈作。

又应当怎样理解征盘铭的"征作周公隥彝"？我以为，征角、子征尊之"父辛"指周公旦，子征为父作祭器；征盘是为父所作颂器，周公仍是周公旦。亦知角、尊晚于盘而后出。

以人名考释西周青铜器，因有共名、专名之别，当谨慎从事。如曶鼎中的曶，西周铜器多见，身份与年代彼此不同，只能视为"共名"。[1] 令彝、令簋、令鼎之"令"，若干铜器之中"王姜""伯姜""姜"都不必视为专指一人。不然，辗转系联，势必无所不适，难于断释。

---

①　李学勤：《论曶鼎及其反映的西周制度》，《中国史研究》1985 年第 1 期。

（二）关于“辰在乙亥”

为了明确歸夃进鼎的确切年代，有必要对铭文历日进行一番考释。

黄文说，西周铜器无朔，当时仅用月相法纪历日，而朔策则非凭肉眼观察月相所能测算，西周铜器之“辰”，皆表日辰，“辰在乙亥”即乙亥之日，非表朔日。

中国有文字记载以来的用历，都是阴阳合历体制。所谓“阴”，就是以朔望月为基础的太阴历。既称“月”，指朔望月，不得无朔，更不得说铜器无朔。铜器之初吉、月吉、吉、既死霸，表达的就是朔日。西周一代，观象授时，肉眼观测，凭月相定朔望。两望之间必朔，两朔之间必望。朔与望相对，一个朔望月长度——二十九天半还稍多，是不难掌握的。如果我们引证周初铜器令彝，便可真相大白。

令彝记“王令周公子明保，尹三事四方，受卿旋寮”。郭氏《大系》断为周初物。是。

令彝记有两个历日：八月辰在甲申，十月月吉癸未。依月相定点说，月吉为朔。十月癸未朔，前推到八月，必甲申朔。八月到十月，只有两种安排：

> 甲式：八月甲申大，九月甲寅小，十月癸未大。
> 乙式：八月甲申小，九月癸丑大，十月癸未小。

无论月大月小，中间无闰月安插，八月必甲申朔。辰必朔日无疑。笔者考释铜器中已见二十一件"辰在××"纪日形式，凡能据以推演者，无一不是朔日。如说多纷繁的曶鼎，记有两个历日：隹王元年六月，既望乙亥（首段）；隹王四月既生霸，辰在丁酉（次段）。三段无历日，记一"昔"字，显系回忆。这两个历日的关系，诸家多歧义。其关键就在"辰"字。如果将"辰在丁酉"作为晚殷以来表达朔日干支的固定格式，很多问题便迎刃而解。月相既生霸无干支。有了"辰在丁酉"的补充；月相之干支自明。首段元年六月既望乙亥则必庚申朔。如果排比历日，六月庚申朔与四月丁酉朔，只有一种关系；上年四月丁酉朔，必有下年六月庚申朔。或本年六月庚申朔，必有去年四月丁酉朔。丁酉朔到庚申朔，其间经历十五个月（含一闰月），八大七小，计443日，是干支周期的七个轮回，尚余23日。丁酉相去庚申，正23日。所以曶鼎次段亦是回忆，是前王末年事。

"辰"为朔日，这正合《左传·昭公七年》"日月之会，是谓辰，故以配日"的记载。

歸妘进鼎的"辰在乙亥"，也只能这样理解。

通过历日的排比，可以知道令彝与员鼎实为同年之器。员鼎记："隹王正月既望癸酉。"既望为十六，千古无异词，知朔必戊午。正月戊午朔，经七个月（四小三大），共206日，干支周期经三轮，余26日。戊午至甲申，正26日，得八月甲申朔。又经59日（一大一小），得十月癸未朔。两器相合。《大系》断令彝、员鼎同为周初器，实为不移之论。

正月戊午朔，二月丁亥朔……八月甲申朔，九月甲寅朔，十月癸未朔……这正合公元前 1090 年的实际天象。① 所以，员鼎、令彝实公元前 1090 年器。张汝舟先生 1964 年《西周考年》考定武王克商在公元前 1106 年。② 这可由公元前 1106 年实际天象，校以古文《武成》历日，证成为武王克商之年；由公元前 1098 年实际天象，校以《召诰》《洛诰》周公摄政七年之历日，定为成王七年；由公元前 1079 年实际天象，校以二十六年番匊生壶历日，证成前 1079 年为成二十六年，番匊生壶历日记成王事；由公元前 1056 年实际天象，校以古文《毕命》历日，证成前 1056 年为康王十二年，知前 1067 年为康王元年，成王在位 37 年。

实际天象是天上的材料，没有任何人为的臆度，足可取信于世。

同法校之，歸妅进鼎"八月辰在乙亥"，正合公元前 1073 年实际天象，丑正八月乙亥朔，乃成王三十二年。知鼎所记为成王三十二年历日。

用实际天象考核御正良爵历日："四月既望丁亥。"得四月壬申朔，则知所记为公元前 1072 年（成王三十三年）历日。与歸妅进鼎历日相去八个月（五大三小），计 237 日。干支周经三轮，余 57 日。乙亥去壬申，正 57 日。御正良爵云"大保赏御正良贝"，大保即周初召公奭。如果不计较"亚束"记号，为父辛作

① 反映实际天象的历谱有董作宾《西周年历谱》（载《董作宾先生全集甲编》第一册）；张汝舟《西周经朔谱》（载《二毋室古代天文历法论丛》，第 228—428 页）；张培瑜《西周历法和冬至合朔时刻表》（载张钰哲主编《天问》）。皆可考校历日。

② 《西周考年》已收入张汝舟《二毋室古代天文历法论丛》，后又收入《华夏文明》丛书（北京：北京大学出版社，1990 年）第 2 集"西周卷"中。

器的"良"，亦为周公之子辈乎？姑存之。

长花 M17 伯姜鼎，"惟正月既生霸庚申，王在荣京湿宫"，与 M15 禽鼎形制略同，无记号。依𬩽𬨎进方鼎历日，禽鼎可断为成王后期器，《简报》列伯姜鼎为康王，可信。鼎有历日，尚可凭依。定点月相，既生霸为望为十五，庚申十五，朔必丙午。校之实际天象，公元前 1057 年冬至月朔丁丑，丑正丙午朔，是年为康王十一年。这当是伯姜鼎所记的确切年代。[1]

(三) 关于昭王年数

昭王年数似与本题无关，因李文将上述𬩽𬨎进鼎、禽鼎及厚趠方鼎、雩鼎、员卣、嗣鼎定于昭世，并写道："目前在西周青铜器研究上，可确定为昭王时的器物已经不少。但是昭王只有十九年，从一些昭王标准器出发联系的青铜器，有的可能属康王晚年，有的属穆王初期，不能都定于一个王世。"

定昭王为十九年，不过是依据《竹书纪年》十九年"丧六师于汉"这么一句话，实在不足以说明昭王丧于是年。今以铜器小盂鼎证成昭王年数，似更凿实。

《大系》定小盂鼎为康王器，仅因为小盂鼎言"用牲，禘（禘）周王□王成王"，"其时代自明"。此说五十年来几成定论。查原件，"用牲，禘（禘）周王□王成王□□□□卜有臧"，"成

---

① 关于实际天象的简易推算及有关问题，可参看本书后文《西周铜器历日中的断代问题》。

王"后有明显残缺，焉知后面无"康王"二字？又《史记·周本纪》记"成康之际，天下安宁，刑错四十余年不用"，康王之世能有如鼎铭所叙之频繁恶战事？又，细审《三代吉金文存》拓本（卷四，四十五），末记实"隹王卅又五祀"，非"廿又五祀"。承认是三十五年器，自然不归康王名下。无独有偶，小盂鼎所记历日，又恰合昭王三十五年实际天象。这绝非人力可以回天！

抛开先入之见，小盂鼎历日是：隹八月既望，辰在甲申。……隹王卅又五祀。前已述及，"辰在甲申"即甲申朔，是补充月相干支的。书月相不书干支，金文多例。有"辰在甲申"，则既望干支自明。

打开各家反映实际天象的历谱，公元前1007年子正丙辰朔，七月定朔甲寅，八月得甲申。（失朔在半日，合）

从公元前1106年克商之年顺记下来：武王二年，前1104年为成王元年；成王在位三十七年，前1067年为康王元年；康王在位二十六年，前1041年为昭王元年；昭王在位35年，前1006年为穆王元年，正是"周自受命至穆王百年"。前述古文《武成》《召诰》《洛诰》，番匊生壶、古文《毕命》，小盂鼎诸多历日无不吻合。穆王之后，更有大量器物历日，将西周一代王年揭示得清清楚楚，有另文述及，此不赘言。①

明确西周初期百年历序，传世的记有历日的铜器，就可依据实际天象一一贯穿起来，回到各自的王年位置，重现历史的原貌。所以我们说，考求铜器历日，须将出土器物（地下材料），

---

① 可参看本书后文《共孝懿夷王序、王年考》。

结合文献典籍（纸上材料），校以实际天象（天上材料），做到"三证合一"，方可定论。三者之中，尤其应当重视实际天象。

1986 年 4 月 7 日夜于长春

二、 关于小盂鼎[①]

　　清代出土于陕西郿县（今眉县）礼村的小盂鼎，原器亡佚，仅存拓本，铭文约四百字。诸家考释，多定为康王器，尤以郭沫若氏《大系》论之甚详。郭氏定为二十五年器，依据拓本铭末"隹王廿又五祀"，断为康王，主要立论于铭文中有"用牲，啻（禘）周王斌（武）王成王"，以为武王、成王之后自是康王无疑。

　　殊不知，"成王"之后，铭文泐缺四字，辞已不可考求。由此断为康王器，实属佐证不足。而"隹王廿又五祀"亦属误释。

　　1986年春，笔者与东北师大陈连庆教授细审拓本，认定铭文当是"卅又五祀"。后又读陈梦家氏《西周铜器断代》，陈氏也曾释为"卅又五祀"，谓："昔日在昆明，审罗氏影印本，似应作'卅'。本铭与'卅八羊'之'卅'直立两笔距离，与此略等。"[②]

　　康王在位年数，自《帝王世纪》之后，诸家均无异说，计26年，小盂铭文有"隹王卅又五祀"，郭氏之论便难以成立，且小盂鼎铭文历日完整，年、月、日、月相四全："隹八月既望，辰

---

　　① 本文原以《小盂鼎非康王器》为题刊于《人文杂志》1991年第6期。
　　② 陈梦家：《西周铜器断代》，北京：中华书局，2004年，第112页。

在甲申，隹王卅又五祀。"这就为我们考求该器的绝对年代，进而弄清西周前期各王的在位年数提供了宝贵的依据。

成、康的纪年与武王克商年代直接相关。考求克商的年月日，历来都以古文《武成》所记历日为主要依据。其记载是：

1.惟一月壬辰，旁死魄，越翼日癸巳，武王乃朝步自周，于征伐商。

2.粤若来三〔二〕月既死霸，粤五日甲子，咸刘商王纣。

3.惟四月既旁生霸，粤六日庚戌，武王燎于周庙。

有关克商的记载，亦见诸以下史料。

《尚书·牧誓》："时甲子昧爽，王朝至于商郊牧野。"

《逸周书·世俘》："越若来二月既死魄，越五日，甲子朝，至接于商。则咸刘商王纣，执矢恶臣百人。"

《史记·周本纪》："二月甲子昧爽，武王朝至于商郊牧野。"

1976年3月于临潼出土的利簋更是铁证："珷征商，隹甲子朝。岁鼎克闻（昏），夙又商。辛未王才闌，易又〔右〕史利金。"

武王克商在甲子日，验之典籍，考之彝铭，千古无异词。古文《武成》所记历日应该是可信的。

根据《武成》所记的历日，克商之年的朔日当是：

一月辛卯朔，初二（旁死霸）壬辰，初三癸巳。

二月庚申朔（既死霸），初五日甲子。

四月己丑朔，十七（既旁生霸）乙巳，二十二庚戌。

是年前几月朔日当是：

正月辛卯朔，二月庚申朔，

×月庚寅朔，×月己未朔，

四月己丑朔。

二月至四月中间必有一闰。刘歆据四分术朔闰规律定为二月闰。

比照公元前 1106 年实际天象：

冬至月朔辛酉 08^h25^m，

丑月辛卯 03^h55^m，

寅月庚申 22^h31^m，

卯月庚寅 14^h46^m，

辰月庚申 04^h10^m，

闰月己丑 14^h58^m，

巳月戊午 23^h54^m（下略）。

结论很清楚：是年行丑正，正月辛卯朔，二月庚申朔，闰月庚寅朔，三月己未朔（失朔 4^h10^m），四月己丑朔。与古文《武成》所记历日完全吻合，足证克商在公元前 1106 年。

武王克商后二年崩，成王元年即公元前 1104 年，周公摄政。《尚书》中有涉及周公摄政七年的三个历日。

《召诰》："惟二月既望，越六日乙未，王朝步自周，则至于丰。"

按：二月乙亥朔，十五日望己丑，十六日既望庚寅，越六日二十一日乙未。

《召诰》："越若来三月，惟丙午朏，越三日戊申。大保朝至于洛，卜宅。"

按：三月甲辰朔，初三丙午，初五戊申。

《洛诰》："戊辰，王在新邑烝祭岁……在十有二月。惟周公诞保文武受命惟七年。"

按：十二月大己亥朔，三十日戊辰。

周公摄政七年即成王七年，公元前 1098 年。查张培瑜《时日表》，前 1098 年实际天象如下。

冬至干支辛未，冬至月朔乙巳 3^h33^m，

二月甲戌 22^h41^m，三月甲辰 15^h41^m，

四月甲戌 05^h26^m，五月癸卯 15^h59^m，

六月癸酉 00^h18^m，七月壬寅 07^h32^m，

八月辛未 14^h39^m，九月庚子 22^h27^m，

十月庚午 07^h37^m，十一月己亥 19^h08^m，

十二月己巳 09^h37^m，十三月己亥 03^h01^m。

张氏《时日表》已换算为中国的纪日干支和地方标准时，比较准确可靠。如二月甲戌 22^h41^m，合朔已在夜晚十点钟以后，司历定为乙亥朔，失朔在 1^h20^m 之内，这是完全允许的。

是年有闰是肯定的，且十二月己亥，必是年中置闰，不在岁末，也非"无中气置闰"。

周公摄政七年实际用历当如下。

正月乙巳，二月乙亥，三月甲辰，四月甲戌，

五月癸卯，六月癸酉，七月壬寅，闰月壬申，

八月辛丑，九月辛未，十月庚子，十一月庚午，

十二月己亥大。

是年建子，实际用历以月大月小相间。足见《尚书》三个历日与公元前 1098 年天象吻合无误。

成王在位 37 年（前 1104—前 1068 年），后康王继位。文献古文《毕命》曾记载："惟十又二年六月庚午朏。"史家公认是记

康王的，朏为初三，六月必戊辰朔。正合康王十二年（前 1056 年）天象：冬至月朔辛丑，二月庚午，三月庚子，四月己巳，五月己亥，六月戊辰 05ʰ55ᵐ。是年建子，六月戊辰朔，初三庚午。

康王在位 26 年，史无异说，昭王的在位年数，今本《纪年》为 19 年，《帝王世纪》为 51 年。我们据穆王元年在前 1006 年（"自周受命至穆王百年"）定昭王在位为 35 年。而小盂鼎历日正是昭王纪年的最有力佐证。

小盂鼎历日："隹八月既望，辰在甲申。……隹王卅又五祀。"

这里涉及对"八月既望，辰在甲申"如何理解的问题。有人以为"八月既望，辰在甲辰"即"八月既望甲申"，视"辰在甲申"之"辰"为"日辰"。

事实上，金文"辰在××"，辰即朔日，《左传·昭公七年》："日月之会是谓辰，故以配日。"日月之会，正是朔日，故以辰配日。如果用历术推演铜器历日，足证"辰"为朔日无疑。令彝铭文记两个历日：

隹八月，辰在甲申……隹十月，月吉癸未。

月吉即初吉，即朔。《周礼·族师》郑注"月吉，每月朔日也"可证。令彝历日的排比只能有两种形式：

甲：八月大甲申　九月小甲寅　十月大癸未
乙：八月小甲申　九月大癸丑　十月小癸未

中间无闰月可插，无论月大月小，"辰在甲申"即甲申朔。

又如师𫐆鼎"隹王八祀正月，辰在丁卯"。合孝王八年（前921年）实际天象：正月丁卯朔。

又商尊"隹五月，辰在丁亥"。各家定为晚商器。考以实际天象，合公元前1111年，建丑，五月丁亥朔。我们定武王克商在前1106年，商尊历日正合晚商。"辰在丁亥"即丁亥朔。

西周铜器，铭文"辰在××"前面冠以月相或初吉者，还有近十件，如下。

  1.邾公牼钟：隹王正月初吉，辰在乙亥。

  2.耳尊：隹六月初吉，辰在辛卯。

  3.旂鼎：隹八月初吉，辰在乙卯。

  4.善鼎：隹十又二月初吉，辰在丁亥。

  5.吕方鼎：隹五月既死霸，辰在壬戌。

  6.庚嬴卣：隹王十月既望，辰在己丑。

  7.县妃簋：隹十又三月既望，辰在壬午。

  8.智鼎：隹王四月既生霸，辰在丁酉。

  9.豆闭簋：隹王二月既生霸，辰在戊寅。

前面记有月相或初吉，后面添以"辰在××"，对既死霸（朔）或初吉（朔）来说，月相与初吉似为多余，对既生霸（十五），既望（十六）来说，"辰在××"应看成是对前面月相（不记干支）的补充。有了这个补充，月相干支不言自明。

西周铜器书月相不书干支者，其例甚多。如七年趞曹鼎："隹七年十月既生霸，王在周般宫。"遹簋："隹六月既生霸，穆王在葬京。"保卣："乙卯王令保……在二月既望。"公姞鼎："隹十又二月既生霸，子中渔复池。"等等。如果再补充"辰在××"，月相的干支就明白无误。足见西周或晚商以来，周人对月相的重视。

事实上，"辰在××"已经成了表达朔日干支的固定格式，后人沿用不废，至春秋时代亦间有发现（如邾公牼钟）。如果视为一种固定格式，前面再冠以不书干支的月相或初吉，上举1—9例这种记录历日的形式就比较容易理解。以曶鼎为例，"四月既生霸，辰在丁酉"必须理解为：四月丁酉朔，既生霸十五（辛亥）。虽不书辛亥只记月相既生霸，而既生霸十五之干支亦明白无误。今人考释曶鼎历日，断为"既生霸丁酉"，殊不知丁酉乃朔日干支，非月相干支。误在不知"辰为朔日"。

比较小盂鼎历日，只能理解为：隹王三十五年八月甲申朔，既望十六（己亥）。

前面说过，康王在位 26 年，后昭王继位。昭王元年即公元前 1041 年，昭王三十五年即公元前 1007 年，是年实际天象：冬至月朔丙辰 03^{h}48^m。是年建子，七月甲寅 00^{h}9^m（合朔在夜半），八月甲申（定朔癸未 11^{h}33^m）。司历定八月甲申朔，失朔 12^{h}27^m，刚过半日。以四分术朔策 29 日又 499 分计，失朔限在 500 分之内都是允许的。940 分计一日，500 分约相当于十三小时。足见"八月甲申朔"并不违例。实际天象与小盂鼎所记是吻合的。

昭王在位 35 年，穆王继位，穆王元年即公元前 1006 年。有

《史记·秦本纪》张守节《正义》为证。《正义》云："年表穆王元年去楚文王元年三百一十八年。"楚文王元年即周庄王八年，合公元前689年。318+689＝1007年，不算外，穆王元年当是公元前1006年，距克商的公元前1106年正是"自周受命至穆王百年"。

结论是清楚的：小盂鼎非康王器，乃昭王三十五年器，具体日期是八月既望己亥日。

1988年10月15日稿

三、 关于虎簋盖①

 《考古与文物》1997 年第 3 期刊发了《虎簋盖铭简释》及其拓片，使我们有机会就西周年代作进一步探讨。

 定虎簋盖为穆王器，十分确当。因为与虎簋盖相关的器物，如师虎簋、望簋、牧簋、吴方彝、师汤父鼎、豆闭簋等，其年代大体都在西周穆共时期。这里想就穆王的绝对年代联系相关的几件铜器，谈一些自己的看法，供大家讨论。

 武王克商在公元前 1106 年，是年实际天象，建丑，正月辛卯朔，二月庚申朔，四月己未朔，合古文《武成》，亦合《逸周书·世俘》。"武王克殷二年，天下未宁而崩"（《史记·封禅书》）。成王元年即前 1104 年，周公摄政。周公摄政七年即前 1098 年天象，二月乙亥朔，三月甲辰朔，十二月己亥朔，合《尚书》之《召诰》《洛诰》。成王三十七年"四月庚戌朔，十五日甲子，翌日乙丑，成王崩"（《汉书·世经》），合前 1068 年天象，三月庚辰，四月庚戌朔。

 康王元年即前 1067 年，在位 26 年。康王十六年即前 1052

---

 ① 本文原以《虎簋盖与穆王纪年》为题，分别刊载于《金筑大学学报》1997 年第 4 期及《考古与文物》2000 年第 5 期。

年，鲁公伯禽薨。伯禽以后，鲁公年次历历分明。康王十七年，鲁考公元年，在位四年卒。康王二十一年即前1047年，鲁炀公元年。

昭王元年即前1041年，炀公七年。昭王十九年即前1023年，寅正五月丙戌朔有日食天象，合《竹书纪年》"昭王十九年，天大曀，雉兔皆震"。昭王三十五年即前1007年，七月甲寅，八月甲申。合小盂鼎"隹八月既望，辰在甲申……隹卅又五祀"。郭沫若氏误释为"廿又五祀"，断为康王器，不可从。

穆王元年即前1006年，鲁炀公四十二年，合《晋书·束皙传》"自周受命至穆王百年"。前1106年武王克商至前1006年穆王元年，正百年之数。《史记·秦本纪》正义："年表穆王元年去楚文王元年三百一十八年。"楚文王元年即周庄王八年，即前689年，加318年，穆王元年即前1006年，印证《晋书》与《秦本纪》"正义"所记不误。

穆王二年（前1005年），鲁炀公四十三年。吴方彝："隹二月初吉丁亥……隹王二祀。"（《大系》74）是年天象，建亥，二月甲戌16^h57^m。余分大，司历定为乙亥朔，失朔7^h03^m。书乙亥为丁亥，取丁亥大吉之义。

穆王七年（前1000年），鲁炀公四十八年。牧簋："隹王七年十又三月既生霸甲寅。"（《大系》75）是年天象，子正月乙巳，十二月庚午，十三月庚子。庚子朔，有十五既生霸甲寅。既生霸定点于一日，为望为十五。牧簋乃穆王七年器。

穆王十二年（前995年），鲁炀公五十三年。走簋："隹王十又二年三月既望庚寅。"（《大系》79）是年天象，丑正月丙子朔，二月丙午，三月乙亥。乙亥朔，有十六既望庚寅。既望为十六，古今一贯，定点于一日。走簋乃穆王十二年器。

穆王十三年（前994年），鲁炀公五十四年。望簋："隹王十又三年六月初吉戊戌。"（《大系》80）是年天象，冬至月朔辛未，丑月庚子……巳月戊戌。建子，六月戊戌朔。初吉即朔。

穆王十七年（前990年），鲁炀公五十八年。此鼎："隹十又七年十又二月既生霸乙卯。"（《文物》1976.5）是年天象，寅正月丁丑朔，十一月壬申，十二月辛丑。辛丑朔，有十五日既生霸乙卯。既生霸定点于十五，与古人解说符合。

穆王十九年（前988年），鲁炀公六十年卒。史文，炀公有六年卒、十六年卒、六十年卒三说。炀公六十年，古文写作卌，上读法为"六十"，下读法为"十六"，省作"六"。以六十年卒为是。[1]

穆王三十年（前977年），鲁幽公十一年。虎簋盖："隹卅年四月初吉甲戌。"（《考古与文物》1997.3）是年天象，建子，正月壬申，二月辛酉，三月辛卯，四月庚寅。庚申朔，有十五既生霸甲戌。知"初吉"为"既生霸"之误。

穆王三十七年（前970年），鲁微公四年。善夫山鼎："隹卅又七年正月初吉庚戌。"（《文物》1965.7）是年天象，冬至月朔辛巳，丑正月庚戌 19^h52^m。历朔吻合无误，确证善夫山鼎历日记穆王三十七年事。笔者已注意到李学勤先生的意见："膳夫山鼎

---

① 郑慧生：《上读法——上古典籍读法之谜》，《历史研究》1997年第3期。

属于西周晚期，是没有疑问的。"[1] 李先生用标准器比较断代法，而历日天象，非人力所能妄为。所谓"西周晚期"，或厉王或宣王，其三十七年均不可合，历日唯合穆王三十七年。

穆王三十八年（前969年），鲁微公五年。是年天象，丑正月乙巳，二月乙亥，三月甲辰，四月甲戌。如果信虎簋盖"四月初吉甲戌"，则当断为穆王三十八年器。初吉不误而年误。

穆王五十五年（前952年），鲁微公二十二年。《周本纪》："穆王立五十五年崩。"《古本竹书纪年》："五十五年，王陟于祇宫。"

共王元年（前951年），鲁微公二十三年。师虎簋："隹元年六月既望甲戌。"（《大系》73）是年天象，冬至月朔辛酉……卯月己丑，辰月己未（定朔戊午23ʰ45ᵐ）。上年当闰未闰，共王元年建亥，二月辛酉，六月己未。己未朔，有十六既望甲戌。既望必是定点，古今一贯，定于十六。

共王二年（前950年），鲁微公二十四年。趩尊："隹三月初吉乙卯……隹王二祀。"（《大系》101）是年天象，冬至月朔乙卯，丑月乙酉，寅月甲寅20ʰ39ᵐ（余分大，司历定为乙卯朔）。元年置闰，本年建子，正月乙卯，二月乙酉，三月乙卯。

共王三年（前949年），鲁微公二十五年。师遽簋："隹王三祀，四月既生霸辛酉。"（《大系》83）是年天象，冬至月朔庚戌，丑月己卯，寅月己酉，卯月戊寅，辰月戊申06ʰ28ᵐ（余分

① 李学勤：《膳夫山鼎与西周年历问题》，《陕西历史博物馆馆刊》（第一辑），西安：三秦出版社，1994年，第9页。

小，司历定为丁未朔）。建丑，正月己卯，四月丁未。丁未朔，有十五日既生霸辛酉。既生霸为望为十五，定点于一日。

共王十四年（前938年），鲁微公三十六年。师汤父鼎："隹十又二月初吉丙午。"（《大系》70）天象，（十四年）冬至月朔乙巳23^{h}30^m，余分大，司历定为丙午。共王十三年建丑正月辛巳，十二月丙午。师汤父鼎乃记共王十三年事。

共王十五年（前937年），鲁微公三十七年。趞曹鼎："隹十又五年五月既生霸壬午。"（《大系》69）是年天象，冬至月朔己巳……辰月戊辰，巳月丁酉。建子，五月戊辰朔，有十五既生霸壬午。既生霸非定点于十五不可。

公元前924年，鲁微公五十年卒。《鲁周公世家》："魏公五十年卒。"

公元前923年，鲁厉公元年。《鲁周公世家》："厉公三十七年卒。鲁人立其弟具，是为献公。"

公元前886年，鲁献公元年。

公元前878年，周厉王元年，鲁献公九年。

公元前854年，周厉王二十五年，鲁真公元年。《鲁周公世家》："献公三十二年卒，子真公濞立。"

公元前841年，共和元年，鲁真公十四年。《鲁周公世家》："真公十四年，周厉王无道，出奔彘，共和行政。"

借助鲁公在位年数，整个西周年次已大体明确。

以上器物历日与实际天象校比勘合（实际天象用张培瑜先生

《中国先秦史历表》①），再用文献记载印证，只想说明：穆王元年即公元前 1006 年，穆王在位五十五年。共王元年即公元前 951 年。

虎簋盖历日"隹卅年四月初吉甲戌"，与穆王三十年实际天象（四月庚申朔）相校，知"初吉"有误，当为"既生霸甲戌"。如果立足于"四月初吉甲戌"，则穆王三十八年天象才有四月甲戌朔。

青铜器铭文，常有错字。如南季鼎铭，五十余字就错了三个。像月相这样的关键性词语，其误也难免。如：

1.大鼎："隹十又五年三月既霸丁亥。"（《大系》88）

按："既霸"不词。或为既生霸，或为既死霸，或为既望。详加考求，大鼎合懿王十五年天象。

2.伯宽父盨："隹卅又三年八月既死辛卯。"（《文物》1979.11）

按："既死"显误。断为厉世器，合厉王三十三年前 846 年天象，八月丁丑朔，有既生霸十五辛卯。知月相为"既生霸"。

又，永盂："隹十又二年初吉丁卯。"缺月。

又，蔡簋："隹元年既望丁亥。"郭沫若氏云："未言何月，甚可异。"

这就是我们对虎簋盖历日的认识。

1997 年 9 月 25 日稿

---

① 张培瑜：《中国先秦史历表》，济南：齐鲁书社，1987 年。

四、 关于晋侯苏钟

晋侯苏钟图象及铭文拓片已经在《上海博物馆集刊》第七期上公布，这实在是先秦史研究中的一件大事。此前，我读过王占奎先生《周宣王纪年与晋献侯墓考辨》（《中国文物报》1996.7.7）以及王恩田先生《晋侯稣钟的年代与周宣王东征伐鲁——兼说周、晋纪年》（《中国文物报》1996.9.8），最近又拜读了马承源先生对全铭的解说，[①] 感到有必要进一步探讨。当然，几位先生的研究，无疑都是有益的，我个人从中受到的启发尤多。

有两点，大家的认识是一致的：M8 是晋献侯墓而不可能是其他人；晋献侯名稣，诚如《世本》与谯周所言。

由于晋侯苏钟铭文刻记了一个"隹王卅又三年"，又记了几个历日，主要文字是刻录晋侯苏随王征伐的史实，便引发出若干令人不解的问题。众多研究者有共同的苦恼：信苏钟的王三十三年晋侯随王征伐，必然地否定《史记》的记载；不改动《史记》，又难以诠释编钟文字。顾此而失彼，似无调合的余地。

下面谈谈我的一些看法，与大家继续讨论晋侯苏钟铭文，以

---

① 马承源：《晋侯稣编钟》，《上海博物馆集刊》（第七期），上海：上海书画出版社，1996 年，第 1—17 页。

就正于方家。

（一）司马迁《史记》不误

司马迁给我们保存的晋侯世系是明明白白的：成王封叔虞于唐……唐叔子燮，是为晋侯；晋侯子宁族，是为武侯；武侯之子服人，是为成侯；成侯子福，是为厉侯；厉侯之子宜臼，是为靖侯。靖侯已来，年纪可推。自唐叔至靖侯五世，无其年数。靖侯十七年，周厉王迷惑暴虐，国人作乱。厉王出奔于彘，大臣行政，故曰共和。十八年靖侯卒，子釐侯司徒立。釐侯十四年，周宣王初立。十八年，釐侯卒，子献侯籍（《索隐》：《世本》及谯周皆作苏）立。献侯十一年卒，子穆侯费生立……十年，伐千亩，有功。生少子，名曰成师……二十七年穆侯卒。弟殇叔自立。太子仇出奔。殇叔三年，周宣王崩。

如果把这些关系理顺，对照公元纪年，当是：

> 共和元年（前841年），晋靖侯十八年卒；
> 共和二年（前840年），釐侯元年；
> 宣王五年（前823年），釐侯十八年卒；
> 宣王六年（前822年），献侯元年；
> 宣王十六年（前812年），献侯十一年卒；
> 宣王十七年（前811年），穆侯元年；
> 宣王四十三年（前785年），穆侯二十七年卒；
> 宣王四十六年（前782年），殇叔三年。

这与《十二诸侯年表》的记载也是完全吻合的。"靖侯已来，年纪可推"，是靠得住的，晋献侯当宣王时代，在位 11 年，死于宣王十六年。所以晋侯苏钟铭文的"三十三年"不可能与宣王三十三年发生纠葛，那时的晋献侯已经去世 17 年了。自然，晋献侯也不可能在周厉王时代随王征伐。

司马迁对待史实纪年是相当慎重的。他说："余读谍记，黄帝以来皆有年数。稽其历谱谍终始五德之传，古文咸不同，乖异。"他充分注意到黄帝以来的纪年有不同说法，"稽其历谱谍"，他对那些"乖异"的纪年是认真研究过的。他自己认为不准确的纪年干脆就不录，他的《年表》起自共和元年，而不是起自周初或商初，更不采用"黄帝以来"，足见他是慎之又慎。他的记载是靠得住的。所以，对共和以后的纪年尤其不当有什么异议。

就说"千亩之战"吧！《周本纪》记"三十九年，战于千亩，王师败绩于姜氏之戎"，那是明显地本于《国语·周语》。而《年表》与《晋世家》合，明记宣王二十六年（穆侯十年），"以千亩战生仇弟成师"，确实是自相矛盾了。那当不是司马迁的过错。因为他各有所本，不是个人的臆度，这里，他对这种"乖异"的史料取了一个"两存"的办法，留待后人评说。这正说明司马迁忠实于前代史文，不轻易武断地改动年月。如果读到《史记》中这种看似矛盾的文字，我们当理解司马迁的良苦用心。

《十二诸侯年表》是一个整体。不仅仅是晋侯世系，尤其是共和以来，纪年一丝不乱。要想改动晋献侯的纪年，几乎是不可能。其他关于修改宣王纪年或修改晋侯世系的种种假说也是难以成立的。牵一发而动全身，一动百枝摇，那势必得将《史记·晋世家》有关文字重写，《十二诸侯年表》也就失去了史料价值。整个《史记》的可信度就发生了根本的动摇。《史记》还是什么"信史"？文献已不成其为文献矣。从司马迁记录的殷王世系被近代出土器物所——证实可以看出，司马迁足可信赖。《史记》作为文献，是不容轻率否定的。何况事在共和以后，年次不紊，毫无假托推测的可能。

我们充分利用文献，更要慎重对待文献。我们肯定司马迁所记晋侯世系，尤其是靖侯以来的纪年不误，晋侯苏钟刻记的"王三十三年"自当别有解说。因为晋侯苏不可能与三十三年的周王有直接关系，他只活到了周宣王的十六年，厉王时代他还太小，上有祖父、父辈，还轮不到他随王征伐。

（二）月相非定点不可

晋侯苏钟刻记了既死霸、既生霸、既望、方死霸、初吉五个月相，这也是引起议论的中心。所以，月相的解说就不可回避。

自古以来，月相都是定点的。月相不定点，就失去了记录月相的价值。西周以至春秋，都是观象授时。四分历的创制行用在战国初期。有了四分历，历术才找到了推演的程式：鲁文公"四不视朔"，说明推算朔日在春秋后期已有了办法。孟子说"千岁之日至，可坐而致也"说明战国时代历术已从室外观象进入室内推演，制历已经找到了规律。而观象授时的西周一代，月相的记录就十分重要，因为历术是关于年、月、日的安排。太阳出没，白夜交替，日的观念最为明显。一年寒来暑往，春夏秋冬也不难掌握。《尧典》"期三百有六旬有六日，以闰月定四时成岁"，年岁的认识也相当早。而月朔的起讫，全凭月亮的圆缺隐现。所以，月相的观察与记录显得特别重要。

而今能见到的月相记载，大多是西周的文献与出土的西周器物。具体记录，月相后面大都紧接日干支，这足以说明月相只代表那个纪日干支。它指那特定的一日，这就是月相定点。

事理之最明白者，如古文《武成》"粤若来二月既死霸，粤五日甲子"，既死霸不定点，何有过五日的甲子？《尚书·召诰》"惟二月既望，越六日乙未"，既望不定点，何有越六日的乙未？

两千多年以来，古人对月相的解说也都是定点的。《诗·小明》"二月初吉"，毛传："初吉，朔日也。"《周礼·大牢》"正月之吉"，郑注："月吉，每月朔日也。"《汉书·律历志》引"古文《月采》篇曰'三日曰朏'"。朏是月相，明指初三。《汉书·律历志》引用刘歆《世经》对既死霸、旁死霸、既旁生霸、既望、朏、晦这些月相名词的解说都立足于定点。

朔与朏、望、既望一样，也是月相名词。《尚书》孔传、蔡沈《书经集传》以及历代学人对既生霸、旁死霸、哉生明的传注，也立足于定点。

只是到了近代，王国维用四分术《孟统》推算西周铜器历日，总有三天五天的误差，于是"悟"出当一月四分之。他说："凡初吉、既生霸、既望、既死霸，各有七日或八日。哉生魄、旁生霸、旁死霸，各有五日若六日。"又说："哉生魄之为二日或三日，自汉已有定说。"① 在这里，王氏将月相名词分成三类：定点的——朔、朏、晦，不定点的——初吉、既生霸、既望、既死霸、旁生霸、旁死霸，游移的——哉生魄（"自汉已有定说"为定点，"各有五日若六日"为不定点）。王氏舍弃了月相"望"，将古籍"既旁生霸"并入"旁生霸"（王氏认为"'既'字疑衍"）。这便是王氏"四分一月说"的大概。

王氏将一月分为四段，旁生霸含在既生霸中，旁死霸含在既死霸中。他说："如既生霸为八日，则旁生霸为十日，既死霸为二十三日，则旁死霸为二十五日。"也就是说，既生霸"自八九日以降至十四五日"这一段，后面"五日若六日"也可以写成旁生霸；既死霸"自二十三日以后至于晦"这一段，后面"五日若六日"也可以称为旁死霸。这样，每月十日至十五日，二十五日至晦，月相的记录可以是随意的。既死霸与旁死霸已完全重合，既生霸与旁生霸也完全重合。在王国维月相名词的概念中，只有四个月相是有用的：初吉、既生霸、既望、既死霸，其余月相都已多余，起不了记录月相的作用。其余月相的功用已完全为这四个月相名词所取代了。

不难看出，王氏月相说纯属个人臆测，已经到了置文献于不顾的地步。所以董作宾先生说："近治西周年代，详加覆按，觉王说无一是处。"无一是处，确实是给四分月相说的一纸判决。究其原因，在于王国维先生用四分术《孟统》推算西周历朔，所

---

① 王国维：《生霸死霸考》，《观堂集林》，北京：中华书局，1950年，第22页。

得并非实际天象。他不知四分术先天的误差，也就是回归年长度365.2422日与四分术岁实365.25日的误差，董作宾先生也用四分术推算西周历朔，而他就注意到这个误差。加进改正值，以求与实际天象弥合。所以他绝对不相信王国维氏的西周历朔，敢于对他的"四分一月说"全盘否定。

清人有言："例不十，法不立"，反对孤证。持四分说者用晋侯苏钟历日作为一条孤证来支撑"四分一月说"，借以否认月相定点。在我看，晋侯苏钟历日连孤证都还算不上，何能朽木支大厦？而月相定点，不仅十例，而是百例、千例。怎么能视而不见？

如果掌握了简单的推算实际天象的方法，或者正确地使用《中国先秦史历表》，我相信史学界同仁可以毫无困难地求得一个共识：月相非定点不可。中国古代自殷商以来就采用阴阳合历体制，"以闰月定四时成岁"。从文献及器物历日（如令彝）知，西周一代是明白无误的朔望月制。月相的记录主要是记录朔与望及其相近的日子。这就是：

初一：朔、初吉、既死霸（全是背光面）

初二：旁死霸（傍近既死霸）

初三：朏、哉生霸（哉生明）

十五：望、既生霸（尽是受光面）

十六：既望、旁生霸（傍近既生霸）

十七：既旁生霸（旁生霸之后一日）

这就是古今一贯的解说。以此诠释典籍及器物的历日，无不通达。

生霸、死霸非月相。文献及器物从未有记为生霸、死霸者。生霸，指月球受光面，死霸指月球背光面。《汉书·世经》引刘歆"死霸，朔也。生霸，望也"，有违刘歆的本意，显然是班固的脱误。有人借以否定刘歆的定点说，那是没有读通《世经》之故。当另文述及。

（三）关于晋侯苏钟

明确了以上两点，再来考释晋侯苏钟刻铭，才可能有符合历史真实的结论。在我看来，铭文分为两个并不相干的部分。前一部分在第一钟及第二钟：

> 佳王卅又三年，王亲遹省东或（国）、南或（国）。
> 正月既生霸戊午，王步自宗周。
> 二月既望癸卯，王入各成周。
> 二月既死霸壬寅，王儥往东。
> 三月方（旁）死霸，王至于堇。

用月相定点来解说：

> 正月既生霸戊午：既生霸为十五，则正月甲辰朔。
> 二月既望癸卯：既望为十六，则二月戊子朔。

二月既死霸壬寅：既死霸为朔为初一，则二月壬寅朔。

排比历朔知：正月甲辰朔（小）

     ×月癸酉朔（小）

     ×月壬寅朔（大）

     ×月壬申朔

也可以是：正月甲辰朔（小）

     ×月癸酉朔（大）

     ×月癸卯朔（小）

     ×月壬申朔

如果闰二月（西周观象授时，随时观察，随时置闰，无规律可言），必是

正月甲辰朔 二月癸酉朔 二月壬寅朔。

这中间的"二月既望癸卯"确实是刻工的误刻。马承源先生用四分月相解说，也看出了刻工的必然之误。因为历朔的排列是有规律可循的，错当在刻工而绝不可能是历日本身。

西周铜器铭文所铸历日产生错误并不少见，例如：

1.伯宽父盨：隹卅又三年八月既死辛卯。

按："既死辛卯"，月相显误，可能是"既望辛卯"，也可能是"既死霸辛卯"，也可能是"既生霸辛卯"。断为厉王器，当为"既生霸辛卯"方与厉王三十三年（前846年）天象相合：八月丁丑朔。十五日辛卯。

2.大鼎：隹十又五年三月既霸丁亥。

按："既霸丁亥"，月相误字。或为"既生霸"，或为"既死霸"，或为"既望"。吴其昌氏列懿王，补为"既生霸"；董作宾先生定孝王，补为"既死霸"。大鼎合懿王十五年（前902年）天象，当是"既死霸"。

3.永盂：隹十又二年初吉丁卯。

按：据铭文内容，唐兰定为共王器。此器缺月。以共王年代实际天象考之，有共王十年（前942年）二月初吉丁卯。年月相错，其误可知。

4.蔡簋：隹元年既望丁亥。

按：郭沫若《大系》云："未言何月，甚可异。"断为孝王元年（前928年）器，有"九月既望丁亥"（癸酉朔）。

5.休盘：隹廿年正月既望甲戌。

按：休盘定为懿王二十年器，勘合前897年天象：正月丁未朔。有十六既望壬戌。知铭文"甲戌"为"壬戌"之误。金文"甲"与"壬"，形近而讹。

以上铜器铭文是范铸而不是刻凿，尚有如此的讹误。人工刻凿，一人所为，其误在所难免。用历朔做标尺衡量，其误当一目了然。

晋侯苏钟前一部分铭文历日的顺次是清楚的：正月甲辰朔，既生霸十五戊午；二月癸酉朔；（后）二月壬寅朔；三月壬申朔，方（旁）死霸初二癸酉。

这个三十三年的王是谁呢？当然不是厉王，也不可能是宣王。历日唯合穆王三十三年（前974年）天象。实际天象可查对张培瑜先生《中国先秦史历表》。

这一部分铭文是记周穆王"亲遹省东国"的，本来还应该接着刻凿穆王"省南国"，成为一篇完整的文字。由于出现刻工的误刻或其他重大变故（比如晋献侯之死），打乱了原有部署，就更换了内容。从"分行"二字以后，另行刻凿晋献侯随周宣王征伐的战功。这后一部分铭文，当然也是事先拟就的成文，同前一部分穆王省东国、南国一样，都是史实的重录。由于内容的临时更改，我们已不能看到记录穆王事迹的全部，只保存了部分文字。而晋侯苏随宣王征伐事反而记之甚详，显得完整。

细加品味，我以为是晋献侯的死造成铭文内容的更换。晋侯苏当是一位爱好音乐的人，对编钟的演奏尤有兴趣，甚至生前曾计划另铸铜器记录自己随宣王征伐的战功。文字自然是已经有晋史官的实录。他是在参加了周宣王亲自禘祀穆王的祭祀活动后，出于思念穆王的盛德，决定将穆王三十三年亲省东国、南国事迹刻凿于编钟之上，以表达对先祖穆王的景仰。想不到刻凿进行之时，晋侯苏突然死去，于是改换内容，晋人将献侯的战功记录其上，并将编钟作为随葬品永远伴随晋侯苏长眠。

把晋侯苏钟铭文分为前后截然无关的两个部分，依据何在呢？

1.前一部分，王亲省东国、南国，全是简洁而平和的记述，像穆天子外出旅游，毫无兵戎气氛。后部分文风迥然不同，不仅记事细密而且一开篇就是王令晋侯伐夙夷，接着就是折首俘获，先后记述了晋侯苏参与的三次战斗，最后是王的赏赐。

2.铭文首句"隹王卅又三年，王亲遹省东国、南国"本是全铭的总括。而只记了王"往东""至于蒡",再也没有"省南国"的内容。"省南国"变成了"伐夙夷"。且不是往南,而是"左洈""北洈",向东向北方向征伐。第二次战斗也不往南,而是"自西北"伐,后部分与总括全然不相干。王"亲省东国、南国"变成了"王亲远省师"。要是完整铭文,岂有置开篇总括于不顾的道理?可见前后文字的相悖,全是因为主题的变更。

3.历日干支很清楚。三十三年正月甲辰朔,(后)二月壬寅朔,历日只合穆王。后部分记有"六月初吉戊寅……丁亥……庚寅……",乃周宣王八年(前820年)天象;六月戊寅朔,丁亥初九,庚寅十二。确实是晋侯苏随宣王征伐。与文献所记晋献侯在位当周宣王时代亦相吻合。

4."分行"二字大有讲究。简直就是另记一事的同义词。我不认为"分行"是分兵,因为前部分是一年的大事记,毫无火药味,无兵可分。

5.为什么在编钟上刻凿穆王事迹?这与两周时代五世一组的昭穆制有关。

《左传》定公"禘于僖公",厉王三十四年器鲜簋有"禘于昭王",《左传·僖公五年》"大伯、虞仲,大王之昭也……虢仲、虢叔,王季之穆也",都是五世昭穆制的明证。宣王时代,宗庙之内当是穆王正位,共王、孝王兄弟辈昭位,懿王穆位,夷王昭位,厉王穆位。周宣王祭祀先祖,当然是"禘于穆王",穆王乃五世祖。宣王时代,忠于王室的晋献侯在编钟上刻凿穆王史实,宣张穆天子神威盛德,亦本在理。这自然是做给周宣王看的,大有巴结王室之嫌。诚然,穆王也是晋侯的先祖,穆天子确实也是一位可歌可颂的君主。

（四）关于历日之误

我们说，前段历日有误刻，非逞臆之谈，当有根有据。马承源先生的文章也指出："'二月既望，癸卯，王入各成周。二月既死霸壬寅，王償往东'，这前后两个日干明显是颠倒的，因为壬寅早癸卯一日，刻手肯定是倒置了而未得更正。"① 马先生于此注意到日干顺次而忽略了与日干紧连的月相。马先生更正后，用以支持月相四分，算是"四分一月说"的一条孤证。如果没有这样的更正，月相四分是连一条孤证也没有的。

既然铭刻历日有误，误在何处？为何有如此之误？实有深究的必要。我曾在这篇文字初稿的结尾中写过这样一段话：

> 刻工错刻的"二月既望癸卯"，似乎也有踪迹可寻。二月十六既望癸卯，必二月戊子朔。查宣王十七年（前811年）天象：二月戊子朔。献侯苏十一年卒，相当于宣王十六年。宣王十七年葬献侯。"二月既望癸卯"难道与此就没有一点关系？这大概是刻工误刻的由来。姑妄言之。

当时我是将"二月既望癸卯"与宣王时代也就是晋侯苏与刻工时代的历日联系起来，立足宣王来考察这一历日。这虽也是一

---

① 马承源：《晋侯稣编钟》，《上海博物馆集刊》（第七期），第14页。

种假说，尔后又觉得这样解说不够严密。因为，如果承认前段铭文是刻记穆王三十三年事，理应从穆王时代，最好从穆三十三年天象的角度去通释铭文历日的误刻。

排比穆王三十三年（前 974 年）天象知：

> 正月甲辰朔，既生霸十五戊午
> 三月癸酉朔，既望十六戊子
> （后）二月壬寅（既死霸）朔，旁死霸初二癸卯
> 三月壬申朔，旁死霸初二癸酉

从刻记"二月既望癸卯"推知，"二月既望癸卯"必二月戊子朔。这与穆王三十三年所记前后两个历日（正月甲辰朔、后二月壬寅朔）均不连贯。所以肯定它是误刻。

很显然，本是"二月既望戊子"，刻工用戊子为朔推出了一个"二月既望癸卯"，且又直接受二月旁死霸"癸卯"的影响，才将历日误刻为"二月既望癸卯"。

一经将历朔理顺，前段铭文当是：

> 隹王卅又三年，（穆）王亲遹省东国、南国。
> 正月（甲辰朔），既生霸（十五）戊午，王步自宗周。
> 二月（癸酉朔），既望（十六）戊子（误刻为癸卯），王入各成周。
> （后）二月既死霸（初一）壬寅，王償往东（旁死霸初二癸卯）。

三月（壬申朔），旁死霸（初二癸酉），王至于葦。

从上述历日行程可知：正月十五日从宗周出发，二月十六日
才"入各成周"。路上走了一个月。这哪里有军事行动的紧张、
肃杀气氛？那不过是穆王的游山玩水而已。穆王一路，"名山大
川，靡不登济"。① 或三天，或五天停留于某一地也说不定。直至
后二月初一壬寅，又才出发往东。可见在成周也一住就是半月。
在路上又磨蹭了一月，三月旁死霸初二，才至于葦，这样的费时
前进，走走停停，停停走走，是有心于用兵征伐吗？这与后面部
分所记三次战斗，就内容说，真正是冰炭不容。

我们说，前段是简洁而明确刻录王省东国的行程，与后段晋
侯苏随宣王征伐确实不同。这从历朔刻记也可以看出，前段除第
一句总括外，其余四句，一句记一个历日记一事，共刻记四个历
日。后段刻记三次大战，无一历日可记。直到宣王归成周赏赐晋
侯苏，才出现一个与前面三个历日毫无相干的"六月初吉戊寅"。
这个历日正符合宣王八年实际天象：六月戊寅朔。

从前段内容可以推知，原本拟就的刻铭当是穆王三十三年省
东国、南国的纪要，从正月、二月、三月，可以顺次记到十二
月。要是完整的文字留下来，就是一份穆王三十三年记事历谱。
其史料价值的珍贵当是无可比拟的。只可惜，刻凿中途主题更
换。历日干支，戛然而止，再也不能看到它的完整文字了。

---

① （晋）郭璞：《注山海经叙》，郝懿行笺疏，张鼎三、牟通点校《山海经
笺疏》，济南：齐鲁书社，2010 年，第 5142 页。

（五）晋侯苏钟与厉王无涉

我注意到有的学者将铭文理解为晋侯苏于厉王三十三年随厉王征伐的意见，再将晋侯苏钟历日细加研究，又对照厉王时代历日完整的几件铜器，可以肯定地说：晋侯苏钟与厉王无涉。

关于厉王的纪年，司马迁《史记·周本纪》记载明白："三十四年，王益严，国人莫敢言，道路以目……三年，乃相与畔，袭厉王。厉王出奔于彘。"这是明明白白的厉王在位三十七年说。从共和元年公元前841年前推，厉王在位当是前878年至前842年。尽管有人不承认厉王在位37年，如章鸿钊说厉王在位15年，日本新城新藏说16年，陈梦家说16年，李仲操说23年，何幼琦说24年，荣孟源说30年，赵光贤说44年（含共和14年）。而出土的若干器物，证实了司马迁的记载不误，厉王在位实为37年。

厉王时代的铜器，历日完整（年、月、月相、日干支四全）的已有数件。大体上可分为前期与后期两组。因为涉及厉王三十三年，我们只看看后期的几件就足够说明问题了。

其一，𩵋攸从鼎：隹卅又一年三月初吉壬辰。（《大系》126）

按：郭沫若氏将历日释为"卅又二年"，断为厉王器。细审拓本，当是"卅又一年"，"一"上有一断裂痕，拓后易误作"二"。断为厉世器就足以证实厉王在位当是37年了。且器铭历日与厉王三十一年（前848年）实际天象"三月壬辰朔"完全吻合。

其二，伯寛父盨：隹卅又三年八月既死辛卯。（《文物》

1979.11）

按：《文物》1979 年第 11 期《简报》称：从形制、铭文看，定为厉王器。这又证实厉王在位是 37 年。历日"既死辛卯"不词，月相显误。可以是"既死霸"，也可以是"既生霸"，也可以是"既望"或"初吉"之类。如果对照厉王三十三年（前 846 年）实际天象（八月丁丑朔），就可真相大白于天下。

其三，鲜簋：卅又四祀，隹五月既望戊午。（《中日欧美澳纽所见所拓所摹金文汇编》4238）

按：鲜簋旧作"鲜盘"。李学勤先生于英国考察实物，认定是"鲜簋"。李先生从铭文"禘于昭王"，断为穆王器。而历日与穆王三十四年不合，而唯合厉王三十四年（前 845 年）天象（五月癸卯朔）。两周乃行五世一组昭穆制，"禘于昭王"是厉王禘祀五世祖昭王，与《左传》定公"禘于僖公"同例。

以上三器历日完整。用董作宾先生的研究方法，强调历朔干支的内在联系，依自古以来的月相定点解说，三器历日有前后连贯、一丝不乱的关系，同时划为厉王铜器组。

我们借助张培瑜先生《中国先秦史历表》所列实际天象一一对照，就不难得出正确的结论。

前 848 年：（十二）癸巳、（闰）壬戌、（正）壬辰、（二）壬戌、（三）壬辰 01^{h}14^m、（四）辛酉、（五）辛卯、（六）庚申、（七）庚寅、（八）己未、（九）戊子、（十）戊午、（十一）丁亥。

前 847 年：（十二）丁巳、（正）丙戌、（二）丙辰、（三）丙戌、（四）乙卯、（五）乙酉、（六）甲寅、（七）甲申、（八）

甲寅、（九）癸未、（十）壬子、（十一）壬午。

前846年：（十二）辛亥、（闰）辛巳、（正）庚戌、（二）庚辰、（三）己酉、（四）己卯、（五）己酉、（六）戊寅、（七）戊申、（八）丁丑21ʰ43ᵐ、（九）丁未、（十）丁丑、（十一）丙午。

前845年：（十二）乙亥、（正）乙巳、（二）甲戌、（三）甲辰、（四）癸酉、（五）癸卯02ʰ42ᵐ、（六）壬申、（七）壬寅、（八）壬申、（九）辛丑、（十）辛未、（十一）辛丑。（见《历表》56页）。

我们抄录张培瑜先生《历表》这四年的天象，我在每月朔干支前加了月序或置闰，以示顺次不紊。涉及三件铜器的月朔干支，我还抄录了合朔的时（h）与分（m），以见细密。

不难看出，爵攸从鼎合前848年天象，丑正，三月壬辰朔。这是厉王三十一年，亦证实初吉即朔。初吉是定点月相，不是指七天八天。

伯寛父盨合前846年天象，八月丁丑朔，有十五辛卯。古人释月相既生霸为十五。知该器"既死辛卯"当是"既生霸辛卯"。月相是定点的。古人释既生霸为望为十五是可信的。这是厉王三十三年天象，它已将晋侯苏钟历日完全排斥在外。

鲜簋历日合前845年天象：五月癸卯朔。五月癸卯朔，有十六既望戊午。古今一贯解说既望都是指十六，定点的，并不指七天八天。鲜簋历日合厉王三十四年天象，这是铸器人自铸历日明确告诉我们的。

晋侯苏钟所记几个历日与厉王后期几件铜器历日毫无瓜葛，

足证晋侯苏钟与厉王是没有任何关系的。

附带一说，厉王三十三年正当晋靖侯十三年，那时的靖侯就算五十岁到六十岁之间，并非老迈，亦可视为年富力强。他的儿子司徒（后来的釐侯）正青壮之年（四十岁之内），大有可为。而孙子苏（后来的献侯），必是幼弱之辈。依李学勤先生说，是幼弱的苏随厉王作战。铭文的晋侯苏系他即位后追称。此说虽顾及了文献，而又置靖侯与司徒于何地？试想，厉王不令靖侯，也不用其子司徒出征，而用了靖侯孙子苏，实难令人信从。诚如马承源馆长所言，晋献侯时当厉王时代，那必将重新认识《史记》的记载，得另行调整西周晋世家排列的定位。果如此，牵动就太大了，这是李先生也不会赞同的。

为什么晋侯苏钟要刻记穆王三十三年史实？这是大家都想弄明白的问题。如前文所述："这与两周时代五世一组的昭穆制有关。《左传》定公'禘于僖公'，厉王三十四年器鲜簋有'禘于昭王'，……周宣王祭祀先祖，当然是'禘于穆王'，穆王乃五世祖。"这仅是从禘祀角度解说。

还应当补充的是，穆王三十三年鲁国还发生过篡弑之事，这自然就与晋侯苏随周宣王伐鲁有关。钟铭刻记穆王三十三年史实与晋侯苏随宣王伐鲁实有内在联系，并非截然无关。

《鲁周公世家》完整记述了西周一代鲁公年次，这为我们探讨西周年代提供了极大方便。

公元前 1052 年，康王十六年，伯禽卒。《汉书·律历志》："鲁公伯禽推即位四十六年，至康王十六年而薨。"《汉书》记伯禽年次是从成王亲政算起的。武王死后，周公"相成王，而使其子伯禽代就封于鲁","伯禽即位之后,有管蔡等反也"。《汉书》所记伯禽四十六年是没有包括周公摄政伯禽代父治鲁这七年的。

康王十七年,鲁考公元年。"考公四年卒",康王二十一年即鲁炀公元年。鲁炀公在位六十年,不是六年,也不是十六年。"六十"古文作卋,上读为六十,下读为十六,省作六,上读为是。① 穆王十九年,鲁炀公六十年卒。《汉书》:"《(鲁周公)世家》炀公即位六十年,子幽公宰立。"《汉书》明确是依据《鲁周公世家》的。《鲁周公世家》作"六年",夺"十"字。

穆王三十三年即鲁幽公十四年。《鲁周公世家》:"幽公十四年,幽公弟溃杀幽公而自立,是为魏公。(《世本》作微公)"鲁微公杀幽公而自立,这是鲁国的动乱。

《鲁周公世家》记"真公卒。弟敖立,是为武公"。这是周宣王三年,鲁武公继兄真公而立,不符合姬周嫡长子制,看来手段也不正当。这就让周宣王耿耿于怀。当时宣王初立,难以用兵。到宣王八年,才有伐鲁之举。晋侯苏随宣王征伐,正是伐鲁,当是伐鲁武公。理由自然就有"继兄而立"这种不法行为,当然还牵涉穆王三十三年"幽公弟溃杀幽公而自立"的事,这是顺带追究鲁微公篡弑的前科。这也是晋侯苏钟刻记穆王三十三年史事的原因之一。只是刻记内容突然中断,两者无法衔接,就形成而今的看似无关的前后两个部分。

晋侯苏钟铭前部分记了周穆王三十三年省东国、南国的史实,从正月记到三月,本可以顺次记到十二月。留下完整的文

---

① 郑慧生:《上读法——上古典籍读法之谜》,《历史研究》1997年第3期。

字，就是穆王三十三年记事历谱。作为穆王时代的记事历谱，当有更深层的意义。那就是穆王的"史记"，相当于鲁国的《春秋》。西周一代是有完整"史记"的，可惜已不能见到。晋侯苏钟所刻穆王三十三年记事，使我们看到了西周"史记"的一线曙光。如果我们将铜器铭文中这些记事精心整理，西周"史记"的大体轮廓应该是清楚的。

就晋侯苏钟铭文而言，我只是觉得，对现有文献，尤其是像《史记》这样史料价值极高的文献不得取轻易否定或曲解的态度。正确处理文献、出土器物与天象（历朔干支）三者之间的关系是至关重要的。顾此而失彼，必有疏漏。只有"三证合一"，才会有可靠的结论。

1997 年 11 月—12 月

五、 关于善夫山鼎①

　　善夫山鼎于新中国成立前出土于陕西扶风县北岐山一带，其记事年代，首行文字记载明白："隹卅又七年正月初吉庚戌。"日本学人白川静定为夷王器，国内专家多断为宣王器，尤以朱捷元文字较详。朱文云："此鼎的年代，据我们的看法：其一，其造型和纹饰与毛公鼎相类，郭沫若院长定毛公鼎为宣王时器。其二，本器纪年为'卅又七年'，西周各王在位年数，试从第四代的昭王算起，为昭王五十一年，穆王五十五年，懿王二十五年，孝王十五年，夷王十六年，厉王三十七年，宣王四十六年，幽王十一年（皆本《史记》）。享年三十七年以上的有昭、穆、厉、宣四王，昭、穆过早，与此器的时代不符，唯有与厉、宣两代摆得上，故可定此器为厉宣时的。其三，从文字来讲，一二百年间的风格变化不大，仅可作为参考，而不能执以为某一王的依据。'王在周，各图室'的'图室'，是第二次出现。无重鼎'王各于周庙，述于图室'。郭院长据铭文中有'南中（仲）'其人，

　　① 本文原载 1989 年 10 月 20 日《中国文物报》，后又收入《西周纪年研究》（贵阳：贵州大学出版社，2010 年）中。文中实际天象依据张培瑜先生《冬至合朔时日表》，源自张培瑜《中国先秦史历表》。

定为宣王时器，因此，善夫山亦似是宣王时人。其四，据捐献者反映，此鼎与珊生鬲同坑出土，珊生鬲前已释为宣王时期的器物。此鼎应与之相同，铸于宣王卅七年时。"①

朱氏所列四项依据，多不足取，唯第二项"享年三十七年以上的有昭、穆、厉、宣四王"值得重视，考定善夫山鼎王世，当从鼎铭所载历日入手。

铭文有"初吉"二字，依月相定点说，初吉为朔，为初一，这是没有疑义的。古代帝王重告朔之礼，视朔为吉日，为一月之始，故称初吉。《诗·小明》"二月初吉"，毛传云："初吉，朔日也。"《国语·周语上》"自今至于初吉"，韦注："初吉，二月朔日也。"亦省作"吉"，《周礼·天官》"正月之吉"，郑注："吉谓朔日。"亦谓之"月吉"，《周礼·族师》"月吉则属民而读邦法"，郑注："月吉，每月朔日也。"周初令方彝铭文"隹十月月吉癸未"亦指十月朔癸未。以文献证铜器"初吉"，乃朔日无疑。今人有月相四分之说，一个月相可以管七天八天，果真如此，记录月相又有什么意义？所以，月相非定点不可，善夫山鼎铭文历日即"卅七年正月庚戌朔"。

我们据诸多器铭历日考核，夷王无三十七年，白川静氏之言不可从，查宣王三十七年（前791年）天象：冬至月朔癸巳 02^h12^m，丑月壬戌——与正月庚戌朔相去甚远。足见定宣王器不当。厉王有三十七年，即公元前842年，冬至月朔戊子 20^h35^m，

———————

① 朱捷元、黑光执笔，陕西省博物馆：《陕西省博物馆新近征集的几件西周铜器》，《文物》1965年第7期，第19页。

与善夫山鼎铭文历日绝不相容，亦非厉王器。

如果定善夫山鼎为昭王、穆王器，就涉及一个武王克商的确切年代问题。武王克商的年代一定，善夫山鼎的绝对年代亦可以考求。

根据前文《二、关于小盂鼎》的推演论述，足证武王克商在公元前1106年，穆王元年在公元前1006年。

《晋书·束皙传》亦载"自周受命至穆王百年"，则穆王元年当是公元前1006年。

穆王元年的年代一经确定，穆王三十七年即公元前970年，查公元前970年实际天象：冬至月朔辛巳08^{h}12^m，丑月庚戌19^{h}46^m，寅月庚辰08^{h}08^m。（下略）是年建丑，正月庚戌朔。与善夫山鼎历日吻合。这当然不是某种偶然的巧合，历象在天，非人力所能妄为。

还应该指出，昭王无三十七年，于此就不详论了。

所以我们说，善夫山鼎历日乃记穆王事，其绝对年代在公元前970年。

六、 关于师虎簋

在西周年、月、月相、日干支俱全的六十余件铜器中，师虎簋实在是一件承上启下有关键作用的铜器，我们就首先说一说。

铭文载《商周青铜器铭文选》（以下简称《铭文选》）240，[①] 又载《中国文物精华大辞典》（以下简称《精华大辞典》）0378，[②] 以及郭沫若《两周金文辞大系图录考释》（以下简称《大系》）53。[③]

铭文记：隹元年六月既望甲戌。

主要的考释点应该是两个：元年的王，具体是谁？既望具体指一天，还是指三天、五天，甚至八天？

历日的考释，得依据实际天象，再明白一点，就是每年的朔闰干支及合朔时刻。现代科技推算的准确朔闰表，记有小时（h）与分（m），我们用张培瑜《中国先秦史历表》（以下简称《历

---

① 上海博物馆商周青铜器铭文选编写组：《商周青铜器铭文选（一）》，北京：文物出版社，1986年，第132页。下文注省略。

② 国家文物局主编：《中国文物精华大辞典·青铜卷》，上海：上海辞书出版社、商务印书馆（香港）有限公司，1995年，第108页。下文注省略。

③ 郭沫若：《两周金文辞大系图录考释（一）》，《郭沫若全集·考古编》（第七卷），北京：科学出版社，2002年，第275页。下文注省略。

表》）；利用四分术加年差分推算的朔闰表，合朔记有余分（1日940分），我们用张闻玉《西周朔闰表》①。

王国维先生影响颇大的《生霸死霸考》中引例师虎敦（簋）有这样的话："惟元年六月既望甲戌。案：宣王元年六月丁巳朔，十八日得甲戌。是十八日可谓之既望也。"王先生断师虎簋铭文为宣王元年六月，又推断出"十八可谓之既望"。

摊开宣王元年的实际天象比照一下，可见王氏是误断。

周宣王元年（前827年），冬至日壬子，冬至月（子月）朔辛卯20ʰ48ᵐ，（丑月）辛酉，（寅月）庚寅，（卯月）庚申，（辰月）己丑，（巳月）戊午21ʰ33ᵐ，（午月）戊子，（未月）丁巳，（申月）丁亥……（见张培瑜《历表》）

四分术朔闰表：正月辛卯686分，二月辛酉245分，三月庚寅744分，四月庚申303分，五月己丑802分，六月己未361分，七月戊子860分，……正月辛酉171分，二月庚申670分，三月庚申229分，四月己丑728分，五月己未287分，六月戊子786分，七月戊午345分……按：因历朔周期为31年，与实际天象吻合的历朔干支有共王元年及宣王元年，兹将二者列出加以对比。②

月相定点，定于一日，既望为十六，则必己未朔。对照天象，六月（未月）戊子786，或戊子09ʰ27ᵐ。王国维先生算为六月丁巳朔，肯定计算有误。王氏用四分术推算，没有计算每年的误差，四分术"三百年差一日"。宣王元年历法已先天1224分，

---

① 张闻玉：《西周朔闰表》，载《西周王年论稿》，贵阳：贵州人民出版社，1996年，第236—338页。
② 详见《西周王年论稿》，第281—312页。

差不多两天。所以朔不在己未，而成了"丁巳朔"。王国维的"月相四分"就是在错误的月朔推算上建立的，因此一个月相可以是三天、五天，甚至八天。如果将王氏的举证一一比照实际天象，你就不会相信什么"月相四分"了。

与王国维截然不同，郭沫若《大系》定师虎簋为共王器。怎么办？只要查对共王元年的天象，就可以明白了。共王年代本来就是一个未知数，哪里找到共王元年？铭文告诉我们，六月既望甲戌，必六月己未朔。历术常识，日干支 60 日一轮回，朔日周期是 31 年一轮回。公元前 827 年（宣王元年）有六月己未朔，前推 31 年，公元前 858 年；再前推 31 年，公元前 889 年；再前推 31 年，公元前 920 年；再前推 31 年，公元前 951 年……都有六月己未朔。

根据文献记载，综合考核，我们确定共王元年为公元前 951 年。是否确切？不妨考证一番。

《历表》前 951 年：冬至日辛酉，子月辛酉 08^h41^m，丑月庚寅 18^h50^m，寅月庚申 04^h26^m，卯月己丑 13^h53^m，辰月戊午 23^h45^m，巳月戊子 11^h02^m，午月戊午 00^h25^m，未月丁亥 16^h00^m……

四分术朔闰表：子月辛酉 245，丑月庚寅 744，寅月庚申 303，卯月己丑 802，辰月己未 361，巳月戊子 860，午月戊午 419，未月丁亥 918……

上年当闰未闰，故前 951 年：正月辛卯，二月辛酉，三月庚寅，四月庚申，五月己丑，六月己未，七月戊子，八月戊午，九月丁亥……

六月己未，己未朔，有既望十六甲戌。这就是师虎簋历日之所在。

这当然还是孤零零的"孤证"，还得前瞻后顾，联系文献与更多的铜器铭文。

《史记》载："穆王立五十五年崩。"《竹书纪年》载："五十五年，王陟于祇宫。"

共王元年为前951年的话，穆王五十五年则为前952年，穆王元年当为前1006年。《史记·秦本纪》张守节《正义》云："年表，穆王元年去楚文王元年三百一十八年。"张守节看到的"年表"已不可考，但这个记载太重要了。我们知道，楚文王元年即周庄王八年，鲁庄公五年，合公元前689年。"三百一十八"不算外为三百一十七，加689，这就是穆王元年，合公元前1006年。张守节的记载是可信的。

铜器牧簋，铭文是："佳王七年十又三月既生霸甲寅。"（载《铭文选》260，《考古图》3.27①，《大系》75）月相定点，既生霸为望为十五，十五甲寅，必十三月庚子朔。即前1000年穆王七年，十三月庚子朔。

查对《历表》前1000年实际天象，冬至日甲辰，子月乙亥 23^h55^m，丑月乙巳 19^h09^m……戌月庚午 23^h18^m，亥月庚子 11^h41^m，闰月庚午 02^h19^m，下年子月己亥 19^h00^m……

查四分术朔闰表：建丑，正月乙巳684（乙巳 19^h09^m），二

---

① （宋）吕大临：《考古图》，《考古图·续考古图·考古图释文》，北京：中华书局，1987年，第51页。

月乙亥 240……十二月庚午 530（庚午 02^{h}19^m），十三月庚子 86（己亥 19^{h}00^m）。

十三月庚子，就是牧簋历日之所在。《历表》己亥 19^{h}00^m，分数大；四分术庚子 86，分数小。两者相差无几，不能仅凭干支理解为一日之差。干支记整数，合朔得记余分。己亥 19^{h}00^m，距庚子就 5 小时；庚子 86 分，距己亥也就两小时多。940 分为一日，39.17 分合 1 小时。

铜器走簋，铭文是："隹王十又二年三月既望庚寅。"（载《铭文选》228，《西清续鉴甲编》12.44，《大系》79）穆王十二年即前 995 年。既望十六庚寅，即乙亥朔。

查对《历表》公元前 995 年：冬至日辛未，子月丁未 07^{h}35^m，丑月丙子 18^{h}40^m，寅月丙午 04^{h}30^m，卯月乙亥 13^{h}23^m，辰月甲辰 22^{h}07^m，巳月甲戌 07^{h}43^m……

四分术朔闰表：子月丁未 84，丑月丙子 583，寅月丙午 142，卯月乙亥 641，辰月乙巳 200……卯月乙亥，即走簋历日之所在。

铜器望簋，铭文是："隹王十又三年六月初吉戊戌。"（载《铭文选》212，《大系》80）穆王十三年即前 994 年。初吉为朔，不作别的解释。

查对穆王十三年天象，《历表》前 994 年：冬至日丙子，子月辛未 09^{h}10^m，丑月庚子 20^{h}34^m，寅月庚午 05^{h}49^m，卯月己亥 13^{h}43^m，辰月戊辰 21^{h}21^m，巳月戊戌 05^{h}34^m，午月丁卯 15^{h}10^m，未月丁酉 02^{h}47^m，申月丙寅 16^{h}58^m，酉月丙申 09^{h}51^m，戌月丙寅 04^{h}42^m，亥月乙未 23^{h}58^m。

四分术朔闰表：子月庚午 928，丑月庚子 487，寅月庚午 46，卯月己亥 545，辰月己巳 104，巳月戊戌 603，午月戊辰 162，未月丁酉 661，申月丁卯 220，酉月丙申 719，戌月丙寅 278，亥月乙未 777。

实际用历：建子，正月庚午，二月庚子，三月己巳，四月己亥，五月戊辰，六月戊戌，闰六月丁卯，七月丁酉，八月丙寅，九月丙申，十月丙寅，十一月乙未，十二月乙丑。

文献《穆天子传》记录有详细的穆王西征的历日，也就是穆王十三年、十四年西行的整个历程。"实际用历"就是源于《穆天子传》的记录。《穆天子传》载：季夏丁卯，孟秋丁酉，孟秋癸巳，（仲）秋癸亥。援例，指朔日。"季夏丁卯"即（闰）六月丁卯，"孟秋丁酉"即七月丁酉，与前 994 年天象吻合。"孟秋癸巳""（仲）秋癸亥"，与穆王十四年（前 995 年）七月癸巳朔、八月癸亥朔吻合。[1]

铜器伯克壶，铭文："隹十又六年七月既生霸乙未。"（载《铭文选》298，《考古图》4.60，《金文通释》170）穆王十六年即前 991 年。月相定点，既生霸为望为十五。十五乙未，必辛巳朔。考证，是否有前 991 年七月辛巳朔。

查对《历表》，前 991 年：冬至日壬辰，子月癸未 13^{h}24^m，丑月癸丑 08^{h}15^m，寅月癸未 01^{h}37^m，卯月壬子 16^{h}30^m，辰月壬午 04^{h}30^m，巳月辛亥 13^{h}56^m，午月庚辰 21^{h}32^m，未月庚戌 04^{h}46^m，申月己卯 12^{h}30^m，酉月戊申 21^{h}59^m，戌月戊寅 09^{h}21^m，亥月丁

---

① 详参张闻玉《穆天子西征年月日考证——周穆王西游三千年祭》，《贵州社会科学》2007 年第 5 期，后又收入《古代天文历法讲座·附录》，广西师范大学出版社，2020 年。

未 22^h52^m。

四分术朔闰表：子月癸未 582，丑月癸丑 141，寅月壬午 640，卯月壬子 199，辰月辛巳 698，巳月辛亥 257，午月庚辰 756，未月庚戌 315，申月己卯 814，酉月己酉 373，戌月戊寅 872，亥月戊申 431。

实际用历，正月癸未，二月癸丑……六月辛亥，七月辛巳，八月庚戌……"午月庚辰 21^h32^m"，合朔在夜半，距辛巳仅两个半小时。司历定为"辛巳朔"，这就是伯克壶历日之所在。

铜器此鼎、此簋，铭文："隹十又七年十又二月既生霸乙卯。"（此鼎载《铭文选》422，《精华大辞典》0322；此簋载《文物》1976 年第 5 期第 40 页，《精华大辞典》0402）月相定点，既生霸为望为十五。十五乙卯，必辛丑朔。即穆王十七年十二月辛丑朔。

查对《历表》，接续前 991 年为前 990 年朔闰：冬至日丁酉，子月丁丑 14^h28^m，丑月丁未 07^h46^m，寅月丁丑 01^h52^m……戌月壬申 23^h55^m，亥月壬寅 10^h30^m，闰月辛未 22^h29^m。

四分术朔闰表：子月丁丑 927，丑月丁未 486，寅月丁丑 45……戌月癸酉 277，亥月壬寅 776，闰月壬申 335。

实际用历：正月丁丑，二月丁未……十一月壬申，十二月辛丑，闰月辛未。十二月辛丑朔，与伯克壶历日接续，这就是此鼎、此簋历日之所在。

铜器𫖮簋，铭文："隹廿又四年九月既望庚寅。"铜器𫖮簋由国家博物馆收藏。《中国历史文物》2006 年 3 期有王冠英、李学勤先生的介绍文字。① 历日吻合穆王二十四年（前983年）实际天象。月相定点，既望为十六。前983年九月癸亥朔，十六戊寅。𩐈簋书戊寅为庚寅，取庚寅吉利之义。②

更应该引起注意的是铜器善夫山鼎，铭文："隹卅又七年正月初吉庚戌。"（载《铭文选》445，最早见于《文物》1965年第7期）记为"37年"，可称之为"高年器"或"高龄器"，历日最便于考察。有专家断为厉王器，因为厉王有三十七年。而历日唯合穆王三十七年。穆王三十七年即前970年。

查对《历表》，前970年，冬至日壬午，子月辛巳08^{h}12^m，丑月庚戌19^{h}46^m，寅月庚辰08^{h}08^m，卯月己酉21^{h}12^m……

四分术朔闰表：子月辛巳538，丑月辛亥97，寅月庚辰596，卯月庚戌……

实际用历：建丑，正月庚戌，二月庚辰。四分术辛亥97分，余分小，司历定为"庚戌朔"。③

以上诸多铜器及文献的考证让我们明白：周穆王在位55年的确切年代是公元前1006年—前952年，共王元年为公元前951年；月相定点，定于一日，初吉为朔，既生霸为望为十五，既望为十六。

2008年9月15日

---

① 王冠英：《𩐈簋考释》，《中国历史文物》2006年第3期；李学勤：《论𩐈簋的年代》，《中国历史文物》2006年第3期。

② 详见《𩐈簋及穆王年代》，载《中国历史文物》2007年第4期，第37页，又收入《古代天文历法讲座·附录》，第261页。

③ 详见本书前文《关于善夫山鼎》。

七、 关于曶鼎①

已见有历日铭文的西周铜器中，唯曶鼎王年说多纷繁，实有深究的必要。

铭文分三段。首段记王命曶司卜事及作器，次段记小臣允的讼事，三段记匡偿所寇禾事。前两段分别记有历日，后一段用一"昔"字交代，明确是追忆往事。二三两段又是两个独自的讼案。作鼎者为曶，三段的文字都与他有关。关于曶鼎铭文的最新考释，可参阅李学勤同志《论曶鼎及其反映的西周制度》。②

曶鼎铭文载有王年、月、日干支、月相，作器的年月日似不难推求，但仅前段历日"惟王元年六月，既望乙亥"与次段历日"惟王四月既生霸，辰在丁酉"，就有许多不好解释的问题：

1. "辰在丁酉"之"辰"确指什么？

2. "既生霸"与"辰在丁酉"的关系是什么？

3. "四月"与前节"六月"之间，孰前孰后？

---

① 本文原以《曶鼎王年考》为题刊载于《贵州社会科学》1988 年第 2 期，《大陆杂志》第 85 卷第 2 期（1992 年 8 月）。

② 李学勤：《论曶鼎及其反映的西周制度》，《中国史研究》1985 年第 1 期。

4."惟王元年"之"王",是哪个王?

5.曶鼎制作的绝对年代是何年?

清人汪赵荼说:"读史而考及于月日干支,小事也,然亦难事也。"① 这似乎道出了史学家的心曲。就铜器断代说,考及月日干支最为准确可信,显非"小事";掌握一套简便易行的推求历朔的方法,亦并非"难事"。比如曶鼎制作的王年,就涉及一些重要史实:两个讼案发生在一王的期内,还是两王(元年的新王与前王)的期内?此王若定在西周中期,或定在西周后期,铭文所反映的诉讼制度就可从中期或后期不同的角度进行研究。足见小事不小。毕竟曶鼎有明确的王年、月、日干支、月相,推求其历朔与王年又是可能的。我们依据张汝舟先生的古天文学观点,历术的推演堪称简易便捷,最易掌握。②

考求曶鼎历日最早的文字可推王国维先生《生霸死霸考》。③ 王氏说:"曶鼎铭先言六月既望,复云四月既生霸,辰在丁酉。一器之中,不容用两种纪日法。则既生霸之非望,决矣。以既生霸之非望,可知既死霸之决非朔,而旁死霸之非二日,旁生霸之非十六日,又可决矣。"王氏又说:"曶鼎纪事凡三节,第一节云惟王元年六月既望乙亥,下纪王命曶司卜事,曶因作牛鼎事。次两节皆书约剂。次节云,惟王四月既生霸,辰在丁酉。则

① (清)汪曰桢:《二十四史日月考序目》,《历代长术辑要》,上海:中华书局,民国二十五年(1936),第1页a。

② 可参看张汝舟《二毋室古代天文历法论丛》。

③ (清)王国维:《观堂集林》,北京:中华书局,1959年,第19—26页。

记小子允讼事。三节则追忆匡人寇曶禾后偿之事。第三节之首，明纪昔馑岁，则首次两节必为一岁中事。今以六月既望乙亥推之，假令既望为十七日，则是月己未朔，五月己丑朔，四月庚申朔无丁酉，中间当有闰月，则四月当为庚寅朔，八日得丁酉。此既生霸为八日之证也。古书残阙，古器之兼载数干支而又冠以生霸死霸诸名者，又仅有曶鼎一器。然据是器，已足破既生霸为望、既死霸为朔之说。既生霸非望，自当在朔望之间；既死霸非朔，自当在望后朔前。此皆不待证明者。”

可见，曶鼎铭文既是王先生攻击月相定点说之矛，又是维护月相四分说之盾。对曶鼎历日的考求，看来就不是可有可无的了。

王氏的安排是：

元年四月庚寅朔（八日丁酉既生霸）
闰月庚申朔
五月己丑朔
六月己未朔（既望为十七日）

王氏定此器为宗周中叶物。王氏弟子吴其昌先生在《金文历朔疏证》中，定为孝王器。前段铭文历日定为孝王元年六月二十四日乙亥，次段铭文历日定为孝王六年四月十四日丁酉。吴氏的安排是：

孝王元年正月小，乙酉朔。

六月大，壬子朔。二十四日得乙亥。与鼎铭差一日，以四分历推之，迟一日，与鼎铭密合。

孝王六年正月小，丙辰朔。

四月大，甲申朔。既生霸十四日得丁酉，与鼎铭密合。①

王氏、吴氏均用《三统历》之孟统推算，未得出实际天象。不得已，"悟"出月相四分。吴氏的"与鼎铭密合"已从根本上动摇了王氏的"八日为既生霸"的结论。郭沫若氏在《大系》中，也讨论了曶鼎的历日："首段与次段尤不得在一年，以六月既望有乙亥，则同年四月不得有丁酉。或谓四月与六月之间有闰，然古历均于年终置闰，春秋时犹然，此说殊不足信。余以为次段乃第二年事，元年年终有闰，则翌年四月之既生霸即可以有丁酉。"② 按：郭氏以为西周皆年终置闰，与史不合。以此定曶鼎历日，必有疏失。

董作宾先生在《"四分一月说"辨正》中对曶鼎的看法是："曶鼎年代，余已试排，当与趞曹鼎同为恭王之物，盖必元年六月己未朔，十五年五月乃有戊辰朔，十五日乃有壬午既生霸也。此不备述。今借新历谱之一组月日，以证成郭氏之说，盖日次排列余与郭氏之见解正同也。"③

① 吴其昌：《金文历朔疏证》，北京：北京图书馆出版社，2004 年，第306、314 页。

② 郭沫若：《两周金文辞大系图录考释》，《郭沫若全集·考古编》（第八卷），第 212 页。

③ 董作宾：《董作宾先生全集甲编》（第一册），第 18 页。

董氏的排列是：

> 恭王元年正月大（周正）辛卯朔。
>
> 六月小己未朔。十七日乙亥既望。
>
> 恭王二年正月小乙卯朔。
>
> 四月大癸未朔，十五日丁酉既生霸。

董作宾氏立足于实际天象，持月相定点说，对王国维氏"月相四分"作了有力的驳正，在考求铜器历日中取得了很大成绩。但董氏之不足：一是将西周用历的正月固死在子月上，显然是受了"三正论"的影响，致使若干铜器历日的年月日无法缝合；二是月相定点不彻底，既死霸为朔为初一，既生霸为望为十五，皆可取信，唯旁死霸为初二为朏又为初三，有两天的活动，又"既望包涵十六、十七、十八三日"，有三天的活动。[①] 可谓自乱体系，反令人疑于定点。

诸大家之说，虽不尽善，于曶鼎历日之研究却有启迪后学之效。踵武前贤，方能得出近于事实的结论。本人不揣鄙陋，愿将曶鼎两个历日有关的问题，一一陈述己见，以就正于学林。

甲、关于"辰在丁酉"

铜器中，铭文有"辰在××"者已有十一例。如下。

1.颙簋：隹王正月，辰在甲午。

---

① 董作宾：《董作宾先生全集甲编》（第一册），第 23—38 页。

2.令彝：隹八月，辰在甲申。

3.盠驹尊：隹王十又二月，辰在甲申。

4.散氏盘：隹王九月，辰在乙卯。

5.伯晨鼎：隹王八月，辰在丙午。

6.师𩵋鼎：隹王八祀正月，辰在丁卯。

7.剌鼎：隹五月，辰在丁卯。

8.宜侯夨簋：隹四月，辰在丁未。

9.商尊：隹五月，辰在丁亥。

10.邾公孙班钟：隹王正月，辰在丁亥。

11.录伯戒簋：隹王正月，辰在庚寅。

　　对于这个"辰"的理解，董作宾氏说："金文中常见辰在某干支，多指日辰。"这似乎已为史界所接受。我认为，此"辰"的涵义只能释为"朔日"。辰即朔日。即"日月之会是谓辰"（《左传·昭公七年》），与古人之义合。

　　前举令彝包含两个历日，即"隹八月辰在甲申……隹十月月吉癸未"。月吉即初吉，即朔。令彝的历日有两种排法。

　　甲式：八月大甲申朔，九月小甲寅朔，十月大癸未朔。
　　乙式：八月小甲申朔，九月大癸丑朔，十月小癸未朔。

　　中间无闰月插入。无论月大月小，辰在甲申都只能理解为朔日甲申。

　　前举商尊"隹五月辰在丁亥"，此器定在晚殷，已无异议。

这正合公元前1111年的用历。公元前1111年的实际天象如下：

子月庚申213分，丑月己丑713分，

寅月己未271分，卯月戊子770分，

辰月戊午329分，巳月丁亥828分（定朔丁亥770分）

（下略）。

是年丑正，五月（巳）丁亥朔，正合商尊历日。张汝舟先生定武王克商在公元前1106年，前推，公元前1111年称晚殷正宜。[①]

前举师𩒌鼎"隹王八祀正月，辰在丁卯"，合孝王八年实际天象。孝王七年：戌月戊辰488分，闰月戊戌17分，亥月丁卯546分。（八年）子月丁酉101分。

七年当闰不闰，十二月戊戌朔，八年正月丁卯546分朔，二月丁酉101分朔。与鼎所记密合。由师𩒌鼎可证西周一代未行无中气置闰，仍是观象授时，随时观测随时置闰，以调合一年四时与朔望月。

前举邾公孙班钟"隹王正月，辰在丁亥"，乃春秋器。比较同时器，邾公牼钟"隹王正月初吉，辰在乙亥"，邾公华钟"隹王正月初吉乙亥"，"辰"也只能理解为朔。

结论是清楚的，凡能据历日推演出实际天象的"辰在××"，

---

① 张汝舟：《西周经朔谱》，载《二毋室古代天文历法论丛》，第228—428页。

其"辰"无一不是朔日。

"辰在××"还有一种形式，即前面冠以月相或初吉。

12.邾公牼钟：隹王正月初吉，辰在乙亥。

13.耳尊：隹六月初吉，辰在辛卯。

14.旂鼎：隹八月初吉，辰在乙卯。

15.善鼎：隹十又二月初吉，辰在丁亥。

16.吕方鼎：隹五月既死霸，辰在壬戌。

17.庚嬴卣：隹王十月既望，辰在己丑。

18.县改簋：隹十又三月既望，辰在壬午。

19.小盂鼎：隹八月既望，辰在甲申。……隹五卅五祀

20.曶鼎：隹王四月既生霸，辰在丁酉。

21.豆闭簋：隹王二月既生霸，辰在戊寅。

前面记有月相或初吉，后面添以"辰在××"，对既死霸（朔）与初吉（朔）来说，月相与初吉似为多余；对既望、既生霸来说，"辰在××"应看成是对前面月相（不记干支）的补充。有了这个补充，月相干支不言自明。一见西周或晚殷以来周人对月相的重视。事实上，"辰在××"已经成了表达朔日干支的固定格式，后人沿用不废，至春秋时期亦间有发现（邾公牼钟）。如果视为一种固定格式，前面再冠以不书干支的月相或初吉，例12—例21这种记载历日的形式就比较容易理解。

金文中书月相不书干支者，其例甚多。如七年趞曹鼎："隹七年十月既生霸，王在周般宫。"遹簋："隹六月既生霸，穆王在

莽京。"公姞鼎："佳十又二月既生霸，子中渔复池。"保卣："乙卯王令保……在二月既望。"遹盂："佳正月初吉，君在歔。"等等。如果再补充"辰在××"，月相的干支就明白无误。

辰就是朔日。所以曶鼎"佳王四月既生霸，辰在丁酉"必须理解为：四月朔丁酉，既生霸十五为辛亥。

乙、关于"六月"与"四月"的关系

曶鼎前两段，一个"六月既望乙亥"即十六日乙亥，必六月庚申朔；一个"四月既生霸，辰在丁酉"即朔日丁酉，十五日辛亥。这就有必要弄清四月丁酉朔与六月庚申朔之间的关系。

前已述及，王国维氏以为四月在六月前，为同一年间事；其余各家认为四月在六月后，非一年内之事。

如果我们排比历日就可以发现这两者的关系：上年四月丁酉朔，下年必有六月庚申朔；或今年六月庚申朔，去年四月必丁酉朔。即上年四月辰在丁酉，必下年六月既望乙亥。

丁酉朔到庚申朔，其间经历15个月（含一闰月），八大七小，计443日。丁酉日干支序数为33，庚申日干支序数为56，相去23日。443日正是60个日干支的七个轮回尚余23日。① 所以，"六月既望乙亥"，则十五个月前乃"四月既生霸辰在丁酉"。这就是曶鼎前两段所记历日的关系，在一般条件下，历术家就如是理解。

如果我们立足于"四月，辰在丁酉"考求历日可得：

---

① 《史记·历术甲子篇》记"无大余"为甲子，故干支序数0为甲子，癸亥59，丁酉33，庚申56。

四月丁酉朔，

五月丁卯朔（或丙寅朔），

六月丙申朔，十六既望辛亥。

遍查西周铜器历日，唯丁亥为多，乙亥次之，庚寅又次之。细加考察，乙亥实为吉日丁亥与吉日庚寅之桥梁。至迟商代后期，便视丁亥为吉日，西周中期乙亥可书为丁亥，乙亥自可视为吉日。从月相角度说，朔为吉日，既望亦为吉日。故有初吉乙亥，亦有既望乙亥。初吉乙亥，必有十六既望庚寅，是庚寅亦得为吉日。故有既望庚寅，又有初吉庚寅。金文中，凡丁亥、乙亥、庚寅，不可都视为实指。凡亥日，或书为丁亥，或书为乙亥；凡寅日，可书为庚寅，皆取其吉利之义。

如，师兑簋两器，其历日文字清晰无误：

师兑簋甲：隹元年五月初吉甲寅。（《大系》154）
师兑簋乙：隹三年二月初吉丁亥。（《大系》155）

排比历日知，元年五月甲寅朔，三年二月不得有丁亥朔，只有乙亥朔。从元年五月朔到三年二月朔，其间经 21 个月，12 个大月，9 个小月，计 621 日。干支周 60 日经十轮，余 21 日。甲寅去乙亥，正 21 日。而甲寅去丁亥为 33 日，显然不合。师兑簋两器同王，彼此内容衔接。二月初吉丁亥，实为二月初吉乙亥。

书丁亥者，取其吉祥之义。类此书乙亥为丁亥者，金文多例。

又，克钟与克盨，作器者同为一人"克"。

　　克钟：隹十又六年九月初吉庚寅。(《大系》112)
　　克盨：隹十又八年十又二月初吉庚寅。(《大系》123)

　　克钟历日合宣王十六年（前 812 年）天象，九月庚寅朔，定宣王器不易。据历朔规律知，有十六年九月初吉庚寅不得有十八年十二月初吉庚寅，两器历日彼此不容。共和、幽王无十八年，而克盨历日与厉王十八年天象（十二月癸卯朔）不合。宣王十八年（前 810 年）天象：冬至月朔癸丑 2^h56^m …… 十二月戊寅 3^h39^m。是戊寅书为庚寅？似乎只有这唯一的解释，历日和天象方可无碍。足见庚寅为吉日，西周后期将戊寅（还有丙寅）书为庚寅，取其吉祥之义。

　　依王国维氏说，曶鼎之四月在六月前，为同一年间事，则四月丁酉朔，只有六月既望辛亥，是辛亥书为吉日乙亥之例。总之，排比历日，四月丁酉朔与六月既望乙亥之间，只能有这么两种解释。

　　这样理解，首段"隹王元年六月"是记实，新王命曶司卜，曶铸鼎铭志。次段三段两个讼案都是追忆前事。次段所记即前王末年事，或当年四月事，第三段用"昔"字，似当更早。这个元年的新王，就是讼案中的东宫太子。过往的两个讼案中，曶都受到太子的祖护，都是胜诉的一方。太子做了新王，又重用了曶并有所赏赐。曶的胜诉与东宫的明断有关，曶受重用是新王的信任，所以新王元年六月，曶铸牛鼎以感恩戴德，并追记了两起讼案。首段的赏赐与次段的讼案，记为井叔，井叔作为东宫即后来的新王的重臣，一直是支持着曶的。

丙、曶鼎非共王器

王国维氏定此器为西周中叶物。董作宾氏与唐兰氏定为恭王器。

陈梦家先生《西周铜器断代》、容庚先生《商周彝器通考》定为懿王器。郭沫若氏《大系》、吴其昌氏《金文历朔疏证》定为孝王时器。

郭氏在《大系》中说：此乃孝王时器，第一段有“穆王大室”，知必在穆王后；第二段有效父，当即效父簋之效父；第三段有匡，当即懿王时匡卣之匡也。①

陈氏《断代》云：王在穆王之大室，则知此非穆王而是穆王以后的时王。此王不是共王，因为师虎簋曰：“隹元年六月既望甲戌，王在杜宂。”同是元年六月既望而日辰地点不同，后者右者井白是共王时人，则此有井叔存在的元年应该是懿王元年。此鼎铭第三段的匡与匡季，与懿王时的匡，或是一人。②

董氏《西周年历谱》定公元前982年为恭王元年，说：此年定为恭王元年，完全是根据恭王的一组金文，此一组金文的重心，在趞曹鼎铭“恭王十五年五月既生霸壬午”，即十五年五月为戊辰朔，因而推出的恭王元年应在此年。同时师虎簋和舀鼎（按：即曶鼎）就是恭王元年之器。舀鼎的月日，我曾排过，包

① 郭沫若：《两周金文辞大系图录考释》，《郭沫若全集·考古编》（第八卷），第212页。

② 陈梦家：《西周青铜器断代》，第187页。

括同一个王的元年和二年，元年六月必为己未朔，二年的四月必为癸未朔，而且元年六月至二年四月之间，必有闰月，必无连大月。因此在历谱上，就不得不把前年的无中气置闰的闰三月移到本年，作为前一二年失闰来解释它。穆王的年，也就因恭王元年所在，而截为四十二年。

又说：以上二器（按：指师虎簋与曶鼎）皆是王之元年六月，皆是既望，一为甲戌，一为乙亥，先后二日，可知既望不限于一日。[1]

在董氏的年历谱上，曶鼎的作用是不容忽视的：一是涉及失闰，二是断穆王在位 42 年，三是"可知既望不限于一日"。

董氏的依据是实际天象，这本应是准确无误的了。但董氏惑于"三正论"，把正月死死定在子月。殊不知西周一代并非子正，而是建丑居多，少数失闰才建子、建寅，个别年岁再失闰而建亥的也有。董氏月相定点，旁死霸含初二、初三两天，既望竟"可以有三天的活动"，含十六、十七、十八三天，就难以令人信服，这就导致董氏对西周铜器断代多有失误。

比较起来，郭氏、陈氏的断代仅据铭文中的人名——这是迄今铜器断代的主要依据，这种断代法只能给铜器分期，最多断至某一王世，并不能找出铜器制作的绝对年代，更难于揭示有历日铜器之间的内在联系，其局限性是明显的。

现今能见到的关于西周一代以实际天象制定的历谱有三种：

---

① 董作宾：《西周年历谱》，《董作宾先生全集甲编》（第一册），第 289—290 页。

1.董作宾氏《西周年历谱》

2.张汝舟先生《西周经朔谱》

3.张培瑜先生《西周历法和冬至合朔时日表》①

前二种历谱均列有周王年数，后一种从共和起始纪王年。我们可据此考求曶鼎制作的绝对年代。

董作宾氏定恭王元年（前982年）子正六月己未朔，既望十七日乙亥。

辨：月相定点，既望为十六。董氏将既望活动到十七，甚至十八，不可从。且公元前982年非恭王元年。已知恭王时期的铜器有：

1.师虎簋：隹元年六月既望甲戌。

2.趞曹鼎：隹十又五年五月既生霸壬午。

3.趩尊：隹三月初吉乙卯……隹王二祀。

4.师遽簋：隹王三祀，四月既生霸辛酉。

5.永盂：隹十又二年初吉丁卯。

十五年趞曹鼎算是恭王标准器，正合公元前937年实际天象：正月庚午朔，五月戊辰朔164分（定朔戊辰686分）。前推十五年得恭王元年为公元前951年。这样，可得如下结论。

趩尊合公元前950年（恭王二年）实际天象：正月乙卯

---

①　张钰哲主编：《天问》，第25—91页。

23^h15^m。得二月乙酉，三月乙卯（定朔甲寅20^h39^m）。

师遽簋合公元前 949 年（恭王三年）实际天象：正月（丑正）己卯 493 分。得二月戊申，三月戊寅，四月丁未朔（十五既生霸辛酉）。

永盂合公元前 942 年（恭王十年）实际天象：正月戊戌（寅正）。二月丁卯 703 分。唐兰先生定为恭王器。[①] 原铭缺月，按以实际天象，铭文当是：隹十年二月初吉丁卯。

张汝舟先生定恭王元年为公元前 951 年，以上四器皆可密合。前 951 年子正六月戊子朔 860 分。若既望十六乙亥，则庚申朔。非子正可明。是年亥正六月己未朔（定朔戊午23^h45^m），既望十六甲戌。正合师虎簋历日。

又对照张培瑜先生《冬至合朔时日表》，前 982 年子正己丑朔，前 951 年子正六月戊子朔。

足见定曶鼎为恭王元年器不当。

丁、曶鼎的绝对年代

我们用同样的方法，可以将曶鼎历日与其他铜器联系起来，求出曶鼎的制作年代。

如果立足于元年"六月既望乙亥"（庚申朔），西周中期诸王铜器无一件可与之联系。则曶鼎不得断为西周中期器。唯幽王元年，建寅，六月庚申朔。宣王四十六年建丑，有四月丁酉朔。

如果立足于元年"四月辰在丁酉"，得六月丙申朔，十六既望辛亥（金文取吉日书为乙亥），则曶鼎历日与二年王臣簋、三

---

① 唐兰：《永盂铭文解释》，《文物》1972 年第 1 期。

年柞钟、九年卫鼎、十五年大鼎、二十二年庚嬴鼎诸器吻合。可断为一王之器。

曶鼎所记历日，唯合公元前916年实际天象。是年冬至月朔：戊戌445（定朔戊戌13ʰ31ᵐ）。我们将经朔，定朔，实际用历分三项对列，西周历制大体可明确。

	经朔	定朔	实际用历	备注
	（张汝舟谱）	（张培瑜表）		
子	戊戌 445	戊戌 13ʰ31ᵐ	十二戊戌	
丑	戊辰 4	丁卯 23ʰ55ᵐ	正　戊辰	
寅	丁酉 503	丁酉 9ʰ58ᵐ	二　丁酉	
卯	丁卯 62	丙寅 20ʰ07ᵐ	三　丁卯	
辰	丙申 561	丙申 6ʰ44ᵐ	四　丁酉	四月辰在丁酉
巳	丙寅 120	乙丑 18ʰ11ᵐ	五　丙寅	
闰	乙未 619	乙未 6ʰ49ᵐ	六　丙申	六月既望乙亥（辛亥）
午	乙丑 178	甲子 20ʰ57ᵐ	七　乙丑	
未	甲午 677	甲午 12ʰ37ᵐ	八　甲午	
申	甲子 236	甲子 5ʰ18ᵐ	九　甲子	
酉	癸巳 735	癸巳 21ʰ59ᵐ	十　癸巳	
戌	癸亥 294	癸亥 13ʰ33ᵐ	十一癸亥	
亥	壬辰 793	癸巳 03ʰ22ᵐ	十二壬辰	

我们接续前915年、前914年实际天象，二年王臣簋，三年柞钟的绝对年代便十分明确。

前915年天象：冬至月朔壬戌349（定朔壬戌15^{h}25^m），丑月辛卯848，寅月辛酉407，卯月庚寅906（定朔庚寅20^{h}16^m），辰月庚申465，巳月庚寅24，午月己未525，未月己丑82，申月戊子581，酉月戊午140，戌月丁巳639，亥月丁亥198。

前914年天象：冬至月朔丙辰694（丁巳2^{h}58^m），丑月丙戌253，寅月乙卯752，卯月乙酉311，辰月甲寅810（定朔甲寅20^{h}39^m），巳月甲申369，午月癸丑868，未月癸未427，申月壬子926，酉月壬午485，戌月壬子44，亥月辛巳543，闰月辛亥102。

前915年建丑，三月庚寅朔，合王臣簋"隹二年三月初吉庚寅"历日；前914年建丑，四月甲寅朔，合柞钟"隹王三年四月初吉甲寅"历日。这样，三年三器，历日贯通。再联系九年卫鼎、十五年大鼎、二十年休盘、二十二年庚嬴鼎，历日前后顺次吻合，便可断曶鼎、王臣簋、柞钟、卫鼎、大鼎、休盘、庚嬴鼎数器为同一王世。

用同样的方法，可将元年逆钟，四年散伯车父鼎，六年史伯硕父鼎，八年师𩖁鼎，十一年师嫠簋，十二年大簋盖联系起来，断为一个王世。

从铭文可以明确，师𩖁鼎当是孝王器，与师𩖁鼎历日前后吻合的数件铜器，定为孝王器便无可怀疑。曶鼎、王臣簋诸器，当可以肯定为懿王器。比照共王诸器——师虎簋、趞尊、师遽簋、永盂、十五年趞曹鼎，西周中期三王有历日的铜器可分为三个不同的铜器组，判然分明，绝不错乱。

再比照实际天象，元年师虎簋即共王元年，合公元前951年天象。元年逆钟即孝王元年，合前 928 年天象。元年曶鼎即懿王元年，合前 916 年天象。

这样一经考察，共王在位 23 年（前 951 年—前 929 年）可以明确，孝王在位 12 年（前 928 年—前 917 年）可以明确，懿王在位 23 年（前 916 年—前 894 年）也可以明确。

更可以知道，司马迁所记"共懿孝夷"王序是不可信据的，当是共、孝、懿、夷。共王崩，其弟孝王立；孝王崩，共王子懿王立；懿王崩，其子夷王立。[1] 如果不能考求铜器制作的绝对年代，这些结论从何而来？

进一步，我们还可以将懿王时代无年而有月、日干支、月相的其他铜器用历日贯穿起来，懿王铜器组便清楚地展示出来。

　　元年曶鼎：隹王元年六月，既望乙亥（辛亥，丙申朔）。隹王四月既生霸，辰在丁酉。（《大系》96）

　　二年王臣簋：隹二年三月初吉庚寅。（《文物》1980.5）

　　三年柞钟：隹王三年四月初吉甲寅。（《文物》1961.7）

　　訇壶：（五年）隹正月初吉丁亥（乙亥）。（《大系》99）

　　九年卫鼎：隹九年正月既死霸庚辰。（《文物》1976.5）

　　康鼎：（十年）隹三月初吉甲戌。（《大系》84）

　　庚嬴卣：（十二年）隹王十月既望辰在己丑。（《大系》43）

　　史懋壶：（十四年）隹八月既死霸戊寅。（《大系》91）

　　弭伯簋：（十四年）隹八月初吉戊寅。（《文物》1966.1）

---

　　① 详见本书后文之《共孝懿夷王序、王年考》。

十五年大鼎：隹十又五年三月既（死）霸丁亥［乙亥］。
（《大系》88）

弭叔簋：（十五年）隹五月初吉甲戌。（《文物》1960.2）

南季鼎：（十八年）隹五月既生霸庚午（丙辰朔）。
（《大系》113）

二十年休盘：隹廿年正月既望甲戌（壬戌，丁未朔）。
（《大系》152）

免簋：（二十一年）隹三月既生霸乙卯（辛丑朔）。
（《大系》90）

二十二年庚嬴鼎：隹廿又二年四月既望己酉（甲午朔）。
（《大系》43）

匡卣：（二十二年）隹四月初吉甲午。（《大系》82）

免卣：（二十三年）隹六月初吉……丁亥。（《大系》91）

我们定𠤳鼎制作于懿王元年，其绝对年代在公元前916年，
就应该提一提有关懿王元年的另一个记载。《太平御览》卷二、
《开元占经》卷三、《事类赋》注均引《汲冢纪年书》曰："懿王
元年，天再旦于郑。"（《开元占经》引作"天再启"）"天再旦
于郑"，就是今人所谓"两度日出"。即在天亮日出之后不久，发
生日全食天象。日食之后，再度日出。据贵州工学院葛真教授
1980年的研究："公元前899年格里历4月13日（子正的）五月
丁亥朔，当地时间上午四点半天已大亮，五点十八分太阳即将出
山时，日食发生了，最大食分0.97，天黑下来。五点半太阳带食
而出，天又亮了。当时日环食带起自河南南阳。若在新郑，则可

见日全食的壮观。"① 如果查对 Oppolzer 的《日月食典》，也可证实前 899 年子正五月丁亥朔，确有日食天象（儒略历在 4 月 21 日）。《汲冢纪年书》这个"懿王元年"（前 899 年）与曶鼎的懿王元年（前 916 年）岂不矛盾？该如何解释？

我们认为，前 899 年四月（丑正）丁亥朔，早上六点三十五分（定朔）发生日全食，新郑一带有两度日出之天象是无可否认的。但这不是懿王元年，当是懿王十八年。金文"十八"，后世误合为"元"，合二字为一字之误。懿王元年是前 916 年，这是诸多铜器历日的结论，不可改易。如果以前 899 年为懿王元年论断西周王世，那就失诸偏颇了。

这样一经考查，我们可以明确：

甲、王国维氏"月相四分"说是不可信据的，董作宾先生月相定点的不彻底也得以澄清。月相定点必定在一日，失朔最大限也只在半日左右。

乙、西周中期仍是观象授时，其历制可大体知晓：非行用无中气置闰，也非岁末置闰，而是随时观察随时置闰；建丑居多，少数失闰才建子建寅，也有建亥的；有连大月设置，也有连小月安排。实际用历在一般情况下，更接近于实际天象。

丙、有历日的铜器，尤其是年、月、月相、日干支四全的铜

---

① 葛真《用日食、月相来研究西周的年代学》一文载于《贵州工学院学报》1980 年第 2 期第 84 页。《人民日报》1987 年 1 月 13 日据"中新社"消息以《揭开我国古代"两度日出"之谜》为题，将此一推算结果归之于美国、英国几位教授。其实，最早揭开我国古代"两度日出"之谜的是贵州工学院葛真教授，他的结论早在 1980 年便公之于众了。

器，其制作的绝对年代是可以考知的。将这些铜器历日联系起来，分成若干铜器组，西周列王的年代就一清二楚。由此，铜器断代当取得突破性进展，铜器的史料价值足以充分体现，西周史的研究就可以大大前进一步了。

1986 年元月稿

八、 关于士山盘

从"夏商周断代工程"简报上先后读到有关新出现的成钟、士山盘两件器铭历日的文字，李学勤先生以此来"检验《报告》简本中的西周金文历谱"，认为"两器都可以和'工程'所排历谱调谐，由此可以加强对历谱的信心"。另一位专家陈久金先生同意朱凤瀚《士山盘铭文初释》① 所论，认为"士山盘的历日也合于'工程'对金文纪时词语'既生霸'的界说"。

朱凤瀚先生的文章附有相片及拓本，拓本较摄影更为清晰。细审拓本，铭文历日当是"佳王十又六年九月既生霸丙申"，朱先生释为"甲申"。"丙"字在"霸"字右边的"月"下，比较清楚。如果从历日角度研究，这一字之差，牵动就大了。也就无从谈及对"金文历谱"的肯定。

就成钟历日"佳十又六年九月丁亥"而言，依自古以来的月相定点说来验证历日天象，符合厉王十六年九月丁亥朔。厉王十六年当是公元前 863 年，而不是"金文历谱"所排定的前 862 年。具体可参看后文《关于成钟》。

现在来讨论一下士山盘历日，结论恐怕就与"断代工程"专

---

① 朱凤瀚：《士山盘铭文初释》，《中国历史文物》2002 年第 1 期。

家们的看法不同。相反，两件器物的历日，足以否定"工程"的"金文历谱"。

正确识读士山盘历日至关重要：佳王十又六年九月既生霸丙申。

朱凤瀚先生断为西周中期器，列入共王十六年。我只想说，历日合懿王十六年（前901年）天象。

我可以列出十个、二十个、三十个以上的"支点"来支持西周总年数是336年的结论。具体可参考后文《西周王年足徵》。"足徵"，就是"证据充足"之义。

朱先生文章引用了宰兽簋历日"六年二月初吉甲戌"（见《文物》1998年第8期）。与天象框合，符合前1036年昭王六年天象，建丑，正月甲辰，二月甲戌。初吉指朔日。紧接着有齐生鲁方彝盖历日"八年十二月初吉丁亥"，这与昭王八年（前1034年）天象相吻合：建丑，正月壬戌，二月壬辰……十一月戊午，十二月丁亥。两器历日，前后连贯，依董作宾先生的研究可归入"昭王铜器组"。

往下，昭王十八年（前1024年）天象，建寅，正月甲午……四月壬戌……八月庚申。这便是静方鼎历日：八月初吉庚申，（　）月既望丁丑。月相定点，既望十六丁丑，则壬戌朔。四月壬戌朔，正合。"月既望"，非当月既望，而是追记前事，实乃"四月既望丁丑"。与曶鼎铭文追记前事同例。

接着，"昭王十九年，天大曀，雉兔皆震"，这是前1036年午月丙戌的日食天象。查《日月食典》，查张培瑜《历表》，都可以证实前1036年6月丙戌日确有日食。这几乎是前1036年为昭王十九年的铁证。

小盂鼎有"廿又五祀"说，又确实存在"卅又五祀"的版本。校比天象，小盂鼎历日"八月既望，辰在甲申"合昭王三十五年（前1007年）天象，建子，七月甲寅，八月甲申。"辰在甲申"即甲申朔。

穆王元年为前1006年，穆王在位55年。共王元年乃前951年。师虎簋历日："隹元年六月既望甲戌。"（《大系》73）最早，王国维氏断为宣王元年器，后来郭沫若氏断为共王元年器。六月既望十六甲戌，则六月己未朔。王氏云："宣王元年六月丁巳朔，十八日得甲戌。是十八日可谓之既望也。"王氏用四分术推算，不知道四分术先天的误差，也读不到张培瑜的《历表》，所以便有"四分月相"的错误结论。

如果我们自己用四分术加年差分推算，或者直接查对张培瑜氏《历表》，前951年（共王元年）与前827年（宣王元年），都有六月己未朔。虽然可以肯定月相定点，既望是十六，不可能是十八，而一器合宣王又合共王，又该如何解释？

有历术常识的人都会知道，日干支60日一轮回，月朔干支31年一轮回。前951年与前827年，正是月朔干支的四个轮回，所以都有六月己未朔。

应该说，郭沫若氏看到的器物更多，断代更为合理。近年发现虎簋盖，可以与师虎簋联系，师虎簋列为共王元年器，也就顺理成章。

趩曹鼎："隹十又五年五月既生霸壬午。"月相定点，既生霸十五壬午，则五月戊辰朔。大家相信，这是恭（共）王标准器。

查对共王十五年前 937 年天象：建子，正月己巳朔……四月戊戌朔，五月戊辰朔。完全吻合。

西周中期器物甚多，最值得注意的是几个元年器。明确这些元年器的准确年代，以此为基准，用历日系联其他器物就有可能归类为同一王世的一组铜器，这正是董作宾先生的研究方法。用历日系联，就得对历术有通透的了解，最好是自己能推演实际天象，方可做到心明眼亮，是非分明，从而避免人云亦云。

涉及西周中期铜器，盛冬铃先生有一篇很好的文章，[①] 笔者当年从中受到许多启发，才有了尔后对铜器历日的深入研究。盛先生还来不及从历术的角度进行探讨，就过早地走了，实在是铜器考古学界的悲哀。当今，能达到盛冬铃先生研究水平的人似乎太少，而想当然的主观臆度者比比皆是，皮相之见又自视甚高者亦大有人在。

先说元年器逆钟，历日"隹王元年三月既生霸庚申"（《考古与文物》1981.1）今按，既生霸十五庚申，则丙午朔。共王以后，前 928 年天象：建子，正月丁未，二月丁丑，三月丙午（定朔丁未 01ʰ50ᵐ，余分小，司历定为丙午）。这个元年的王，只能是懿王或孝王，共王在位 23 年得以明确。

与逆钟历日系联的器物有散伯车父鼎，历日"隹王四年八月初吉丁亥"。合前 925 年天象：建子，八月丁亥朔。

还有史伯硕父鼎，历日是"隹六年八月初吉乙巳"。合前 923

① 盛冬铃：《西周铜器铭文中的人名及其对断代的意义》，《文史》第十七辑，北京：中华书局，1983 年。

年天象：建子，八月乙巳朔。

还有师𬨎鼎，历日是"隹王八祀正月，辰在丁卯"。辰在丁卯即丁卯朔。合前921年天象：上年当闰不闰，故建亥，正月丁卯朔。

还有大簋盖，历日是"隹十又二年二月既生霸丁亥"。既生霸十五丁亥，则癸酉朔。合前917年天象，建子，二月癸酉朔。

这样，从元年逆钟，到四年散伯车父鼎，到六年史伯硕父鼎，到八年师𬨎鼎，到十二年大鼎，铜器历日与实际天象完全吻合。以上都是同一王世器。

这个元年为前928年的王应该是孝王，在共王之后，兄终弟及。共王之后，不是司马迁所记的懿王，懿王应在孝王之后。说见《共孝懿夷王序、王年考》。①

再看一件元年器曶鼎。

曶鼎历日："隹王元年六月，既望乙亥"，"隹王四月既生霸，辰在丁酉"。王国维氏以为，四月在六月前，为同一年间事。可从。铭文分三段。此乃立足六月（首段），又追记四月（次段），更追记往"昔"（三段）。

"辰在丁酉"即丁酉朔，既生霸十五干支辛亥不言自明。当年朔闰是：四月丁酉，五月丙寅，六月丙申。

丙申朔，既望十六即辛亥。古人记亥日，以乙亥为吉，丁亥为大吉。这两段历日都是辛亥。次段四月不言辛亥，而以月相

---

① 《共孝懿夷王序·王年考》，原载《人文杂志》1989年5期，本书后文亦载。

"既生霸"称之,补充朔日"辰在丁酉"。前段还是避开辛亥,以吉日"乙亥"代之。

校比前 916 年天象,可考知实际用历是建丑,四月丁酉朔,六月丙申朔。

	张汝舟《经朔谱》	张培瑜《历表》	实际用历	备注
子	戊戌 44	戊戌 13ʰ31ᵐ	十二戊戌	
丑	戊辰 4	丁卯 23ʰ55ᵐ	正戊辰	
寅	丁酉 503	丁酉 9ʰ58ᵐ	二丁酉	
卯	丁卯 62	丙寅 20ʰ07ᵐ	三丁卯	
辰	丙申 561	丙申 6ʰ44ᵐ	四丁酉	四月辰在丁酉
巳	丙寅 120	乙丑 18ʰ1ᵐ	五丙寅	
闰	乙未 619	乙未 6ʰ49ᵐ	六丙申	六月既望辛亥
午	乙丑 178	甲子 20ʰ57ᵐ	七乙丑	(记为乙亥)

详见《曶鼎王年考》。①

接续下去,王臣簋历日"隹二年三月初吉庚寅",合前 915 年天象。

接续下去,柞钟历日"隹王三年四月初吉甲寅",合前 914 年天象。

接续下去,卫鼎历日"隹九年正月既死霸庚辰",合前 908

---

① 《曶鼎王年考》原载台湾《大陆杂志》1992 年 85 卷 2 期,本书前文以《关于曶鼎》为题收录。

年天象。

接续下去，大鼎历日"隹十又五年三月既（死）霸丁亥［乙亥］"，合前902年天象。

前899年，懿王十八年的四月丁亥朔日（建丑），天亮后发生了一次最大食分为0.97的日全食，天黑下来，到5时30分，天又亮了。当是"懿王十八年天再旦于郑"。以讹传讹，文献记载为："懿王元年，天再旦于郑。"古人竖写，"十八"误合为"元"。"合二字为一字之误"，古已有之。最明显的是："左师触龙言"成了"左师触詟"，迷误了两千余年。前几年出土了地下简文，才算明白了：只有触龙，并无触詟。或者说，"十八"本来就是合文，正如甲骨文"羲京""雍己""祖乙"是合文一样，后人将"十八"释读成了"元"。

以上器物，当归属懿王铜器组，这是借助器物自身的历日系联出来的，没有任何人为的强合或臆度。这是天象，是经得起历史检验的。

前916年是懿王元年，懿王十六年当是前901年，是年天象：建丑，正月庚子，二月庚午，三月己亥，四月己巳，五月戊戌，六月戊辰，七月丁酉，八月丁卯，九月丙申，十月丙寅……这里的"九月丙申朔"，就是士山盘历日所反映的天象。

士山盘历日是"既生霸"，月相定点，既死霸为朔为初一，既生霸当是十五。又岂能吻合？

古今华夏人的文化心态是相通的：图吉利，避邪恶。"死"，不吉利。所以有人就忌讳，自然也有人不忌讳。不忌讳的，直言之，直书之。忌讳的，可以少一"死"字，有意不言不书；也可以改"死"为"生"，图个吉利。

有意避"死"字不书的，如大鼎，历日"隹十又五年三月既霸丁亥"。我们早先总以为，"既霸"不词，是掉了字，是"历日自误"。经历术考证，乃"既死霸"，当补一"死"字。如果从避讳角度看，乃有意为之，不是误不误的问题。

改"死"为"生"的忌讳，就是"既生霸为既死霸例"。虽书为"既生霸"，实即"既死霸"（朔日），以望日十五求之，无一处天象符合；以朔日求之，则吻合不误。铜器历日已有数例，我们归纳为"既生霸为既死霸"这一特殊条例，借以解说特殊铜器历日。① 懿王十六年（前901年），九月丙申朔。这就是士山盘历日"隹王十又六年九月既生（死）霸丙申"的具体天象位置所在。

结论很清楚：月相定点，定于一日；没有两天三天的活动，更不得有七天八天的活动；什么"上半月既生霸、下半月既死霸"更是想当然的梦呓。王国维氏用四分术求天象，没有考虑年差分（就是365.25日与真值365.2422日的误差），便"悟"出"四分月相"，已经与实际天象不合。在"四分"的基础上，"二分月相"，走得更远，谁人相信？以此排定"金文历谱"，以此考求西周年代，其结论的误失也就不言而喻了。

2002年9月10日上午初稿

2002年9月12日上午改定

---

① 见前文《铜器历日研究条例》之《八、既生霸为既死霸例》。

九、 关于成钟

　　《上海博物馆集刊》第八期刊发《新获两周青铜器》一文，
内有成钟一件，钲部与鼓部有文："隹十又六年九月丁亥，王在
周康徲宫，王窥易成此钟，成其子子孙孙永宝用享。"陈佩芬先
生说："从成钟形式和纹饰判断，这是属于西周中晚期的器。自
西周穆王到宣王，王世有十六年以上的仅有孝王和厉王，据《西
周青铜器铭文年历表》所载，西周孝王十六年为公元前 909 年，
九月甲申朔，四日得丁亥。西周厉王十六年为公元前 863 年，九
月丙戌朔，次日得丁亥，此两王世均可相合。铭文中虽无月相记
载，但都与'初吉'相合。"①

　　我们也注意到李学勤先生的文字："成钟的时代，就铭文内
容而言，其实是满清楚的。铭中有'周康宫夷宫'，年数又是十
六年，这当不外于厉王、宣王二世。查宣王十六年，为公元前
812 年，该年历谱已排有克镈、克钟，云'隹十又六年九月初吉
庚寅'，据《三千五百年历日天象》，庚寅是该月朔日。成钟与之
月分相同，而日为丁亥，丁亥在庚寅前三天，无法相容。再查历

---

　　① 陈佩芬：《新获两周青铜器》，载《上海博物馆集刊》（第八期），上海：
上海书画出版社，2000 年，第 131 页。

谱厉王十六年，是公元前862年，其年九月庚寅朔，丁亥为初八日，刚好调谐。"①

综合两位先生的见解，铭文历日应当这样理解：厉王十六年九月初吉丁亥。

这里有两个重要的问题：厉王十六年是公元前863年，还是公元前862年？初吉是指朔日（定点的），还是指初二、初四，或初八（不定点的，包括初一到初八甚至朔前一、二日）？

公元前862年天象：九月庚寅朔。如果初吉定点，指朔日，前862年就不可能是厉王十六年，"夏商周断代工程"关于西周年代的结论则将从根本上动摇。什么"金文历谱"就成了想当然的摆设。只有将"初吉"理解为上旬中的任何一天，前862年才能容纳成钟的历日。与此相应，成钟历日可以适合若干年份的九月上旬的丁亥。如前863年、前1909年等。排定成钟历日就有很大的随意性，大体上可以随心所欲。

再看克钟历日："隹十又六年九月初吉庚寅。"校比宣王十六年（前812年）天象：九月庚寅朔，正好吻合。这里，初吉即朔，没有摆动的余地。正因为月相定点不容许有什么摆动，没有随意性，一般人就感到很难，不得不知难而退，避难就易，误信"月相四分"，甚至发明了"月相二分"（一个月相可合上半月或下半月的任何一天）。定点的确很难，但体现了它的严密性，不容你主观武断，避免了信口雌黄。克钟历日，初吉定点，只能勘合前812年天象，坐实在宣王十六年，摆在任何其他地方都不合适。

---

① 李学勤：《对"夏商周断代工程"西周历谱的两次考验》，《中国社会科学院研究生院学报》2002年第5期，第47页。

让我们来分析成钟的历日："十六年九月（初吉）丁亥。"用司马迁"厉王在位三十七年"说，厉王十六年为公元前863年。查对前863年实际天象：冬至月（子月）朔庚寅、丑月庚申 00^h18^m、寅月己丑、卯月戊午 20^h16^m，辰月戊子、巳月丁巳 19^h56^m、午月丁亥、未月丁巳 01^h20^m、申月丙戌 17^h19^m、酉月丙辰、戌月丙戌 01^h22^m、亥月乙卯。[1]

对照四分术《殷历》，前863年天象：子月庚寅、丑月庚申66、寅月己丑、卯月己未124、辰月戊子、巳月戊午182、午月丁亥、未月丁巳240、申月丙戌739、酉月丙辰、戌月乙酉797、亥月乙卯。[2]

《历表》用定朔，四分术用平朔，余分略有不同。一般人看来，有卯月、巳月、戌月三个月的干支不合，好象彼此相差一天。因为一个朔望月是29.53日，干支纪日以整数，余数0.53不能用干支表示，而合朔的时刻不可能都在半夜零点，或早或晚，余分就有大有小。表面上干支不合，而余分相差都在0.53日之内。这是定朔与平朔精确程度不同造成的正常差异。余分只要在0.53日（约13小时，四分术499分）之内，都应视为吻合。

西周观象授时，历不成法，朔闰都由专职的司历通过观测确定。以上为例，卯月余分大，戊午 20^h16^m（合朔在晚上20点16分），司历可定为己未。从四分术角度看，己未124，余分小（合朔在早上3点多），司历可定为戊午。申月丙戌（定朔与四分术干支同），余分大，司历不用丙戌而定为"丁亥"。司历一旦确

---

① 详见张培瑜《中国先秦史历表》，第55页。
② 详见张闻玉《西周王年论稿》，第303页。

定，颁行天下，这就是"实际用历"。

可以看出，《历表》用定朔，有连小月（庚申、己丑、戊午），两个连大月（丁巳、丁亥、丁巳；丙戌、丙辰、丙戌）。四分术《殷历》无连小月，只有连大月，前864年最后三个月连大，前863年一大一小相间。

可以推知，公元前863年的实际用历当是：正月（子月）庚寅、二月庚申、三月己丑、四月己未、五月戊子、六月戊午、七月丁亥、八月丁巳、九月丁亥、十月丙辰、十一月丙戌、十二月乙卯。——大体上一大一小相间，取七月、八月连大。

公元前863年实际用历：九月丁亥朔。这就是成钟"隹十又六年九月丁亥"所记载的历日。成钟的"十六年"是公元前863年，即厉王十六年。

大量的铜器历日与实际天象勘合，结论都是一个：厉王在位37年，厉王元年即公元前878年。根本不存在什么"共和当年改元"的神话。①

李先生的"金文历谱"，也即"夏商周断代工程"的"金文

---

① 按，美国学者倪德卫（David S. Nivison）首倡宣王"双元年"说，其学生夏含夷（Edward L. Shaughnessy）承继该观点，并主张"共和当年改元"，详见倪德卫《克商以后西周诸王之年历》，朱凤瀚、张荣明主编《西周诸王年代研究》，第385页；倪德卫《双元年假说》，《〈竹书纪年〉解迷》，魏可钦等译，上海：上海古籍出版社，2015年，第226—261；夏含夷《此鼎铭文与西周晚期年代》，《大陆杂志》第80卷第6期，1990年，第16—24页；夏含夷《上博新获大祝追鼎对西周断代研究的意义》，《文物》2003年第5期；夏含夷《四十二年、四十三年两件吴逨的年代》，《中国历史文物》2003年第五期，第45—47页。其最新观点见于氏著《由〈𣄰簋〉铭文看"天再旦于郑"》，《历史研究》2016年第1期，第140—148页。笔者的观点见于《宣王纪年有两个体系》，张闻玉、饶尚宽、王辉《西周纪年研究》，第250—252页。

历谱"的根本失误在哪里？这是一个值得认真探讨的问题。

李先生以铜器器型学为基准，确定器物的王世，再用铭文历日去较比实际天象，历日的月相用宽漫无边的"四分说"甚至"二分说"进行解说，最后排出一个"金文历谱"。

粗看起来，这样的研究程序也似乎无可挑剔，但细细一琢磨，其中的问题就不少。比如，器型涉及制作工艺，可以反映制作的时代，铭文历日是不是就是制作时日？一般青铜器专家总是将铭文历日视为制作时日，器型就成了断代的基本依据。事实上，铭文可以是叙史。正如郭沫若先生所说，"其子孙为其祖若父作祭器"，追记先祖功德正是叙史，与史事有关的历日就与器物的制作无关。这几乎是简单的常识。从器型学的角度看，当是西周晚期器物，而铭文记录西周中期甚至前期的史事，也属正常。

其二，自古以来，月相是定点的且定于一日。月相紧连干支，就是记录那个干支日的月相。月相不定点，记录月相何用？初吉为朔，望为十五，既望为十六，朏为初三，是定点的；焉有其他月相为不定点乎？如果一个月相可以上下游移十天半月，紧连的干支怎能纪日？

其三，排定历谱只能以实际天象为依据，金文历日必须对号入座。舍此别无它法。把铜器器型进行分类，那是古董鉴赏家的方法。不可能在此基础上产生什么"金文历谱"。

不难明白，由于先排定了器型，器物上的历日便不可能与实际天象吻合，再错下去，就只有对月相进行随心所欲的解说，以求与天象强合。比照成钟的历日，不是很能说明这些问题么！

2002 年 1 月 22 日

十、 关于吴虎鼎①

　　最近，从南开大学历史系主任朱凤瀚教授主编的《西周诸王年代研究》一书中，读到了长安县文管会所藏吴虎鼎铭文，历日清清楚楚："隹十又八年十又三月既生霸丙戌，王在周康宫徲宫。"② 李学勤先生在该书《序》中说："吴虎鼎作于十八年闰月，而同时出现夷王、厉王名号，其系宣王时标准器断无疑义。"③

　　如果我们将历日与张培瑜先生《中国先秦史历表》对照，会得到不同的结论，并由此引发出不少大家都瞩目的问题。

　　吴虎鼎历日合厉王十八年天象，这就涉及周厉王在位年数的问题。

　　司马迁《史记·周本纪》载："夷王崩，子厉王胡立。厉王即位三十年，好利，近荣夷公。大夫芮良父谏厉王曰：……厉王不听，卒以荣公为卿士，用事。""王行暴虐侈傲，国人谤王。召

---

①　本文原题为《吴虎鼎与厉王纪年》，后以《关于吴虎鼎》为题收入《西周纪年研究》。

②　朱凤瀚、张荣明：《西周诸王年代研究》之《图片附录　吴虎鼎》，第512页。

③　朱凤瀚、张荣明：《西周诸王年代研究》之李学勤序，第1页。

公谏曰'民不堪命矣'。王怒，得卫巫，使监谤者，以告则杀之。其谤鲜矣，诸侯不朝。三十四年，王益严，国人莫敢言，道路以目。""三年，乃相与畔，袭厉王。厉王出奔于彘。"

这本是一段很好理解的文字：厉王三十年时好利而近荣夷公，三十四年厉王推行暴政"国人莫敢言"，又过三年国人叛，迫使厉王出奔彘。这是司马迁的明白记载，厉王在位 37 年。宋代邵雍《皇极经世书》采用此说，此后的有关著述大体都延用三十七年说。

而司马迁的《十二诸侯年表》并不始于厉王，而是从厉王奔彘以后的共和元年（前 841 年）起始。所以有人说，司马迁对自己记录的厉王三十七年说也表示怀疑，并不自信。要不然的话，他本该秉笔直书，完全用不着采取那么迂曲的叙述。

又，《史记·卫康叔世家》载："顷侯厚赂周夷王，夷王命卫为侯。顷侯立十二年卒，子釐侯立。釐侯十三年，周厉王出奔于彘，共和行政焉。"釐侯十三年为前 842 年，厉王出奔彘。顷侯立，尚在夷王时。而顷侯立至釐侯十三年，只有 25 年时间。可见周厉王年数当少于 24 年（则厉王元年为前 866 年）。这与《周本纪》所记不相合。

又，《今本竹书纪年》：厉王"十二年，王亡奔彘"。

正是这些记载的歧异，当今的研究者对厉王在位年数便有了种种不一的说法。

例如，李仲操先生《西周年代》从《卫康叔世家》推得厉王奔彘时在二十三年（假设顷侯二年夷王卒，顷侯三年为厉王元年），加上共和行政 14 年，正是 37 年。李仲操氏以为，宣王作为厉王子，记奔彘后历史，不会用共和纪年，必然是厉王连续纪年。司马迁写《周本纪》时，有可能把奔彘后年数与奔彘前事迹搞混了。[1]

又如戚桂宴先生《厉王在位年考》认为《周本纪》"厉王即位三十年"是记厉王在位的通年之数，应在"三十年"下断句。认为厉王"三十四年"弭谤，"三十四"必为"十四"之误。"三"是因上"三十年"而衍入，乃后人误以为厉王好利是在他即位"三十年"，所以在"十四"前添一个"三"字。戚氏推定，厉王奔彘是从"十四年"弭谤算起之"三年"，即十六年。而十六年奔彘正与《世家》所记相合。厉王死于共和十四年，通年三十年，恰好是"厉王即位三十年"之数。[2] 按戚氏之说，除去共和十四年，厉王奔彘前在位仅有 16 年。在戚氏之前，日本新城新藏《周初之年代》已有此一说。[3] 戚氏之后，美国人夏含夷也持相同的观点。

又如何幼琦先生在《金文对号法述评》一文中说："厉王的年数具有关键的意义，厉王一错，势必影响全局，导致诸王的绝对年代和铜器的年代都不会符合历史的实际。"何先生以为"司马迁对于三十七年说尚有疑义"，于是根据他自己的"科学推算"，厉王的 37 年当分为两段，前 24 年是周王，奔彘以后当了

---

① 李仲操：《西周年代》，北京：文物出版社，1991 年，第 75—77 页。

② 戚桂宴：《厉王在位年考——兼论西周诸王年数问题》，《山西大学报》1979 年第 1 期，第 75—79 页。

③ ［日］新城新藏著，戴家祥译：《周初之年代》，《国家论丛》1929 年第 2 卷第 1 期，第 125—127 页。

13 年汾王，认为厉王元年是前 865 年。①

总之，否定厉王三十七年说的大有人在。其他如：劳榦、姜文奎的十二年说，周法高、倪德卫的十八年说，刘雨的二十四年说，荣孟源、赵光贤的三十年说，谢元震的四十年说。

文献上的歧异当作何解释呢？用司马迁自己的话说："余读谍记，黄帝以来皆有年数，稽其历谱谍终始五德之传，古文咸不同，乖异。夫子之弗论次其年月，岂虚哉！"司马迁确实看到了不少记载乖异的古文，分歧较多，以致难以定论。尽管"黄帝以来皆有年数"，司马迁却不愿轻率采用，足见慎之又慎。他的《十二诸侯年表》起自共和元年，而不取武王伐纣，更不上溯夏、商。在司马迁看来，厉王奔彘是西周史上的一件大事，加之共和以后的纪年十分明确。他便将奔彘作为标尺，与各诸侯在位年数相联系，并注明对应关系。这是《十二诸侯年表》起自共和元年的缘由，并不表明他对厉王在位 37 年有什么疑义。

《史记》中确有看似乖异的文字，那都是各有所本。司马迁取了一个"两存之"的办法，确为良苦用心。虽然，厉王三十七年说是司马迁明白记录了的，由于文字材料的乖异，要否定它甚至肯定它，都得有更充分的证据。

仅从文献的角度考求厉王在位年数，由于记载的各异，古籍的残失，引出学者间的分歧与怀疑，其结果也只能是众说纷纭。

随着田野考古的进展，大量西周青铜器出土，有了考古学类型学的研究，将同类器形比较归类，使器物及其铭文的分期更为

---

① 何幼琦：《金文对号法述评》，《江汉论坛》1988 年第 10 期。

准确细密。这就大大促进了西周年代的研究，加之若干铜器铭文具有清楚的王年、月、月相、日干支，比照实际天象，便可断定这些器物铭文所反映的具体年代，当然这并不等于就是铸器年代。

就以厉王在位年数而言，而今已发现数件标有三十余年的当属厉王时代的器物。如三十一年爵攸从鼎合厉王三十一年（前848年）天象，三十三年伯寛父盨合厉王三十三年（前846年）天象，三十四年鲜簋合厉王三十四年（前845年）天象。这些出土器物都能证实，厉王在位确实是37年（前878年—前842年）。

而今公布的吴虎鼎铭文，当可进一步证实，厉王元年是公元前878年，司马迁《周本纪》所记厉王在位三十七年是可信的。

厉王十八年乃前861年。查对张培瑜氏《历表》第55页，前861年天象：冬至月己酉，丑月戊寅……戌月癸卯，亥月癸酉；（接前860年）冬至月癸卯，丑月癸酉04^{h}20^m，寅月壬寅15^{h}32^m……

比较用四分术推演所得密近的实际天象，前861年子月戊申（定朔己酉05^{h}39^m），丑月戊寅……戌月甲辰，亥月癸酉；（接前860年）子月癸卯，丑月壬申666分，寅月壬寅。[1]

所不同的是，张培瑜《历表》有三个连大月（癸卯、癸酉、癸卯、癸酉），而相应的四分术《朔闰表》是"甲辰、癸酉、癸卯、壬申"。前860年丑月癸酉，合朔在凌晨4时过，四分术是壬申666分，相去不远。表面上干支虽不合，内涵却十分接近。

---

[1] 张闻玉：《西周朔闰表》，见《西周王年论稿》，第304页。

不取三个连大月，实际用历当是丑月壬申朔。

从前 861 年厉王十八年建丑计起：正戊寅，二丁未，三丁丑，四丙午，五丙子，六乙巳，七乙亥，八乙巳，九甲戌，十甲辰，十一癸酉；（接前 860 年）十二癸卯，十三壬申。十三月壬申朔，有十五丙戌。月相定点，既生霸为望为十五，是再明白不过了。

这就是吴虎鼎所记年、月、日，它与厉王十八年十三月十五日丙戌完全吻合。

吴虎鼎能否列入宣王器？宣王十八年有克盨（《大系》123）。十九年有趞鼎（《文物》1979.7），两器历日衔接，注定十八年不可能再有闰月。这就将吴虎鼎历日排斥于宣王十八年之外。

这就说明，司马迁所记厉王三十七年不误。厉王元年当是前878 年，共和元年当是前 841 年。

这又说明，月相是定点的，定于一日。既生霸为望为十五。只有厉王十八年十三月壬申朔，才有既生霸十五丙戌。[①] "月相四分"不足信。更何况卫簋、大簋盖、逆钟、趞曹鼎、师遽簋、此鼎、伯克壶、牧簋诸器中的"既生霸"都只能是指十五，才与实际天象吻合。

这又说明，厉王时代还是观象授时，并非行用无中气置闰。实际天象前 862 年当闰子正九月，前 859 年当闰子正五月。吴虎鼎前 861 年厉王十八年闰十三月，足见是凭观察置闰，闰在岁末，与有无中气无关。

---

① 张闻玉：《西周朔闰表》，见《西周王年论稿》，第 304 页。

这又说明，西周朔望月历制已很健全，不存在什么"朏为月首"。朔望月历制，看重的就是朔与望。西周铜器历日，多取朔（既死霸）与望（既生霸），并视之为吉日。朔亦称初吉，《易》"月几望，吉"亦证望为吉日。实际观察，真正的月满圆多在十六，在既望。西周中期以后，铜器记既望尤多，既望亦视为吉日。

这又说明，所谓"夏用寅正""殷用丑正""周用子正"的"三正说"，是无据的。吴虎鼎历日合厉王十八年的建丑，十八年不当闰而闰，转入十九年的建寅。西周铜器历日如仅以建子勘比，则多有不合，董作宾先生之误在此。

这还说明，铜器铭文中出现时王的名号，并非都是后代的追记。吴虎鼎铭文有夷王、厉王名号，不能证成该器必在厉王以后。如十五年趞曹鼎记有"龚（恭）王在周新宫"，该器断为共世器亦与天象相合，利簋有"珷征商"、遹簋铭有"穆王在莽京"、长甶簋有"穆王"、匡卣有"懿王"等，这就是王国维先生"时王生称"说。吴虎鼎为此又增添了一个佐证。

弄明白了厉王在位三十七年，再来释读《史记·卫康叔世家》"顷侯立十二年卒"，当是"顷侯立三十二年卒"才相吻合。传抄误脱一个"三"字。顷侯当立于夷王八年，三十二年卒；釐侯立于厉王二十五年，釐侯十三年厉王奔彘——这是用正确史料订正错误史料之法，《周本纪》与《卫康叔世家》便没有矛盾了。夷王在位十五年也得以证实。

以上考证，可列表如下：

夷王元年（前893年）　　鲁厉公三十一年

天象：冬至月朔甲寅，丑月甲申，寅月癸丑。

考古：蔡簋"隹元年（二月）既望丁亥［己亥］"。

按：建子，二月甲申朔，有十六既望己亥。书己亥为丁亥，取大吉之义。蔡簋缺月，当补上"二月"。

夷王五年（前 889 年）　鲁厉公三十五年

天象：冬至月朔辛酉，丑月辛卯 8^h12^m，寅月庚申，卯月庚寅，巳月己未。

考古：兮甲盘"隹五年三月既死霸庚寅"。

　　　　谏簋"隹五年三月初吉庚寅"。

按：建丑，正月辛卯，三月庚寅。两器同年月日，一用初吉，一用既死霸。

夷王八年（前 886 年）　鲁献公元年　卫顷侯元年。

文献：《卫康叔世家》"顷侯厚赂周夷王，夷王命卫为侯"。

　　　　《鲁周公世家》"厉公三十七年卒。鲁人立其弟具，是为献公"。

夷王十五年（前 879 年）　鲁献公八年　卫顷侯八年

厉王元年（前 878 年）　鲁献公九年　卫顷侯九年

天象：冬至月朔戊午，丑月丁亥，寅月丙辰，卯月丙戌，辰月乙卯，闰月乙酉，巳月甲寅，午月甲申。

考古：师兑簋甲"隹元年五月初吉甲寅"。

按：建丑，正月丁亥，五月甲寅。

厉王十八年（前 861 年）　鲁献公二十六年　卫顷侯二十六年

天象：冬至月朔己酉，丑月戊寅……亥月癸卯 12^h16^m，子月壬申。

考古：吴虎鼎"隹十又八年十又三月既生霸丙戌"。

按：建丑，正月戊寅，十二月癸卯，十三月壬申，有十五日丙戌。

厉王二十四年（前 855 年）　鲁献公三十二年　卫顷侯三十二年。

　　文献：《卫康叔世家》"顷侯立（三）十二年卒，子釐侯立"。

　　　　　《鲁周公世家》"献公三十二年卒，子真公濞立"。

厉王二十五年（前 854 年）　鲁真公元年　卫釐侯元年

厉王三十一年（前 848 年）　鲁真公七年　卫釐侯七年

　　天象：冬至月朔壬戌 21ʰ54ᵐ，丑月壬辰，寅月壬戌，卯月壬辰，辰月辛酉。

　　考古：𤔲攸从鼎"隹卅又一年三月初吉壬辰"。

　　按：建丑，三月壬辰朔。

厉王三十三年（前 846 年）　鲁真公九年　卫釐侯九年

　　天象：冬至月朔辛亥，丑月辛巳，寅月辛亥……酉月丁丑，戌月丁未。

　　考古：伯寛父盨"隹卅又三年八月既死［生］（霸）辛卯"。

　　按："既死"不词。建寅，正月辛亥朔，八月丁丑朔，有八月十五既生霸辛卯。

厉王三十四年（前 845 年）　鲁真公十年　卫釐侯十年

　　天象：冬至月朔乙亥，丑月乙巳……辰月癸酉，巳月癸卯，午月癸酉。

　　考古：鲜簋"卅又四祀，隹五月既望戊午"。

　　按：建丑，正月乙巳，五月癸卯朔，有十六既望戊午。

厉王三十七年（前842年） 鲁真公十三年 卫釐侯十三年

文献：《卫康叔世家》"釐侯十三年，周厉王出奔于彘"。

共和元年（前841年） 鲁真公十四年

文献：《鲁世家》"真公十四年，周厉王无道，出奔彘，共和
行政"。

按：与《卫康叔世家》对读，《鲁周公世家》强调的是"共
和行政"，故记在真公十四年。

大量的铜器历日考求使我们明白，铜器历日并不等于就是铸
器历日。铭文所记或是时人经历的大事，或是后世子孙对先祖功
德的追记。从器形学的角度看，虽是西周晚期器，而铭文记录西
周中期甚至前期的史料，也属于正常。子犯和钟"五月初吉丁
未"记的是重耳去齐的日子，那是铸器前若干年的历日。晋侯苏
钟前段历日乃穆王三十三年记事历谱，后段刻记献侯随宣王出
征。善夫山鼎历日合穆王三十七年天象，而器形当属西周晚期。

如果将铜器历日统统视之为铸器日子，这些矛盾当成为永不
可解的死结。我并不否认吴虎鼎是宣王器，如果该鼎为吴虎的后
人对吴虎功赏的追记以宣扬先人业绩，铸器在共和时代也有可
能，很明显，器铭历日不等于就是铸器时日，但历日所记确实与
厉王十八年天象完全吻合。

1998 年 12 月稿

十一、 再谈吴虎鼎[①]

最近读到《文津演讲录（二）》中李学勤先生的文章，其中说道："特别是新发现了一件没有异议的宣王时代的青铜器吴虎鼎，它是周宣王十八年的十三月（是个闰年）铸造的，这年推算正好是闰年。"[②]

吴虎鼎记录的是厉王十八年十三月天象，李先生视为宣王十八年十三月铸造的。李先生还说过："铭中有夷王之庙，又有厉王之名，所以鼎作于宣王时全无疑义，因为幽王没有十八年，平王则已东迁了。"[③] 并进一步将此结论作为"夏商周断代工程"研究的主要依据之一——所谓"支点"，大加利用，牵动就太大了。正因为这样，我就不得不再加辨析，以正是非。

① 本文原载于《西周纪年研究》一书。

② 李学勤：《夏商周断代工程的主要成就》，中国国家图书馆分馆编《文津演讲录（二）》，北京：北京图书馆出版社，2002 年，第 112 页。

③ 李学勤：《吴虎鼎考释——夏商周断代工程考古学笔记》，载《考古与文物》1998 年第 3 期，第 30 页。

（一）宣王十八年天象

月相定点，定于一日。既生霸为望为十五，既生霸丙戌则壬申朔。查看宣王十八年实际天象，加以校比，就可以明了。

按旧有观点，宣王十八年是公元前810年；按新出土眉县四十二年、四十三年两逨器及其他宣王器考知，宣王元年乃公元前826年，十八年是前809年。

前810年、前809年实际天象是：子月癸丑71（癸丑02^{h}56^m）、丑月壬午、寅月壬子、闰月辛巳……实际用历，建子，正月癸丑、二月壬午……十二月丁丑、十三月丁未。

前809年实际用历，子正月丙子915（丁丑05^{h}27^m），二月丙午……十一月壬申、十二月辛丑764（壬寅02^{h}12^m）。

这哪里有"十八年十三月壬申朔"的影子？除非你将月相"既生霸"胡乱解释为十天半月，才有可能随心所欲地安插。这不是太随意了吗？

还有，公认的十八年克盨是宣王器，历日是：隹十又八年十又二月初吉庚寅。如果吴虎鼎真是宣王十八年器，这个"十三月既生霸丙戌"与"十二月初吉庚寅"又怎么能够联系起来呢？月相定点，"十二月庚寅朔"与"十三月壬申朔"风马牛不相及，怎么能够硬拉扯在一起呢？丙戌与庚寅相去仅四天，就算你把初吉、既生霸说成十天半月，两者还是风马牛不相及。这就否定了吴虎鼎历日与宣王十八年有关。

（二）厉王十八年天象

我们再来看看厉王十八年天象。司马迁《史记》明示，厉王在位 37 年，除了以否定司马迁为荣的少数史学家而外，自古以来并无异议。共和元年是公元前 841 年，前推 37 年，厉王元年在公元前 878 年，厉王十八年乃前 861 年。

公元前 861 年实际天象是：子月戊申 756（己酉 05^{h}27^m）、丑月戊寅 315、寅月丁未 814、卯月丁丑 373……亥月癸酉 605，（接前 860 年）子月癸卯 161、丑月壬申 660（癸酉 04^{h}20^m）、寅月壬寅 219（壬寅 17^{h}32^m）……

厉王三十七年前 861 年实际用历，建丑，正月戊寅、二月丁未、三月丁丑……十二月（子）癸卯、十三月（丑）壬申。——这个"十三月壬申朔"，就是吴虎鼎历日"十三月既生霸丙戌"之所在。

我们说，吴虎鼎历日合厉王十八年天象，与宣王十八年天象绝不吻合。

（三）涉及的几个问题

一件铜器上的历日，它的具体年代只能有一个，唯一解。为什么说法如此不一呢？

其一，对月相的理解不同，就是分歧之所在。

自古以来，月相就是定点的，且定于一日。月相后紧接干支，月相所指之日就是那个干支日。春秋以前，历不成"法"，也就是说没有找到年、月、日的调配规律，大体上只能"一年三百又六旬又六日，以闰月定四时成岁"。年、月、日的调配只有靠"观象日月星辰，敬授民时"。观象，包括星象、物象、气象，而月亮的盈亏又是至关重要的。月缺、月圆，有目共睹，可借以确定与矫正朔望与置闰。在历术未进入室内演算之前，室外观象就是最重要的调历的手段，所以月相记录频频。这正是古人留给我们的宝贵遗产。进入春秋后期，人们已掌握了年、月、日调配的规律，有了可供运算的四分历术，即取回归年长度为 $365\frac{1}{4}$ 日作为历术基础来推演历日，室外观象就显得不那么重要了，月相的记录自然也就随之逐步消失。

铜器上以及文献中记载的月相保留了下来，后人就有一个正确理解的问题。西周行用朔望月历制，朔与望至关重要。朔称初吉、月吉，或称吉，又叫既死霸，或叫朔月。传统的解说，初吉即朔。《诗·小明》毛传："初吉，朔日也。"《国语·周语》韦注："初吉，二月朔日也。"　《周礼》郑注："月吉，每月朔日也。"

最早对月相加以完整解说的是刘歆。他在《汉书·律历志·世经》中说道："（既）死霸，朔也；（既）生霸，望也。"对古文《武成》历日还有若干解说，归纳起来：

初一：初吉、朔、既死霸　　　十五：既生霸

初二：旁死霸　　　　　　　　十六：既望、旁生霸

初三：朏、烖生霸   十七：既旁生霸

刘歆的理解是对的，月相定点，定于一日。月相不定点，记录月相何用？古文《武成》在月相干支后，又紧记"越×日""翌日"，月相不定点，就不可能有什么"越×日""翌日"的记录。《世经》引古文《月采》篇曰："三日曰朏。"足见刘歆以前的古人，对月相也是作定点解说。望为十五，《释名·释天》"日在东，月在西，遥相望也。"《尚书·召诰》传："周公摄政七年二月十五日，日月相望，故记之。"既望指十六，自古及今无异词。初吉、月吉、朏、望、既望自古以来是定点的，焉有其他月相为不定点乎？明确月相是定点的，即所有月相都是定点的。不可能说文献上的月相是定点的，而铜器上的月相是不定点的。所以，我们毫不动摇地坚持古已有之的月相定点说。用定点说解释铜器历日，虽然要求严密，难度很大，而正好体现出它的科学性、唯一性。

只是到了近代，王国维先生用四分术周历推算铜器历日，发现自算的天象与历日总有两天、三天的误差，才"悟"出"月相四分"。事实上，静安先生的运算所得并非实际天象，因为四分术"三百年辄差一日"，"月相四分"实不足取。当然，更不可能有什么"月相二分"。按"二分说"，上半月既生霸，下半月既死霸，那真是宽漫无边，解释铜器历日大可以随心所欲了。谁人相信？

其二，对铭文的理解明显不同。

李先生反复强调，吴虎鼎"同时出现夷王、厉王名号"，所

以"系宣王时标准器断无疑义"。

查吴虎鼎铭:"王在周康宫夷宫,导入右吴虎,王命膳夫丰生、司空雍毅,酈(申)敊(厉)王命。"

关于"康宫夷宫",按唐兰先生的解说,夷通夷,夷宫指夷王之庙。重要的是王命"酈(申)敊(厉)王命"这一句。后面有"酈(申)敊(厉)王命",前一个"王"就一定是指周宣王吗?我们以为,不是。这明明是追记,是叙史。铭文中的"王",都是确指厉王。即"厉王在夷王庙,导引吴虎入内,厉王命膳夫丰生、司空雍毅,重申他厉王的指令"。前两处用"王",是因后"厉王"而省。确实的,与宣王无关。正因为这样,这个历日就与它下面的记事(厉王时事)结合,根本不涉及宣王。

其三,铜器历日不等于就是铸器时日。

吴虎鼎历日是叙史,与周宣王无关,更不会是"周宣王十八年十三月铸造的"。这是考古学界常犯的错误,把铜器历日统统视为铸器时日。

如果排除"时王生称说",吴虎鼎作于厉王以后,或共和,或宣王,都不会错。作器者的本义是在显示他(或其先人)在厉王身边的崇高地位,于是追记厉王十八年十三月的往事。类似这种叙史,这种追记,铜器中甚多。如元年曶鼎、十五年趞曹鼎、子犯和钟……这些铜器历日怎么能看成是铸器时日呢?

2002 年 12 月 28 日初稿
2003 年 11 月 30 日改定

十二、 关于鲜簋^①

1.鲜簋的历日,我是从日本《东方学报》第58册中见到的。该册上面载有浅原达郎先生《西周金文与历》一文。浅原将他的文章送了伊藤道治先生一份,伊藤先生从日本邮寄给我。因为伊藤先生知道我的研究兴趣,乐于将该文转赠。浅原的文章已注明鲜簋是引于《中日欧美澳纽所见所拓所摹金文汇编》一书,标名是鲜盘而不是鲜簋。该器的历日,1989年我在《试论金文对号与西周纪年诸问题——评何幼琦先生〈金文对号法述评〉》一文中已经引用并加以解说。^②

2. 1992年10月我在西安参加第二次西周史学术讨论会,会上李学勤先生介绍了鲜簋的发现及他本人对鲜簋的一些看法,引起了我对该器的重视。是年底,我特意去信北京朱启新先生,请他复印《中国文物报》上李先生的文章^③寄我,便于详细了解李

---

① 本文原以《谈鲜簋的王年》为题刊载于《金筑大学学报》1995年第3期;又以《鲜簋王年与西周昭穆制》为题收入《西周王年论稿》中;后以《关于〈鲜簋〉》为题收入《西周纪年研究》中。

② 张闻玉《试论金文对号与西周纪年诸问题——评何幼琦先生〈金文对号法述评〉》,《贵州大学学报》,1989年第4期。

③ 李学勤、艾兰:《鲜簋的初步研究》,《中国文物报》1999年2月22日。

先生的观点并对鲜簋再做研究。

3.王国维先生的考证，是根据文献材料，又用考古材料相印证。这就是"二重证据法"，后之人多所应用。

涉及铜器断代与年代学的研究，还得利用铭文或文献中的诸多历日，这就必须校对实际天象，以求吻合。所以，吾师张汝舟先生在"二重证据法"之外补充一个"天上材料"。这样，纸上材料（文献记载）、地下材料（出土器物）、天上材料（实际天象），做到"三证合一"，结论才算可靠。其中，尤其重视天上材料。①

我们考证鲜簋的年代，得充分利用鲜簋的历日，勘合实际天象，以求得最可靠的结论。当然，涉及月相，就得排除"四分一月"说的干扰。试想，月相若不定点，且定在一日，一个月相管它七天八天，那么记录月相还有什么价值？董作宾先生经过研究后说："王（四分一月）说，无一是处。"② 对之作了全盘的否定。今人的许多研究也证实了这一点。

4.鲜簋铭文的年、月、月相、日干支具全，最便于考校它的年代。原文："隹王卅又四祀，隹五月既望戊午。"

既望为十六，千古不异。既望戊午，必癸卯朔。查张汝舟先生《西周经朔谱》，公元前845年厉王三十四年，建丑，五月癸卯朔，正合。查对张培瑜先生《中国先秦史历表》，公元前845

---

① 张汝舟：《西周考年》，田昌五主编《华夏文明》（第2集），第360—383页。

② 董作宾：《"四分一月说"辨证》，《董作宾先生全集甲编》（第一册），第1页。

年建丑，五月癸卯 02^h42^m，亦密合。

与三十四年鲜簋相关的，有三十一年鬲攸从鼎：隹卅又一年三月初吉壬辰。（《大系》126）

还有三十三年伯寛父盨：隹卅又三年八月既死辛卯。（《文物》1979.11）

查公元前 848 年厉王三十一年朔闰：冬至月朔癸亥，丑月壬辰，寅月壬戌，卯月辛卯（定朔壬辰 01^h23^m），辰月辛酉……

按：是年建丑，三月壬辰朔，合。郭沫若氏释此器为三十二年器，其误明矣。

查公元前 846 年厉王三十三年朔闰：冬至月朔辛亥，丑月辛巳，寅月辛亥，卯月庚辰，辰月庚戌，巳月己卯，午月己酉，未月戊寅，申月戊申，酉月丁丑，戌月丁未，闰月丙子，亥月丙午。

按：从形制及铭文看，伯寛父盨为厉王器。是年建丑，中置一闰，八月丁丑朔，有既生霸十五辛卯。器铭"既死"不词，属月相自误之例，当是"既生霸辛卯"明矣。有人补为"既死霸"，显然不合。

下接公元前 845 年厉王三十四年朔闰：冬至月朔乙亥，丑月乙巳，寅月甲戌，卯月甲辰，辰月癸酉，巳月癸卯，午月癸酉，未月壬寅，申月壬申，酉月辛丑，戌月辛未，亥月庚子。

按：是年建丑，五月癸卯，既望十六戊午，这就是鲜簋历日之所在。

以上厉王三器，历日连贯不误，历日与实际天象勘比亦吻合无间。

我国信史的可靠纪年，一般公认是从公元前841年，即共和元年起始。共和之前，虽然司马迁记载了厉王在位37年，却并未得到史学界一致的认同。于是，厉王三十七年说之外，又有二十三年说（《帝王世纪》），四十年说（《通鉴外纪》《通志》），十二年说（《今本竹书纪年》），十六年说（《东洋天文学史研究》《中国通史简编》）等等。厉王在位年数似乎难于确定了。

现今，有三十四年鲜簋历日佐证，再加之三十一年𤔲攸从鼎，三十三年伯寛父盨的铭文，历日上下连贯，厉王在位37年是不当有任何异议的了。

5.李学勤生说："鲜簋的重要性在于它是周穆王时的标准器。"这就使我十分不安。细审全文，主要依据不在什么形制，也不在它的字体风格，而在于铭文有"王在荥京褅于昭王鲜蔑历裸"。关键词语是"褅于昭王"。这是李先生结论之所从出。其余引论，比如"鲜簋、吕方鼎、刺鼎三器有可能是同时的"，历日"适用于'四分一月说'而不合'定点月相说'"等，都由此而派生。

6.我们断鲜簋为厉王三十四年器，自然就否定了"四分一月说"，也不再涉及穆王或其他什么王。与此相关，就在于对"褅于昭王"一语的认识。

褅祀昭王，不假。但不是穆王褅祀昭王，而是厉王在荥京对始祖昭王进行褅祀。为什么这么说呢？这与西周一代五世为一组的昭穆制有直接关系。

昭王为始祖居庙堂正中，则穆、共、懿、夷，正是五世。

小盂鼎载："用牲，啻（褅）周王□王成王□□□□。"郭沫若氏据此断为康王器，几成定说，实为昭王三十五年器，详见拙文《〈小盂鼎〉非康王器》。①铭文"成王"之后泐缺四字，文已不可辨识。按礼制推求，当是禘祀昭王以上的五世先王，包括文王（铭文中的"周王"）、武王、成王、康王、昭王。这昭王三十五年器，怎么又禘祀昭王？该器铭有"佳八月既望，辰在甲申"历日。当是昭王没于汉水之后最多两个月内的事。新君穆王即位，纪年不改，仍用昭王三十五年记事。臣盂前受昭王之命伐鬼方，此时归来献俘馘于王庙。这当是穆王即位后的一次大型而隆重的朝会，时间在吉日的"昧爽"，"三左三右多君入服酉"，非同一般的朝于宗庙。铭文"王各周庙"，穆王亲自到场。臣盂依礼"入□门，告曰：'王［令］盂以□□伐鬼方'"。这自然是先前昭王令盂伐鬼方。想不到战胜回朝，昭王已为汉水之鬼了。告捷之后，禘祀包括昭王在内的五世先王。尔后穆王令盂分类将战利品向周庙入献，包括生俘、人馘、车马、牛羊。第二天乙酉，穆王仍在周庙，对盂等大加赏赐。铸器的日子选在吉日既望（十六己亥）。正如《易·归妹》说："月几望，吉。"禘祀的日子在朔日甲申。这些都是合于礼制的。

7.鲜簋的"禘于昭王"铭文与后世《左传》中"禘于僖公"的记载相类似。定公八年载"禘于僖公"，当然不是僖公的儿子鲁文公对先父的禘祀，而是五世玄孙定公对五世祖的禘祀。定公乃昭公弟，上溯五世：襄、成、宣、文、僖。僖公，五世祖也。

《左传》强调"五世其昌"，《孟子》有"君子之泽，五世而

---

① 《〈小盂鼎〉非康王器》，本书前文以《关于小盂鼎》为题收录。

斩""小人之泽，五世而斩"的说法，看来不是没有来由的。

《礼记·王制》有"天子七庙"一说，那是后人的规定。到东汉之后，才有七庙共堂制的确立。终两周之世，都是五世一组的昭穆制。李衡眉先生对此论之甚详。[①]

8.与此相关，有一个兄弟相继为君的昭穆异同问题，昭王为始祖，则穆王昭位，共王穆位，懿王昭位，夷王穆位。如果有孝王的位次，则夷王昭位。历代于兄弟相继为君的昭穆异同争论不休。事实上，"父子异昭穆，兄弟同昭穆"在两周时代是很明确的。如果孝王在宗庙享有牌位，也只能列在共王之次，"兄弟同昭穆"。鲜簋所记，乃厉王禘祀五世祖昭王，已没有共王之弟孝王的位次。《左传》定公禘于僖公，僖、文、宣、成、襄。僖公为五世祖，同样没有定公之兄昭公的位次。足见"兄弟同昭穆"之确。

9.鲜簋的"禘于昭王"与《左传》定公"禘于僖公"同例，只列出五世祖一人。小盂鼎列出了所有的五世先王。这其中的区别在哪里？私意以为，并无实质的差别，它只是强调了或者说突出了五世祖在宗庙禘祀中的地位而已。唯一不同是即位的新王对五世祖的禘祀更为隆重些。惟其隆重，铭文将先王一一列出，亦属自然。这种禘祀，维护的乃是五世一组的昭穆制。

《左传·僖公五年》载："大伯、虞仲，大王之昭也。……虢仲、虢叔，王季之穆也。"这里讲了晋与虞、虢之间的同宗关系。从中可以体味"五世一组"的昭穆制在两周时代的重要。晋国的

---

① 李衡眉：《昭穆制度研究》，济南：齐鲁书社，1996 年，第 24—26 页。

始封君唐叔虞乃成王的兄弟，以此上溯乃武王、周公一辈，其上为文王、虢仲、虢叔一辈，再上为大伯、虞仲、王季一辈，最上乃大王。大王为五世祖，才有以上的昭穆关系。这是立足于五世一组的昭穆制来解说晋与虢、虞的关系，这其间，"兄弟同昭穆"也是十分明确的。

与五世昭穆制相配合，当是《仪礼》中的丧服之制。所谓五服：斩衰、齐衰、大功、小功、缌麻，仍是从先父上溯到五世祖而已。几千年来，华夏民族有"五服内外别亲疏"的传统礼制，这当是两周五世昭穆制的遗风。

为什么昭穆制定例为五世，而不是三世、六世？这大概与人的自然寿命长短有关。人的享寿可高达百年左右，从他往下看，至多可见到他的五世玄孙，所谓"五世同堂"。从最小一辈往上看，至多可见到他的五世高曾祖。再往上数的古老前人，自然不可能有什么印象，对之禘祀已没有任何意义了。从五世昭穆制来看，我们的先辈还是现实主义的。

五世一组的昭穆制在两周是确有其事，"兄弟同昭穆"也不可改易。《左传》"禘于僖公"是可靠的文字记载。小盂鼎"禘周王（武）王成王（康王昭王）"的铭文，已将五世昭穆制追循到西周早期。鲜簋"禘于昭王"又为之添加了有力的佐证。五世昭穆制行于两周，我们当深信不疑。

1995 年 7 月 20 日稿，10 月 14 日补充

十三、 关于虞侯政壶^①

1979 年 9 月，山西省文物商店收进铜方壶一件，《文物》1980 年第 7 期 "文博简讯" 栏目刊载了一篇名为《山西省文物商店收进春秋虞侯壶》的文章，此壶壶内颈部有铭文："隹王二月初吉壬戌虞侯政作宝壶，其万年子子孙孙永宝用。"^②

图 1　虞侯政壶及铭文拓片

---

① 本文原载 1988 年 2 月 26 日《中国文物报》。

② 曾广亮:《山西省文物商店收进春秋虞侯壶》,《文物》1980 年第 7 期,第 46 页。图片《虞侯政壶》引自山西省文物局网站 "文物欣赏" 栏目,山西省文物局, http://www.sxcr.gov.cn/index.php? c = index&a = show&catid = 240&id = 14991,2014-04-14。铭文拓片《虞侯政壶》引自《殷周金文集成释文》(第五卷)《虞侯政壶》(编号:9696-6),详中国社会科学院考古研究所《殷周金文集成释文》(第五卷),香港中文大学中国文化研究所,2001 年,第445 页。

关于诸侯虞的文献记载实在不少，《史记·吴太伯世家》称："是时周武王克殷，求太伯、仲雍之后，得周章。周章已君吴，因而封之。乃封周章弟虞仲于周之北故夏虚，是为虞仲，列为诸侯。"① 这就是虞为诸侯的肇始。

《吴太伯世家》又记，"晋献公灭周北虞公，以开晋伐虢也"。又，"自太伯作吴，五世而武王克殷，封其后为二：其一虞，在中国；其一吴，在蛮夷。十二世而晋灭中国之虞。中国之虞灭二世，而夷蛮之吴兴"。② 这就是司马迁所记虞国事迹的始末。

史籍记虞事鲜少，而唇亡齿寒的故事人尽皆知，虞公丑闻亦有文字可凭。"虞公"凡见之于《春秋》经传，都是很不光彩的事情。

《左传·桓公十年》载："夏，虢公出奔虞……初，虞叔有玉，虞公求旃。弗献。既而悔之，曰：'有谚有之："匹夫无罪，怀璧其罪。"吾焉用此？其以贾害也。'乃献之。又求其宝剑。叔曰：'是无厌也。无厌，将及我。'遂伐虞公。故虞公出奔共池。"③ 这是公元前 702 年（桓公十年）的记载，记虞公贪求无已，虞叔伐虞公。虞虢关系友善，虢公还到虞国避难。这是虞灭国前 50 年间事。

《春秋·僖公二年》载："虞师、晋师灭下阳。"传云："晋荀息请以屈产之乘，与垂棘之璧，假道于虞以伐虢……虞公许

---

① 《史记》卷 31《吴太伯世家》，北京：中华书局，1982 年，第 1446 页。

② 《史记》卷 31《吴太伯世家》，第 1447—1448 页。

③ （晋）杜预：《春秋经传集解》卷 2《桓公十年》，上海：上海古籍出版社，1978 年，第 102—103 页。杜预注曰：虞叔，虞公之弟。

之。且请先伐虢。宫之奇谏，不听，遂起师。夏，晋里克、荀息帅师会虢师伐虢，灭下阳。"① 这是公元前658年事。虞公贪得马与璧，自愿充当晋师的马前卒。灭下阳，虞师起了主要作用。《春秋·僖公五年》载："冬，晋人执虞公。"传云："晋人复假道于虞以伐虢。宫之奇谏曰……弗听……八月甲午，晋侯围上阳……冬十二月丙子朔，晋灭虢。师还，馆于虞，遂袭虞，灭之。"② 虞公贪贿，不听忠告，终至灭国。这是公元前655年事。

今以历术推求虞灭国前七十多年的实际天象，只有公元前667年冬至月朔壬辰、二月壬戌，与铜壶所记"二月初吉壬戌"吻合。据此可断此壶铸于庄公二十七年即周惠王十年，即晋献公十年。推知，虞侯政应是灭国虞公的上一代，即十一世虞公。

《左传·僖公二年》载："宫之奇之为人也，懦而不能强谏。且少长于君，君昵之。虽谏，将不听。"③ 徐中舒先生以为："从小由虞公抚养成人，熟悉亲近而不够尊重。"事实上，抚养宫之奇成人的虞公当是虞侯政，非十二世虞公。《春秋繁露》载，"虞公托其国于宫之奇，晋献公患之"。④ 这自然是虞侯政托国于宫之奇了。虞侯对宫之奇的信任，既见宫之奇之贤，又显虞侯政之明。宫之奇与十二世虞公一块儿长大，虞侯政早发现他的才智过人，故"昵之"。虞侯政已看出，宫之奇与他那个不争气的儿子

---

① （晋）杜预：《春秋经传集解》卷5《僖公二年》，第237—238页。
② 《春秋经传集解》卷5《僖公五年》，第250—255页。
③ 《春秋经传集解》卷5《僖公二年》，第238页。
④ （清）苏舆撰，钟哲点校：《春秋繁露义证》卷5《灭国上》，北京：中华书局，1992年，第134页。

是鲜明的对照，才格外亲近宫之奇，才有托国之举。

虞侯政虽未见有德政记载，仍不失为守成之君。《左传·庄公二十六年》载："秋，虢人侵晋。冬，虢人又侵晋。"① 《左传·庄公二十七年》载："冬，晋侯将伐虢。"② 足见晋与虢的关系已相当恶化。处在夹缝中的虞侯政，要维持与两国的友好当是多么困难，外交稍有失误，必导致灭国。桓、庄时代，虢国还相对比较强大。桓公时代的虢公林父充任周王卿士，曾立晋哀侯之弟缗于晋。庄公二十一年有"王巡虢守，虢公为王宫于玤，王与之酒泉"的记载，还有"虢公请器，王予之爵"的文字，亦见虢公有周天子做靠山，并不把晋侯放在眼里。壶铭历日用"周正"纪月，与晋用"夏正"不同，虞侯政肯定是尊周派。唇齿相依，虞侯更亲近虢国，这是很自然的。晋将伐虢，而无怨于虞，还以贿赂拉拢虞公，足见虞与虢原本相亲，与晋国也维持着一定的友好关系。在两个强邻间求得了安定，这应是虞侯政的外交业绩。

虞侯政之后，继之者是一位贪贿之君，即十二世虞公。他抛弃了父辈的平衡外交，一边倒向晋国，反充当了伐虢的急先锋，终导致国灭。唇亡齿寒，就是他留给后世的深刻教训。

可以肯定地说，虞侯政是一位小国开明之君。自武王克殷后封虞仲，至晋献公二十二年即僖公五年（前 655 年），虞建国约450 年，十二代虞公皆无建树可知。要是还有可值得称道的一位，恐怕就是这位虞侯政了。

---

① （晋）杜预：《春秋经传集解》卷 3《庄公二十六年》，第 194 页。
② （晋）杜预：《春秋经传集解》卷 3《庄公二十七年》，第 196 页。

十四、 关于子犯和钟①

（一） 子犯和钟"五月初吉丁未" 解

台北故宫博物院 1994 年入藏的子犯和钟（又称编钟），为春秋时代晋文公重耳的舅父狐偃（字子犯）所作，铭文有城濮之战及践土会盟的记载，具有很高的史料价值。海峡两岸专家学者，对此予以高度重视，发表了很多有益的见解。

1995 年 11 月初，李学勤先生来贵阳开会，将有关子犯和钟的发现及收藏情况告诉我，并要我就子犯和钟所载历日谈谈自己的意见。尔后，读了北京裘锡圭先生、台湾张光远先生的有关文章，② 感到有必要陈述自己的一点看法，以求正于方家学人。

子犯和钟从第一钟至第八钟，依次载有子犯一生所做三件大事。

---

① 此文第一部分《子犯和钟"五月初吉丁未"解》写于 1995 年 11 月 30 日，曾刊于《金筑大学学报》1995 年第 4 期及《中国文物报》1996 年 1 月 7 日。文章第二部分《再谈子犯和钟"五月初吉丁未"》写于 1996 年 5 月 13 日，曾以笔名"张玟"刊于《金筑大学学报》1996 年第 2 期。

② 张光远：《故宫新藏春秋晋文公称霸"子犯和钟"初释》，《故宫文物月刊》第 13 卷第 1 期（总 145 期，1995 年）；裘锡圭：《也谈子犯编钟》，《故宫文物月刊》第 13 卷第 5 期（总第 149 期，1995 年）。

1.子犯佑晋公左右来复其邦。

2.子犯及晋公率西之六师搏伐楚荆。

3.子犯佐晋公左右，燮诸侯，俾朝王，克奠王位。

    这就是子犯一生三大功劳：帮助晋文公取得晋国，做了国君；参与城濮之战，打败楚国；帮助晋文公实现践土会盟，使文公成了尊王攘夷的中原霸主。在全套和钟的最前面，即第一钟的起始，载有"惟王五月初吉丁未"的历日，这便是本文要着重讨论的对象。

    记载时日在于记事，离开了"事"，时也就没有意义。所以，"五月初吉丁未"可以连贯第一事，也可以指铸造和钟的时日。

    历日有"初吉"，这便是最容易造成误解的地方。初吉，自古以来的解说都是指朔日，这是古人的共识，并无例外。《诗·小雅·小明》"二月初吉"，毛传："初吉，朔日也。"[1]《国语·周语上》"自今至于初吉"，韦昭注曰："初吉，二月朔日也。亦省作'吉'。"[2]《周礼·天官》"正月之吉"，郑注："吉谓朔日。"[3] 古代帝王重告朔之礼，视朔为吉。朔为一月之始，故称初吉。

    只是到了近代，王静安先生释铜器的月相，才将"初吉"一

---

① 《毛诗注疏》卷 13《小明》，上海：上海古籍出版社，2013 年，第 1146 页。

② 徐元诰撰，王树民、沈长云点校：《国语集解》卷 1《周语上》，北京：中华书局，2002 年，第 16 页。

③ （清）孙诒让撰，王文锦、陈玉霞点校：《周礼正义》卷 4《地官·太宰》，北京：中华书局，1987 年，第 117 页。

日扩而大之，可以指七天八天。这便是"四分一月"说。王先生的错误在于，用《三统历》孟统推求西周历日，结果与实际天象总有两天三天的误差，于是强行勘合，

"悟"出"四分一月说"。王先生不知道四分术（岁实 $365\frac{1}{4}$ 日）"三百年辄差一日"，他所推出的历朔并非实际天象，根本不可使用。

从此以后，月相反成了考求历日的难点，也便有了定点说与他的不定点说（如四分、二分一月）之分。徒费了今人的许多笔墨与精力。

试想，月相若不定点，一个月相可以管两天三天，甚至像王先生的七天八天，黄盛璋先生的十天，记录月相还有什么意义？古文《武成》："粤若来二月既死霸，粤五日甲子，咸刘商王纣。"若既死霸不固定，何来过五日的甲子？《尚书·召诰》"惟二月既望，越六日乙未"，① 既望不固定，何以有过六日的乙未？用月相与日干支纪日，干支顺序有定，确指一日，焉有月相不定而泛指七日八日之理？

两周人重视月相，是因为当时的历术还处于观象授时阶段，历法还没有从室外走向室内，从观察步入推演。司历要将阴历朔望月与阳历岁实（回归年长度）调配起来，观察记录月相就尤其显得重要。正因为如此，两周月相的记录，主要指朔与望及其相近的日子。

---

① 《尚书正义》卷 14《召诰》，上海：上海古籍出版社，2007 年，第574 页。

初一：朔、初吉、既死霸（既，尽也。死霸指背光面）

初二：旁死霸（傍近既死霸之义）

初三：朏、哉生霸

十五：望、既生霸（既，尽也。全是受光面之义）

十六：既望、旁生霸（傍近既死霸之义）

十七：既旁生霸（旁生霸之后一日）哉死霸

朔与望相对，月相名词也两两相对。

出土铜器越来越多，所载历日、月相亦不少见。如果细加考察，初吉即朔，无不吻合。所以董作宾先生在《"四分一月说"辨正》中指出："王氏述之，而别立'四分一月'之说耳。近治西周年代，详加覆按，觉王说无一是处。"[1] 对王静安先生关于月相四分的结论作了全盘否定。

可以明确地说，月相必定点，且定在一日，一个月相只能代表一天。具体历日干支只有平朔与定朔的差别，其误差也只能在半日之内，即四分术的 $\frac{499}{940}$ 日之内。超乎此，宁可弃之不用，也不必强合。

"天之历数在尔躬"，历术是王权的象征。上古历术的主要内容就是告朔与置闰，告朔作为吉礼隆重对待。告朔要符合天象，

---

[1] 董氏此文原刊于《华西大学中国文化研究所集刊》（第三卷），民国三十二年第2期（第一二三四号合刊）第1—22页。本书引自《董作宾先生全集甲编》（第一册），第1页。

司历得勤劬观察，凭月相定朔望。月相不定点，不定在一日，朔日干支又从何而来？"告朔"岂不成了空话？

我们排除对"初吉即朔日"的干扰，再来讨论和钟"五月初吉丁未"，就不致晕头转向了。

我以为，第一钟所记"惟王五月初吉丁未，子犯佐晋公左右，来复其邦"是彼此衔接的，记时又记事。

历日所记乃鲁僖公二十一年（前 639 年）事。查对张培瑜《中国先秦史历表》，是年五月丁未朔（定朔 07 时 01 分），即《晋世家》"醉重耳，载以行"的日子。当时，姜氏与子犯谋，让重耳走上复国之路。这自然是最值得纪念的一天。此乃向"复其邦"这一重大行动迈出的决定性的一步。在此之前，"留齐凡五岁，重耳爱齐女，无去心"①。《国语·晋语四》载："子犯知齐之不可以动。而知文公之安齐，而有终焉之志也。欲行而患之，与从者谋于桑下。"②《左传》《史记》的文字，也都肯定了子犯的作用。"醒，以戈逐子犯"，重耳也将他视为主谋。

重耳于鲁僖公五年（前 655 年）离开晋国至狄，在狄住了十二年。僖公十五年，秦晋韩之战，秦获晋惠公。重耳看到重回晋国有了机会，于是于僖公十六年（前 644 年）离狄适齐，希望得到齐桓公的帮助。哪知晋惠公回国后，晋国局势又相对稳定下来，加之桓公待之甚善，重耳便有"民生安乐，谁知其他"，"将死于齐"的想法。齐桓公死后，齐国内乱，"诸侯叛齐"，齐国已

①　《史记》卷 39《晋世家》，第 1658 页。
②　徐元诰撰，王树民、沈长云点校：《国语集解》卷 10《晋语四》，第323 页。

不可寄予希望，子犯等便决意离开齐国，另谋复国之路，才有"谋于桑下"之举。重耳在齐国住了五年，离开齐国，正是在僖公二十一年（前639年）这年五月朔日丁未。当日子犯等借吉日聚饮，灌醉了重耳，车载而行，逼他上路。尽管如此，重耳仍是患得患失，对"复其邦"并无信心。"事不成，我食舅氏之肉！"一语道出了他内心的忐忑。这与子犯的机谋决断恰相对照。重耳的复国，子犯的确当推首功，起了决定性的作用。将这一有重要意义的日子记在"子犯佑晋公左右来复其邦"之前，不是合情合理的吗？比较城濮之战，践土之盟，子犯在"复其邦"这件事上，显得作用更大，可算是他一生中最得意之处。

肯定了历日与"复其邦"的关系，自然就与城濮之战、践土之盟的记日无关。

《春秋·僖公二十八年》经传记载明白：

> 夏四月己巳（初二），战于城濮。
> 五月丙午（初十），晋侯及郑伯盟于衡雍。
> 丁未（十一），献楚俘于王。
> 五月癸丑（十七），盟于践土。①

在这些日子中，四月己巳与五月癸丑当是重要的，而丙午、丁未虽有记事而十分平常。可以看出，子犯和钟的"五月初吉丁未"与"献楚俘于王"的五月十一日丁未并无任何瓜葛。如果强行勘合，"初吉"不仅是王静安先生的七天八天，而居然可以管

---

① （晋）杜预：《春秋经传集解》卷7《僖公二十八年》，第368—377页。

到十一天了，绝无此理。且，和钟舍弃本可大书特书的"四月已巳""五月癸丑"而不顾，单单记下并不重要的"五月丁未"，而且夹杂其中，于事理则最为难通。

如果将子犯一生三件大事都冠以时日，则铭文当是：

1.五月初吉丁未，子犯佑晋公左右来复其邦。
2.夏四月已巳，子犯及晋公率西之六师搏伐楚荆。
3.五月癸丑，子犯佑晋公左右，爕诸侯，俾朝王，克奠王位。

现实的子犯和钟，突出了子犯在"复其邦"中的作用，只于起始用了"五月初吉丁未"一个历日，如此而已。

附：李学勤先生就此文与作者的通信

闻玉先生：

本函及尊作奉到。细读大文，不禁赞叹。您提出钟铭历日应指子犯佑晋公来复其邦一事，独具慧眼，是我从未想到的。不仅使铭文文理通顺，也解决了历法的困难。读之深感佩服。已与《中国文物报》联系，建议他们发表。如果《文物报》同意发表，也许我会写篇千字左右小文，追随您的观点。(下略)。

谨祝

研安

李学勤敬上

一九九五年十二月九日

（二）再谈子犯和钟"五月初吉丁未"

《中国文物报》1996年1月7日刊发了我的《子犯和钟"五月初吉丁未"解》一文，文章主要是讨论子犯和钟历日。结论很清楚，"五月初吉丁未"是连贯和钟所记三事的第一事"子犯佑晋公左右来复其邦"的，并不是铸造和钟的时日。其具体所指，乃公元前639年五月重耳去齐之日。

2月中旬，《中国文物报》发表了川大彭裕商先生的文章《也谈子犯编钟的"五月初吉丁未"》，认定"五月初吉丁未"是铸器历日，而不是指重耳去齐之日，还说"指为重耳去齐之日，是没有任何根据的"①。并从三个方面否定我那篇文章的观点。

今就彭先生文章提出的几点，一一辩明，以正是非，私意是想求得一个共识的结论。

其一，彭文说："晋文公返国是在周襄王十七年，并不是在周襄王十三年……去齐虽为的是返晋，但当时只是处于图谋阶段，'复其邦'并未成为现实……怎么能以图谋的日期作为后来复其邦'的日期呢?"

我说：子犯和钟的主人是子犯，不是晋文公。铭文清清楚楚，"佑晋公左右来复其邦"。是子犯"谋"，是子犯"佑晋公左右"，功在子犯，没有子犯"图谋"，就没有后来的一切。这与没

---

① 彭裕商：《也谈子犯编钟的"五月初吉丁未"》，《中国文物报》1996年2月11日，第3版。为避免行文繁琐，以下只列彭氏观点，不再一一注释。

有八一"南昌起义"就没有后来的新中国一样。又怎么不能以子犯的图谋日期作为重大行动记日来记录子犯之功呢?

其二,彭文说:"重耳去齐虽是在周襄王十三年,但有关载籍如《左传》《国语》《史记》等并未记载他是哪一天上路的。所以将钟铭的'五月初吉丁未'指为去齐之日,是没有任何根据的。"

我说:典籍没有记下重耳去齐之日,这并不重要。而子犯和钟用子犯自己的笔记下了去齐之日。不能因为典籍的无记载就否定出土器物的记载。恰相反,出土的子犯和钟的记日,补充了典籍的记载之缺。这正是需要我们深入研究的地方。器物与典籍,相互印证,互为补充,这正是出土器物的史料价值。这就是我们讨论、研究的"根据",怎么能说"没有任何根据"呢?

其三,彭文说:"从本铭通篇来看,重点是在说铸器的原因。子犯之所以铸器,是由于诸侯向他进献了'原金',而诸侯之所以要进献于他,则是因为他在城濮之战和践土之盟中辅佐晋公,功勋显著,而不是因为他辅佐晋公'复其邦'。"

我说:从子犯和钟铭文通篇考察,重点是在记载子犯一生三大功劳,而不重在叙述铸器原因,更有记功碑的性质。况且,《礼记·祭统》曰:"夫鼎有铭,铭者,自名也。自名以称扬其先祖之美,而明著之后世者也……铭者,论撰其先祖之有德善,功烈、勋劳、庆赏、声名,列于天下。"[①] 这是最清楚不过的。而

---

① (清)孙希旦撰,沈啸寰、王星贤点校:《礼记集解》卷47《祭统》,北京:中华书局,1989年,第1250页。

"佑晋公左右来复其邦"一事,又是子犯一生中最为精彩动人的一幕。相形之下,在城濮之战及践土会盟之中,他不过是晋公的一个参谋或者说高参,一个次要角色,而在"复其邦"中的作用,他则是主角,是主谋,是起决定性作用的人物。子犯生前铸器,为了突出自己在"佑晋公左右来复其邦"中的作用,只于起始用了"五月初吉丁未"一个历日记事,而于城濮之战大战时日"夏四月己巳",践土之盟的时日"五月癸丑",自然就用不着他自己来书写了。这就叫主题突出,主次分明。至于诸侯向他献"原金",则是肯定子犯在晋公身边的作用与地位而已。"功勋显著"当然是包括了他"佑晋公左右来复其邦"的。不知为什么彭文反而抹去了这很重要的一点。

两周器物铭文记载历日,其格式大体相同。或记载铸器历日,或用于追记前事。彭文先说:"春秋器铭所记历日基本上都是铸器之日,很少有例外。"后面又说:"春秋器所记历日都是指的铸器日期。"前说"基本上""少有例外",后说"都是",将"例外"都勾销了。这样不严密的论证是为了最终将子犯和钟历日纳入其自己所规划的模式。

我说:子犯和钟历日,是明白不过的追记前事,与铸器无关。

子犯和钟所记三事,就子犯说,最大的功劳莫过于"佑晋公左右来复其邦"。《左传·僖公二十三年》载:"姜与子犯谋,醉而遣之。醒,以戈逐子犯。"① 《左传》的记载,肯定了子犯的作用。晋文公心里也明白,那是子犯的主意。

---

① (晋)杜预:《春秋经传集解》卷6《僖公二十三年》,第333页。

辗转到秦国之后，《国语·晋语四》："他日，秦伯将飨公子，公子使子犯从。子犯曰：'吾不如衰之文也，请使衰从。'乃使子余从。"① 这里也是在突出子犯在复国中的重要作用。

《左传·僖公二十四年》载："及河，子犯以璧授公子，曰：'臣负羁绁从君巡于天下，臣之罪甚多矣。臣犹知之，而况君乎？请由此亡。'公子曰：'所不与舅氏同心者，有如白水。'投其璧于河。"② 这可以说是旧事重提了。子犯一方是担心返国后，重耳可能将当年"醉而遣之"一事作为"犯上"的口实，于己不利。而重耳在返回晋国前夕的言行，则是对当年子犯醉遣他的充分肯定。事已三四年，当年事历历在目。就子犯而言，醉遣一事当是终生难忘之事；醉遣之日，当是终生难忘之日。

的确，典籍并未记载他是哪一天上路的，而子犯自铸和钟所记历日对此作了回答。公元前 639 年五月朔日丁未，子犯"佑晋公左右"去齐，走上"复其邦"之路，并最终返回晋国。

为什么选择这么一个日子？从先秦习俗知，古人视朔与望为吉日，两周人所记月相名词都是取朔与望及相关的日子。帝王重告朔之礼，视朔日为吉。朔为月之始，故称初吉。望亦为吉日。《易·归妹》："月几望，吉。"③ 月满为望，而真正的月满圆多在十六，在既望。所以古器之月相记初吉外，记既望为多。肉眼观察必致如此。

---

① 徐元诰撰，王树民、沈长云点校：《国语集解》卷 10《晋语四》，第 338 页。

② （晋）杜预：《春秋经传集解》卷 6《僖公二十四年》，第 339 页。

③ 《周易集解纂疏》卷 6《归妹》，北京：中华书局，1994 年，第 477 页。

今人有佛事者，除僧侣外，吃斋念佛选在吉日的初一、十五，那也不是没有来由的。

子犯等人合谋在朔日那天，找了这个机会，借吉日聚饮，灌醉重耳，车载以行，逼他上路。虽然也可选定在望日或既望之日，而确实地选在了五月初吉丁未这天。

李学勤先生注意到"谋于桑下"，五月正是忙于蚕桑的季节，也与当时的时令吻合。

此年实际天象，公元前 639 年，重耳去齐那年的五月朔日，又确确实实是丁未朔日。古人用于支纪日，事关重大的干支日，尤其是事关重大的朔日干支，是不会忘却的。这个"五月初吉丁未"尤其于子犯，是生死攸关的日子。事业成功，他便是晋公复国的元勋，像后来那样享有各种殊荣，包括诸侯向他献金。否则，如重耳言，"事不成，我食舅氏之肉！"[1]。

《左传》《国语》《史记》等典籍，或简要或详明，都一致肯定了子犯在"佑晋公左右来复其邦"中的重要作用。相比之下，他在城濮之战与践土之盟中的作为就显得黯然。这也与事实相吻合，并非是典籍的疏忽或有意地厚此薄彼。而子犯本人，当事人，最为明白不过，自铸和钟，理所当然地将谋划去齐的日子记录在自己的功碑上。其得意之情，已显露于历日之中。彭文最后说，和钟历日是铸器的日子，"据《三千五百年历日天象》，周历周襄王二十三年（前 629 年）五月戊申朔，与丁未只差一日，经去践土之盟仅三年，可参考。"这就是彭文给和钟落实的年月日。

---

[1] 《史记》卷 39《晋世家》，第 1658 页。

事实上，查对张培瑜《中国先秦史历表》，周襄王二十三年（前629年）实际天象：周历子正，五月庚戌15时44分，合朔时刻在午后3时44分。① 距丁未相去甚远。据此，就此可断定"五月初吉丁未"不是铸器的日子。

彭先生查用的《三千五百年历日天象》，那是据"古六历"之说编制的。而所谓"六历"，仅是汉代人对古历的一种认识，并无多少依据。所以，我们考察历日，必须以实际天象为基准，失朔不得过半日。也就是说，误差只能在四分术的 $\frac{499}{940}$ 日之内。否则，宁可弃而不用。春秋时代，历术尚未进入推步阶段，凭观象授时，更接近实际天象。张培瑜先生的《冬至合朔时日表》，就是我们探求先秦历日的标尺，舍此别无其他。

要知道，历术干支月日以31年为周期，"五月初吉丁未"，31年后才能再现一次。所以，承认子犯和钟历日符合周襄王十三年（前639年）的天象，下一个"五月初吉丁未"要到公元前608年，也就是周匡王五年才有。

我们说，子犯和钟历日"五月初吉丁未"就是公元前639年的五月初吉丁未，那正是子犯"佑晋公左右去齐复国"那一年的历日。那之后，30年内再也没有"五月初吉丁未"，这就从根本上否定了它是铸器历日的说法。

还应当指出，子犯和钟所记历日干支"五月初吉丁未"，是以晋国历用寅正为依据的。并非周历子正。当年天象：冬至月朔庚戌，寅正己酉，五月丁未。这又证实，晋国的用历，是以寅月

---

① 张培瑜：《中国先秦史历表》，济南：齐鲁书社，1987年，第74页。

作正月的，与古人的认识完全合拍。作为晋文公的重臣，晋国人子犯记录历日，自然使用晋国普行的寅正历术。我们当然不得以周历子正去胡套乱用，曲为解说。比照《春秋》僖公二十一年（前639年）的记载："十二月癸丑，公会诸侯盟于薄。"[①] 此年当闰未闰，闰在上年，故建丑：正月己卯（定朔庚辰06时46分），二月己酉……五月丁丑，六月丁未，七月丙子……十二月甲辰。十二月癸丑为初十。这里的"六月丁未"就是子犯和钟"五月初吉丁未"。此年《春秋》用丑正，而子犯和钟乃寅正。

接续下去，僖公二十二年复用建子：正月甲戌，八月庚子，十一月己巳（定朔戊辰22时01分）。《春秋》记事有："秋八月丁未，及邾人战于井陉。""冬十有一月己巳朔，宋公及楚人战于泓。"

很明显，干支纪日，天下共用，而建正并不划一。晋用建寅，而《春秋》建子，少数失闰建丑或建亥。而《春秋》前期以建丑居多，少数失闰才建子或建寅。这都是当闰不闰或不当闰而闰造成的建正不一的事实。比较实际天象，都可以做到一目了然。

1995 年 11 月 30 日稿（一）

1996 年 5 月 13 日稿（二）

---

① （晋）杜预：《春秋经传集解》卷6《僖公二十一年》，第319页。

十五、 关于王子午鼎[①]

1979 年，河南淅川下寺春秋楚墓二号墓内出土七件铜器，均有相同铭文。《文物》1980 年第 10 期发赵世纲、刘笑春同志文章（下称赵文），[②] 对铭文有很好的考释，只是没有明确铜器的铸作年代。本文据以做一点补充，续貂而已。

铜器铭文，前有"王子午择其吉金"自作彝鼎，后有"令尹子庚"的慷慨文词，称此器为"王子午鼎"极是。

赵文引《左传·襄公十二年》杜注"子庚，庄王子，午也"，确认王子午即令尹子庚。又据《左·襄十五》"楚公子午为令尹"，《左·襄二十一》"夏，楚子庚卒"断定王子午鼎铸于襄公十五年至襄公二十一年，即公元前 558 年至前 552 年之间。以文献记载即纸上材料取征出土文物，率可依从。

我根据铭文"隹正月初吉丁亥"考出王子午鼎铸于公元前 558 年（襄公十五年），即王子午任楚令尹之年，铭文内容近乎就职誓词。铭文"正月初吉丁亥"即楚康王二年正月朔丁亥。

我推算的原则是：

---

① 本文原题《王子午鼎年代考》，载于《江汉考古》1987 年第 4 期。
② 赵世纲、刘笑春：《王子午鼎铭文试释》，《文物》1980 年第 10 期。

1.月相必须定点，不能相信"月相四分"。古人观象授时，纪年有太阳的运动周期，即《尧典》载"期三百有六旬有六日"；纪日干支已从殷代沿用数百年，序次不紊；又凭月相朔望，确定朔望月长度，大体取一大一小相间而凭月相做适当调整，加进大月以合月相。两望之间必朔，两朔之间必望。月相在天，有目共睹。朔望是不难掌握的。且司历专职，不会把十五说成十六，更不会说成十七；同样，不会将初一说成初二，更不会说成初三。月相若不定点，古人记月相何益？在制历无"法"可依的观象授时阶段，月相有重要意义。古人凭月相确定朔望，调整阴历与阳历的配合关系，"以闰月定四时成岁"。

2.春秋中期后，古人已掌握了十九年七闰的规律，连大月设置也大体符合四分历法则，二分二至已能测定就不难测出回归年长度即四分历岁实 $365\frac{1}{4}$ 日。《春秋》记 37 次日食，成公以后 22 次，记明朔日的竟有 21 次，可见春秋中期以后，朔日推算已相当准确。事实上，春秋后期用历已步入了四分历的大门。所以我们用四分历法推算王子午鼎历日，当不致有误。

3.根据本师张汝舟先生古天文说，《史记·历书·历术甲子篇》就是一部四分历法，记有殷历历元太初第一蔀甲子蔀七十六年的朔（前大余）和冬至（后大余）干支及余分（小余）。由于是"法"，自可以一蔀该二十蔀，贯通四分历法的古今。殷历以甲寅年甲子月甲子日甲子时（夜半）冬至合朔为历元，创制于战国初期，行用于周考王十四年即公元前 427 年。由于公元前 427 年（甲寅）于月朔不是甲子，纪日干支是己酉，不够格充当历元，只能称为历元近距，须上推十五蔀才得出太初历元，所以殷历太初元年甲寅在公元前1567年（15×76＋427＝1567），这样，从己酉蔀推演，制出"殷历二十蔀首表"。①

具体推算法，见拙文《西周七铜器历日的推算及断代》。②

襄公十五年（前558年）当入殷历乙卯蔀第二十二年。顺推，公元前552年入乙卯蔀第二十八年。乙卯蔀余27。

查《历术甲子篇》太初二十二年，原文是：

闰十三

大余二十八　　小余461

大余五十　　　小余8

蔀余加前大余，得是年冬至月（子月）朔日干支；蔀余加后大余，得是年冬至日干支。小余不变。

公元前558年，子月朔五十五，小余461，是年冬至日十七（27+50，逢60去之）。

查《一甲数次表》，无大余为0，为甲子，至癸亥59，己未55，辛巳17。

朔小余逢940分进一日，冬至小余每32分进一日。

一年十二个月朔日从子日朔起算，月大加30日，小余减441

---

①　《后汉书·律历志》，北京：中华书局，1965年，第3601—3062页。
②　张闻玉：《西周七铜器历日的推算及断代》，《社会科学战线》1987年第2期，第152—156页。本书后文亦有收录。

分；月小加 29 日，小余加 499 分。因为四分历朔望日长度是 29 $\frac{499}{940}$ 日，所以，公元前 558 年，

子月朔　五十五（己未）　　小余 461 分

丑月朔　二十五（己丑）　　20 分

闰月朔　五十五（戊午）　　519 分

寅月朔　二十四（戊子）　　78 分

楚行寅正，"归余于终"，闰在岁末十二月。正月戊子朔 78 分。

从子月小余 461 分可知，年前十月与十一月连大。即：十月大己丑，十一月大己未，十二月小己丑。

78 分是多少时间？前小余 940 分进一日，一分合今 1 分 32 秒，78 分合 1 时 59 分 30 秒，戊子 78 分与丁亥相差不是一日，而仅在两小时内，古人观象授时，制历不精，失朔半日仍应看做相合。超过半日，宁可不用；超过一天，则绝对不行。

如果不考虑年前十月与十一月连大，而用一大一小相间，则十月大己丑，十一月小己未，十二月大戊子，闰月小戊午，正月大丁亥，二月丁己……

与"隹正月初吉丁亥"合。楚康王当年的楚历就是这样排定的。四分历尚未行用，但楚历已与四分历法大体相合，仅有小余的不同，而小余是确定月大月小的依据。戊子分数小，司历看成丁亥；戊子分数大，司历可以说成己丑。这就是"失朔"。

如果我们再将公元前 557 年至 552 年的朔日一一推演，皆无"正月初吉丁亥"。

所以，我联系该鼎铭文断定，这是楚康王二年王子午任令尹时的就职誓词。自铸彝鼎，示主以忠。

值得一提的是，关于"初吉丁亥"的解说。"初吉"为朔不用说了。是不是所有书为丁亥者，皆是实实在在的丁亥日呢？我们以实际天象印证金文材料，春秋时代的铜器铭文书为"丁亥"者，多是一个公式化了的吉日代称罢了。说它公式化，也还不是宽泛无边，还必须以"亥"日为依托。这就是郑玄注《仪礼·少牢馈食礼》所云："不得丁亥，则己亥、辛亥亦用之，无则苟有亥焉可也。"不过，王子午鼎的"初吉丁亥"还是实实在在的丁亥日，这是以实际天象印证了的。

第四编

铜器历日与
西周王年

一、 西周铜器历日中的断代问题①

新近出土的铜器越来越多，正引吸着若干硕学之士进行深入的专门化研究，渐成一种新的学科。断代是铜器研究的基础，其重要意义不言自明。一般的断代研究，是就铜器的形、纹饰之类结合铭文所反映的文献有据的史实，确定制作的大体年代。这就是地下之宝与古代文献联合取证以断代的方法。从王国维先生以来，考古界都奉为成规沿用，确也取得不小的成绩。

大量的出土铜器中，铭文记有"王年、月、日、月相"者不少见，这些载有历日的铜器，仅仅对照史料以断代就远远不够了。事实上，大量铭文历日本身就已告诉了我们铜器制作的具体年月日。如果我们运用便捷简明的历术考求出铭文历日所反映的实际天象，断代就当然是万无一失、准确无误的了。

考求历日，必须做到天上材料（实际天象）、地下材料（出土文物）和纸上材料（典籍记载）三证合一，才算可靠，尤其应当重视实际天象。这是铜器历日断代的正确方向。

长期以来，我们的文物考古界对实际天象的推求还不甚了

---

① 本文原载于田昌五主编《华夏文明》（第 2 集），北京：北京大学出版社，第 384—405 页。

了，面对众多的铜器历日束手无策，或一知半解而误测臆断，或利用天文学家所定日月食典勘比以定月日，致众说纷纭，莫衷一是。这就大大有碍于学术的发展，实为文史研究工作的一大憾事。

铜器历日断代的症结在哪里？下面就几个主要问题逐一加以讨论。

（一）周代非用子正

由于刘歆"三统历"被历家推为三大名历之首，凡考核古历者多据"三统历"加以推演。铜器多铸制于西周、春秋，研究家便以三统之孟统（周历）推算铜器历日，好象也还说得过去，似乎顺理成章。又因古历有所谓"三正"之说，一讲周历，自然就以子正校取历日。这"周用子正"就铸成铜器历日断代的第一大错。

所谓"夏正建寅，殷正建丑，周正建子"之说，实是春秋中期以后对当时各诸侯国用历取正不同的概述，并非上溯三代，有什么夏朝历法建寅，殷朝历法建丑，周朝历法建子的规矩。这全是概念上的混乱。

一部《春秋》记有历日干支 394 个，有 37 次日食记载，700多个月名，后人据以排定历谱，大体可以确定每年的月建。如，昭公十五年经朔：子月大己未，丑月小己丑，寅月大戊午，卯月大戊子，辰月大丁巳……《春秋》载"二月癸酉，有事于武宫"，"六月丁巳朔，日有食之"。以此核对，己未朔，癸酉乃十五日，子月实为《春秋》所书"二月";"六月丁巳朔"正合辰月。这昭公十五年必是失闰，建亥为正，子月才顺次定为二月，辰月顺次为六月。

同理，如果推算出某年的实际天象，用铜器历日核对，月建也是明白无误的。

进一步研究《春秋》，可以发现：隐公、桓公、庄公、闵公共63三年，其中49年建丑，8年建寅，6年建子。说明春秋前期建丑为正。当闰不闰，必然丑正成子正；不当闰而闰，丑正必为寅正。建子、建寅，都看作是失闰。在观象授时的年代，失闰自不足怪。

春秋的丑正自何而来？当是接续西周。西周必是建丑，才可出现春秋前期的丑正。叔尃父盨"隹王元年六月初吉丁亥"，合平王元年午月丁亥朔，是平王元年为丑正。无吴簋"隹十又三年正月初吉壬寅"，合共和十三年（前829年）实际天象丑月壬寅朔。

如果将春秋及西周记载有观象授时的重要典籍，依据相同的天象条件排列为一张表，每月分天象（天）、气象（气）、物象（物）、农事活动（事）四项，比照内容，先民观象授时的概况就可了如指掌。

这样一经对照，我们可以发现：

1.《尧典》全年仲月星象正与《夏小正》《诗·七月》《月令》《淮南子·时则训》季月星象相应，可见《尧典》为寅正，其余四书为丑正。足见春秋以前，没有子正。《淮南子》虽汉代之书，《时则训》全抄《月令》，《月令》实春秋中期以前旧典。

2. 除《尧典》，余四书建正一致，但气象、物象小有差异，这是观察时地不同造成的。《月令》记载详于《夏小正》，足证《月令》的问世必在《夏小正》之后。

3. 典籍标明各月星宿"中、流、伏、内"四位，为揭示两周建正提供了天象证据。在这个基础上考证《诗·七月》及其他诗篇的用历，就可排除"三正论"的干扰，得到可信的结论。铜器历日的考求，同样只能立足于天象。凡春秋中期以前之器，自应以丑正校月，顾及少数失闰的建子或建寅，就不会出现差谬。

（二）月相必须定点

西周铜器历日断代常碰到的问题是月相。月相理解得正确与否直接关系着断代的准确性。由于王国维先生首倡"月相四分"，并用于考史，文史界至今对月相并无正确的解释。依四分说，一个月相可表达七八天之久的一个时段，谁能相信？由是，三分说，二分说，因之迭起，各持一端，争得没完没了。铜器历日的断代也就不可能得出什么正确结果。

在有规律地安排年、月、日的历法产生以前，包括岁星纪年在内都还是观象授时。在漫长的岁月，古人凭月相定朔望，确定朔日干支及置闰。"告朔"的重要，在西周的典籍中不乏记载。告朔是纳入朝廷大事，作为神圣的吉礼对待的。月相在天，圆缺隐现，人人可见，观测较易。两望之间必朔，两朔之间必望，朔望是不难掌握的。就是肉眼观测，也不会把十五说成十六，更不会说成十七；同样，不会把初一说成初二，更不会说成初三。从《周礼》知，司历是专职，当积累了长期的丰富经验，更不会在朔望上出现差错。朔望有差，就是亵渎神灵，冒犯天威，司历还不致于拿自己的脑袋去开这个玩笑。

这并不是说，就不允许肉眼的观测有误差。因为通过长期的观测，已逐渐认识到一个朔望月长度是二十九日半还稍多，一大一小相间安排朔望月大体可行，到一定时候得插入一个大月。这样，朔望就不致出差错。由于朔望月长度是二十九日半还稍多，而计量朔望月的日子是整日，月大三十，月小二十，计日不可以"半"，便可能有半日的误差。本是乙亥朔，因为分数小，司历定为甲戌朔；如果分数大，司历也可能说成丙子朔。这就是失朔。在观象授时的时代，失朔不可避免，是一种正常现象。但一般不会相差半日以上。只有在连大月插入失时，才有可能误差到大半天。失朔一天以上是不会有的。

有人说，月朔相差在一两日之内还应看作相合，那是今人臆断。通过大量的历日朔望推验，初一为朔，初三为朏，十五为望，十六既望，这在古人是毫不含糊的。只是在进入有历法的时代以后，对"朏"的解说反而两可了。说什么"承大月初二，承小月初三"（见《说文》），这是因为四分历后天，行用一久就会出现日食在晦的现象。历法后天，月牙初见的"朏"，当然也常在历日的初二甚至初一。同理说"望"，也可以说成"承大月十五，承小月十六"（见《释名》）。这种"朏初二，望十六"的现象在战国后期及秦汉之际本是事实。以之律古，好像两周时代也是如此模棱，那就有违史实了。战国以后，虽有历法，但推步有误差，使用一久，必然后天（后于天时而行事），而司历者过信推步，故反不及观象授时以月相定朔望来得准确。汉代这种模棱两可之说，给月相不定点论者以可乘之机，似乎古已有之，好像西周就如此了。可是有周一代，月相在观象授时中起着重要的定朔望的作用，决定了月相非定点不可。如果一个月相包括了好几天，还要月相做什么？月相不定点，月相本身就毫无价值。

既然古人以月相确定一月的朔望，月相中的朔望就至关重要。将已有的月相名词——分析，并用铜器历日推演勘合。可以断定，在观象授时的岁月，主要就记载着朔与望两个月相，其他月相名词都由此派生。比照如下：

晦：朔前一日

初一：朔、初吉、既死霸　　　十五：望、既生霸

初二：旁死霸　　　　　　　　十六：既望、旁生霸

初三：朏、哉生霸　　　　　　十七：哉死霸、既旁生霸

朔与望相对，有关月相也取其相对。朔之前有晦，惟望之前无月相而已。生霸、死霸非月相。刘歆说"死霸，朔也；生霸，望也"（见《汉书·律历志》）是错的，不足为月相定点说之凭。生霸当指月球受光面，死霸指月球背光面。既死霸、既生霸之"既"，取既尽之义。旁死霸、旁生霸是旁既死霸、旁既生霸之省，"旁"取旁近之义。既望为望之后一日，既旁生霸是旁生霸之后一日，两"既"取义相同，既已之既。吉与初吉，取日月交会为吉日之义，与其他月相名词取义于天象又有不同。

铜器铭文，已发现若干"辰在丁亥"（作日丁尊）"辰在丁未"、（宜侯矢簋）、"辰在丁卯"（师𩛥鼎）、"辰在甲申"（令彝），其"辰"亦指朔日。这是从推算中可以确定的。

关于月相定点之说，清人俞樾《生霸死霸考》大率可从。本文依张汝舟先生月相取朔与望为基准之说，较俞说更为完备。如果徵之铜器历日，无不吻合。

师虎簋："惟元年六月既望甲戌。"王国维先生解释说："宣王元年六月丁巳朔，十八日得甲戌。是十八日可谓之既望也。"王氏用孟统推算，未得实际天象，甲戌算到十八去了，不得不用"四分"来曲解月相。实际天象是，宣王元年子月辛卯日612分合朔（经朔、下同），六月己未287分合朔，六月己未287分合朔，既望十六，正是甲戌。

吴尊："惟二月初吉丁亥。……惟王二祀。"王国维氏说："宣王二年二月癸亥朔，则丁亥乃月五日。"然而吴尊非宣王器。宣王二年二月实际天象甲寅朔，非癸亥。查幽王二年公元前780年二月丁亥朔。吴尊实幽王时器。①

虢季子白盘："唯王十有二年正月初吉丁亥。"王国维氏说："宣王十二年正月乙亥朔，丁亥乃月三日。"如用四分术推之，天正子月大乙酉朔。丁亥为初三。考求实际天象，此年历法已先天1190分，实际天象是正月大丁亥762分合朔。

如果将王国维氏《生霸死霸考》所列铜器历日，一一考求出实际天象，则"月相四分"之说将不攻自破。

---

① 张汝舟先生定吴彝（吴尊）为懿王器，未从。

（三）推求实际天象

前已提及，用三统历之孟统推算历日得不出可靠的结论。要推求实际天象，还得用古人所行用的四分术殷历，才能符合古历之实际。

四分历的基本数据是定岁实为 $365\frac{1}{4}$ 日，推知朔策为 $29\frac{499}{940}$ 日。为调配年月日以相谐合，用了大于年的计算单位：章、蔀、纪、元。

一章：19 年　　235 月

一蔀：4 章　　76 年　　　　　940 月　　27759 日

一纪：20 蔀　　1520 年

一元：三纪　　4560 年

四分历明确"十九年七闰"，以配合一年四季与朔望月周期，使之相合。

朔望月与岁实完全调配无余分，必须 76 年才行。即 $365\frac{1}{4}×$ 76 = 27759 日。

一纪二十蔀，共 1520 年，甲子日夜半冬至合朔又回复一次。经过三纪一元，又回复到历元甲寅年甲子月甲子日甲子时（夜半）冬至合朔。

据张汝舟先生研究，《史记·历术甲子篇》就是殷历四分术之"法"，它将甲子蔀（四分历第一蔀）76年的朔闰一一确定下来，使之规律化；由此一蔀可以推知二十蔀，推知整个一元4560年的朔闰。

《历术甲子篇》列出每年前大余、前小余；后大余，后小余，《正义》云："大余者，日也。小余者，日之奇分也。"

前大余记年前十一月朔日干支，前小余记合朔时的分数（每日以940分计）；

后大余记年前冬至日干支，后小余记冬至时的分数（每日四分之，化 $\frac{1}{4}$ 为 $\frac{8}{32}$）。

如，太初二年前大余五十四，前小余348；后大余五，后小余8。

前大余指朔日干支，查《一甲数次表》，五十四为戊午；前小余为合朔时刻，在 $\frac{348}{940}$ 分。即太初二年子月戊午348分合朔。

后大余指冬至干支，查表，五是己巳；后小余即冬至时刻，在 $\frac{8}{32}$ 即 $\frac{1}{4}$ 日（卯时）。即太初二年子月己巳日卯时冬至。

《历术甲子篇》记甲子日干支为"无大余"，无大余即0，知癸亥59，以此列出"一甲数次表"：

一甲数次表

0	10	20	30	40	50
甲子	甲戌	甲申	甲午	甲辰	甲寅
1	11	21	31	41	51
乙丑	乙亥	乙酉	乙未	乙巳	乙卯
2	12	22	32	42	52
丙寅	丙子	丙戌	丙申	丙午	丙辰
3	13	23	33	43	53
丁卯	丁丑	丁亥	丁酉	丁未	丁巳
4	14	24	34	44	54
戊辰	戊寅	戊子	戊戌	戊申	戊午
5	15	25	35	45	55
己巳	己卯	己丑	己亥	己酉	己未
6	16	26	36	46	56
庚午	庚辰	庚寅	庚子	庚戌	庚申
7	17	27	37	47	57
辛未	辛巳	辛卯	辛丑	辛亥	辛酉
8	18	28	38	48	58
壬申	壬午	壬辰	壬寅	壬子	壬戌
9	19	29	39	49	59
癸酉	癸未	癸巳	癸卯	癸丑	癸亥

《历术甲子篇》所载前大余、前小余是记每年冬至之月（子月）朔日干支及余分，我们据此可以将甲子蔀76年每年12个月（闰年13个月）的朔日干支及余分全部推算出来。

基本方法是：月大加三十，月小加二十九，便得下月月朔日干支。小余的分数，月小加499分，月大减441分，得下月余分。月大月小取决于小余的分数：小余少于441分，该月必小；等于或大于 441 分，当月必大。

《历术甲子篇》只列殷历第一蔀甲子 76 年之大余小余，因为是"法"，是规律，自可以一蔀该二十蔀。

殷历四分术创制于战国初期，行用于周考王十四年（前 427 年），取甲寅年子月己酉朔夜半冬至合朔为历元近距。前推十五蔀得太初历元，由是编"殷历二十蔀首表"。

殷历二十蔀首表

一	甲子蔀 0	六	己卯蔀 15	十一	甲午蔀 30	十六	己酉蔀 45
二	癸卯蔀 39	七	戊午蔀 54	十二	癸酉蔀 9	十七	戊子蔀 24
三	壬午蔀 18	八	丁酉蔀 33	十三	壬子蔀 48	十八	丁卯蔀 3
四	辛酉蔀 57	九	丙子蔀 12	十四	辛卯蔀 27	十九	丙午蔀 42
五	庚子蔀 36	十	乙卯蔀 51	十五	庚午蔀 6	二十	乙酉蔀 21

要知某年之朔闰，当先以历元近距公元前 427 年或历元远距前 1567 年为基点，算出该年入殷历第几蔀第几年。"蔀"即殷历二十蔀，"年"即《历术甲子篇》76 年之年序。查出该年之前大余加该蔀之蔀余（指每蔀后列之数字），即得该年之子月朔日干支。如《睡虎地秦墓竹简》载，"秦王二十年四月丙戌朔丁亥"。先将秦王政二十年（前 227 年）纳入殷历丁卯蔀第四十九年。[①] 丁卯蔀蔀余为 3。查《历术甲子篇》太初四十九年前大余

---

① 入蔀的方法是从公元前 1567 年为起点，以每蔀 76 年，用"二十蔀首表"进行计算。如公元前 227 年的入蔀，方法是：（1567－227）÷76＝17……（余）48。从"二十蔀首表"中甲子蔀起下推十七蔀，得丁卯蔀。余 48，算外加 1。前 227 年当入殷历丁卯第 49 年。

五十一，前小余 747 分。知秦王政二十年子月（十一月）朔戊午（蔀余丁卯 3，加前大余五十一，戊年五十四）747 分合朔。全年各月朔日及余分由此推求。为推求方方便，将甲子蔀 76 年朔日大小余列表于下：

历术甲子篇朔日表

1	○　朔	0	20	三十九	705	39	十九	470	58	五十九	235
2	五十四	348	21	三十四	113	40	十三	818	59	五十三	583
3	四十八	696	22	二十八	461	41	八	226	60	四十七	931
4	十二	603	23	五十二	368	42	三十二	133	61	十一	838
5	七	11	24	四十六	716	43	二十六	481	62	六	246
6	一	359	25	四十一	124	44	二十	829	63	○	594
7	二十五	266	26	五	31	45	四十四	736	64	二十四	501
8	十九	614	27	五十九	379	46	三十九	144	65	十八	849
9	十四	22	28	五十三	727	47	三十三	492	66	十三	257
10	三十七	869	29	十七	634	48	五十七	399	67	三十七	164
11	三十二	277	30	十二	42	49	五十一	747	68	三十一	512
12	五十六	184	31	三十五	889	50	十五	654	69	五十五	419
13	五十	532	32	三十	297	51	十	62	70	四十九	767
14	四十四	880	33	二十四	645	52	四	410	71	四十四	175
15	八	787	34	四十八	552	53	二十八	317	72	八	82
16	三	195	35	四十二	900	54	二十二	665	73	二	430
17	五十七	543	36	三十七	308	55	十七	73	74	五十六	778
18	二十一	450	37	一	215	56	四十	920	75	二十	685
19	十五	798	38	五十五	563	57	三十五	328	76	十五	93
									77	三十九	0

四分术岁实为 365 $\frac{1}{4}$ 日，与一个回归年长度 365.2422 日比较，只是密近而并不相等，由此产生的朔策 29 日 499 分也就必然与实测有一定误差。积 307 年差一日，即每年差分 3.06 分（940÷307＝3.06）如果用殷历四分术即《历术甲子篇》之"法"来推演，再算上每年所浮 3.06 分，上推千百年至殷商西周，下推千百年至 20 世纪 80 年代，所得朔闰也能与实际天象密近（区别只在平朔与定朔、平气与定气而已）。

因为四分术的殷历行用于公元前 427 年，所以推算前 427 年之前的天象，每年当加 3.06 分；推算前 427 年之后的天象，每年当减 3.06 分。简言之，即前加后减。① 自王国维先生以来的文史考古学家不明白这个道理，用刘歆之孟统推算西周历日，总是与铭器所记不合，总有两天三天的误差。根本原因是没有考虑年差分，即使用四分术推算，也得不出实际天象。

关于《历术甲子篇》后大余、后小余即一年二十四节气的推求，请参看《学术研究》1985 年第 6 期《古代历法的置闰》一文，此处从略。

---

① 四分历与实际天象有一定误差。四分历行用之前，用四分历推演则历术先天，故当加上年差分；四分历行用之后，历法后天，须减去年差分，才能得到实际天象。

（四）铜器断代举例

其一，小盂鼎

铭文历日是："隹八月既望，辰在甲申。粤若翌日乙酉。隹王卅又五祀。"

历来定小盂鼎与大盂鼎同为康王时器。旧释"廿又五祀"，今查《三代吉金文存》，实"卅又五祀"，当定为"三十五年"器。考求实际天象，康王廿五年或成王卅五年均不合。非康王器可明。

此器既记月相"既望"，又记"辰在甲申""粤若翌日乙酉"等干支，确有特殊之处，值得加以考求。

干支"乙酉"在甲申之后，自不待言。需要弄清楚的是，"既望"与"辰在甲申"的关系。

令彝载："惟八月辰在甲申……隹十月月吉癸未。""月吉"即朔日，是十月癸未朔，则八月必甲申朔。"辰在甲申"之"辰"指朔日无疑。这正符合《左传·昭七年》的解说——"日月之会是谓辰"。金文记有"辰在××"者已发现十余器，细加推求，其"辰"无一不是朔日。

此器（小盂鼎）记月相"既望"，未记干支。后面补记朔日甲申，则既望干支自明。即八月甲申朔，既望十六己亥。

小盂鼎所记是：隹王三十五年八月甲申朔。二日乙酉。既望己亥。

查考实际天象，西周前期唯公元前 1007 年与此历日可以大体相合。

公元前 1007 年入殷历丁酉蔀第 29 年。

查《历术甲甲子篇》（用前列《历术甲子篇朔日表》），太初二十九年：大余十七，小余 634。

四分术先天（1007−427）×3.06＝1775 分

33＋17＝50　　　　　　（丁酉蔀蔀余加前大余）

634＋1775＝2409　　　　（前小余加年差分）

小余 940 分进一，入前大余，余数为后小余 2409÷940＝2 余 529。因此，公元前 1007 年子月五十二（蔀余 33＋前大余 17＋小余分数除以 940 之商 2）（大余）、529 分（小余）。

实际天象是：

子月丙辰 529 分　丑月丙戌 88 分　寅月乙卯 587 分

卯月乙酉 146 分　辰月甲寅 645 分　巳月甲申 204 分

午月癸丑 703 分　未月癸未 262 分　申月壬子 761 分

酉月壬午 320 分　戌月辛亥 819 分　亥月辛巳 378 分

是年子正，冬至在丙寅，失闰十九天。七月癸丑 703 分，分数大，司历定为甲寅朔；八月续定为甲申朔。所以说"大体相合"。

公元前 1007 年是何王之何年呢？据张汝舟先生《西周考年》定武王克商在前 1106 年，成王在位 37 年，康王 26 年，昭王 35

年，加武王在位 2 年，公元前 1007 年正是昭王三十五年。只要我们细审《三代吉金文存》小盂鼎拓本，确认是"卅五年"，则非康王器可明。至于大盂鼎，为廿三祀，未记日干支不便比勘实际天象。与小盂鼎同属一王，则无异义，也当定为昭王器。昭王二十三年即前 1019 年。

其二，"司马共组"

刘启益先生在《微氏家族铜器与西周铜器断代》[①] 一文中，将所谓"司马共组"的师晨鼎、癲盨、谏簋以及太师虘簋、望簋五器定为懿王时器。如果考以实际天象，此五器无一合懿王。

1. 师晨鼎："隹三年三月初吉甲戌。"

懿王三年为公元前 934 年（用张汝舟先生说，下同）三月辛亥朔，不合。只合厉王三年（前 876 年）三月乙亥 166 分合朔。

以实际天象考之，前 876 年入殷历乙卯蔀第八年。乙卯蔀蔀余 51。

查《历术甲子篇》太初八年，前大余十九，前小余 614。

历法先天（876−427）×3.06＝1374 分

51＋19＝70　　　　　　（蔀余加前大余）

614＋1374＝1988　　　　（前小余加年差分）

小余 940 分进一，入前大余。1988÷940＝2 余 108。

前 876 年子月实际天象丙子（十二）108 分合朔。

---

① 刘启益：《微氏家族铜器与西周铜器断代》，《考古》1978 年第 5 期。

正月丙子 108 分

二月乙巳 607 分

三月乙亥 166 分

四月甲辰 665 分

五月甲戌 224 分

因为三月乙亥分数小，司历定为甲戌朔，合。

2. 瘐盨："隹四年二月既生霸戊戌。"

《发掘简报》说："铭中周师录宫及司马共，又见于师晨鼎。师晨鼎的时代，有懿王和厉王二说。"

考求实际天象，懿王四年二月丙子朔，不合。师晨鼎为厉王器，瘐盨当定为厉王。厉王四年即前 875 年，入殷历乙卯蔀第九年，乙卯蔀蔀余 51。查《历术甲子篇》太初九年闰十三，前大余十四，小余 22。

四分历先天（875−427）×3.06＝1371 分

51＋14＝65　　　　　（蔀余加前大余）

22＋1371＝1393　　　（前小余加年差分）

1393÷940＝1 余 453

公元前 875 年实际天象：子月庚午（六）453 分合朔

子月庚午 453 分　　　丑月庚子 12 分

闰月己巳 511 分　　　寅月己亥 70 分

卯月戊辰 569 分　　　辰月戊戌 128 分（下略）

是年丑正，二月己亥 70 分合朔。因为分数小，司历定为二月戊戌朔。

朔即既死霸。定瘭盨为厉王器，则铭文"既生霸"显为"既死霸"之误。金文错字不鲜见。南季鼎五十余字的铭文中就错了三个。伯寬父盨"佳卅又三年八月既死辛卯"，"既死"显误。卫鼎"佳正月初吉寅戌佳王五祀"，"寅戌"亦误。金文历日误字，唯有以实际天象方可辨正。①

3. 谏簋："佳五年三月初吉庚寅。"

懿王五年三月甲戌朔，不合。只合夷王五年（前 889 年）三月庚寅朔。公元前 889 年入丙子蔀第七十一年，丙子蔀蔀余 12，查《历术甲子篇》太初七十一年，前大余四十四，小余 175。

四分历先天（889−427）×3.06＝1414 分

---

① 1978 年 9 月岐山凤雏村出土的伯寬父盨，实厉王器。此器与厉王卅一年㝬攸从鼎前后相符。实际天象，厉王三十三年（前 846 年）八月丁丑朔，既生霸十五辛卯。"既死"为"既生霸"之误。

五祀卫鼎实共王器。"寅戌"今人咸断为"庚戌"。实际天象，共王五年（前 947 年）正月戊戌朔。"寅戌"实为"戊戌"之误。此器与共王十五年趞曹鼎历日前后相符。

永盂为共王器，铭文"佳十又二年初吉丁卯"，脱月，实际天象，共王十年（前 942 年）二月丁卯朔。知为"十年二月初吉丁卯"之误。前与五祀卫鼎，后与十五年趞曹鼎彼此密合无间。查共王十二年天象，子月丁巳朔，丑月丙戌朔，寅月丙辰朔，……皆不相符。永盂为共王十年器无疑。

如前法，蔀余加前大余，小余加年差分，小余 940 分进一，入前大余。得公元前 889 年实际天象：

子月辛酉　　　　　　649

正（丑）月辛卯　　　208

二（寅）月庚申　　　707

三（卯）月庚寅　　　266（下略）

刘启益先生文章说："这三件铜器，王所在的宫相同，右者（傧相）也相同，应为一个王世所作……为了简便起见，我们称为司马共组。"①

为什么好像一个王世的铜器，竟分属二王？这是铜器铭文所载历日决定的。历日的推考，代表了实际天象，不是人为之制，假不得的。如果假定三器为懿王，则三年、四年、五年相续，排比历朔，一定无法弥缝其说。可见不是一个王世。董作宾先生说："以金文组分列，司马共当在两组，其一为厉王，其一必为夷王。"② 董定夷王在位 46 年，不可从。夷王五年的司马共（谏簋）到厉王四年的司马共（瘐）已是任职近五十年的老司马了！张汝舟先生《西周考年》定夷王在位 15 年，司马共组数器既密合实际天象，又近乎情理。得之。

----

① 刘启益：《微氏家族铜器与西周铜器断代》，《考古》1978 年第 5 期。

② 董作宾：《西周年历谱》，《董作宾先生全集甲编》（第一册），第 249—328 页。

4. 太师虘簋："正月既望甲午。隹十又二年。"

懿王十二年正月庚寅朔，既望十六己卯。不合。此器合夷王十二年（前882年）正月庚辰359分合朔。失朔359分，可用。

公元前882年入乙卯蔀第二年。蔀余51。

太初二年前大余五十四，小余348。

$$四分历先天　（882-427）×3.06＝1392\ 分$$

如前法，蔀余加前大余，小余加年差分，得公元前882年子月庚戌朔800分。

正（丑）月庚辰　359

二（寅）月己酉　858

三（卯）月己卯　417（下略）

既望十六甲午，则己卯朔。庚辰分数小，司历说成己卯，差在半日之内。合。

5. 望簋："惟十又三年六月初吉戊戌。"

过去定望簋为共王时器。查共王十三年朔闰不合。刘先生定为懿王。懿王十三年六月壬子朔，不合。此器合穆王十三年（前994年）六月戊戌朔。

公元前994年入殷历丁酉蔀第四十二年。丁酉蔀蔀余33。太初四十二年前大余三十一，小余133。

四分历先天 (994−427)×3.06＝1735 分

如前法，蔀余加前大余，小余加年差分，得公元前 994 年实际天象：

子月庚午	928
丑月庚子	487
寅月庚午	46
卯月己亥	545
辰月己巳	104
巳月戊戌	603 （下略）

是年失闰建子，冬至丙子。六月戊戌朔。

其三，微窖铜器四件

1976 年扶风庄白大队出土了一批微窖铜器，其中四件：

旅尊：十有九祀五月戊子。王在斥。

裘卣：十有九年。王在斥。

趞尊：十有三月辛卯。王在斥。

中甗：十有三月庚寅。王在寒𬀪。

唐兰先生定诸器为昭世，黄盛璋氏定为康世。因铭文有"王在斥"，断定"十有三月"为十八年闰十二月，再接续十九年月朔干支。

昭王十八年为公元前 1024 年，入殷历丁酉蔀十二年。蔀余 33。太初十二年前大余五十六，小余 184 分。

四分历先天 （1024−427）×3.06＝1827 分

如前法，蔀余加前大余，小余加年差分。得前 1024 年实际天象：

子月乙未 131 分……闰十二月己丑 476 分

前 1023 年昭王十九年实际天象：

正月己未
二月戊子
三月戊午
四月丁亥
五月丁巳
（下略）

即，昭王十八年闰十二月己丑朔，初二庚寅（中甗），初三辛卯（趠尊），昭王十九年五月丁巳朔，初二戊午（旟尊）。丁巳朔，月内无戊子，戊子为戊午之误。若定为康王器，康王十八年即公元前 1050 年，实际天象是：闰十二月庚寅朔（中甗），初二辛卯（趠尊）；康王十九年正月己未，二月己丑，三月戊午，四月戊子，五月丁巳，六月丁亥（下略）。五月丁巳朔，无戊子，初二戊午（旂尊）。足证戊子为戊午之误。庚寅为朔，中霾不能不记，可见非康王器。

此四器以实际天象考求，合昭世。还有一点可以肯定：戊子为戊午之误。

其四，无王年之器

以上为备记王年、月、日、月相之铜器者。下列几器，无王年，只有月、月相、日干支。试以实际天象考求断定年代。

1. 1963 年于蓝田出土之弭伯簋：隹八月初吉戊寅。

2. 1973 年于长安马王村出土之卫簋：八月初吉丁亥。

3. 1976 年于扶风庄白大队出土之辅师嫠簋：九月既生霸甲寅。

黄盛璋以为后两器，王均在康宫，右者均为荣伯，两铭皆有"曾令"即"增命"，必为同一王世同年所作。[①] 三器铭文皆有"荣伯入右"，大体可定为同一王世。唯定后两器为同年作，则似武断。考之实际天象，唯昭王乃合。

昭十五年（前 1027 年）实际天象是：子月壬午，正月壬子，二月辛巳，三月辛亥，四月庚辰，五月庚戌，六月己卯，七月己酉，八月戊寅 709 分，九月戊申（下略）。

昭廿九年（前 1013 年）实际天象是：子月辛卯 281 分，正月庚申，二月庚寅，三月乙未，四月己丑，五月戊午，六月戊子，七月戊午，八月丁亥 513 分，九月丁巳（下略）。

---

① 黄盛璋：《历史地理与考古论丛》，济南：齐鲁书社，1982 年，第 336 页。

昭卅二年（前 1010 年）实际天象是：子月癸卯 875 分，二月癸酉，三月壬寅，四月壬申，五月壬寅，六月辛未，七月辛丑，八月庚午，九月庚子 167 分，十月己巳（下略）。九月庚子朔，十五既生霸甲寅。

以实际天象求之，弥伯簋为昭王十五年器，卫簋为昭王廿九年器，辅师嫠簋为昭王卅二年器。①

以实际天象为依据编制西周历谱是完全可行的。张汝舟先生的《西周经朔谱》就是这样编制的。只要考虑建正与置闰，失朔与失闰，使用起来十分方便。

如 1976 年扶风庄白大队出土的作日丁尊（商尊）铭文有：佳五月辰在丁亥，帝后赏庚姬贝卅朋。黄盛璋以为，置于晚殷，并无不合。

置于何年何王？似难以考求，这涉及武王克商的年代。但实际天象并无什么限制。查张舟先生《西周经朔谱》，公元前 1111 年子月庚申 213 分，正月己丑，二月己未，三月戊子，四月戊午，五月丁亥 828 分，六月丁巳（下略）。

这就明确告诉我们：公元前 1111 年实际天象与作日丁尊（商尊）铭文历日合。

至于前 1111 年为何王何年？各家说法不一。僧一行定是年为克商之年。张汝舟先生定克商之年为前 1106 年，则是年即武王六年，亦属晚殷。②

---

① 若从《仪礼》郑玄注，亥日亦记为丁亥，昭王卅一年八月初吉乙亥，则可定卫簋为昭王卅一年器，与辅师嫠簋铭文似更密合。当另文述及。

② 张汝舟：《二册室古代天文历法论丛》，第 158—188 页。

有人认为，西周历法真相难明，无法编定历谱；或以为，根据已制定的西周历谱去解决青铜器断代问题，十有八九是靠不住的。这都是忽视实际天象的作用所致。因为不能推求出实际天象，也就只好这样说了。战国时代的孟子就十分自信地说过"天之高也，星辰之远也，苟求其故，千岁之日至，可坐而致也"。① 孟子的话不过是战国时人利用殷历四分术推算时令节气的真实写照。难道我们今天还不能依据实际天象编制出西周一代的历谱吗！

张汝舟先生 20 世纪 50 年代就编定了《西周经朔谱》及《春秋经朔谱》，将古代文献所记这两个时期的历日及有关铜器历日一一勘合，贯穿解说，对前人之误见逐一加以澄清。两谱既是对两周文献历日的研究成果，也是我们研究两周文史的极好工具。② 信而有徵，完全是因为他立足于实际天象，又考之于出土器物历日，征之于文献记载，做到了天上材料、地下材料和纸上材料的"三证合一"。没有个人的臆度，结论是可靠的。

1985 年 11 月于长春

---

① （清）焦循：《孟子正义》，北京：中华书局，1987 年，第 588 页。

② 董作宾先生的《西周年历谱》也是依据实际天象编制的，当同样可信。然董氏信"三正论"，将周代岁首（正）固死在子月，而不知当时制历为观象授时，还是随时观测随时置闰。董氏又误在月相定点不彻底，既望可释为十六、十七、十八，计三天，既望牵制着望，望牵制着朔，既望不固定，则整个体系必生动摇。致使铜器断代多出私臆，据金文历日所定王年于历王元年之前误失尤多。尽管如此，如果排除所定王年，《西周年历谱》的科学性与实用性还是必须充分背定的。且董氏的研究方法实超乎同代学人，更应引起重视。

二、 西周金文"初吉" 之研究①

（一）传统解说不容否定

西周行用朔望月历制，朔与望至关重要。朔称初吉、月吉，或称吉，又叫既死霸（取全是背光面之义，死霸指背光面），或叫朔月。这种种称名，反映了周人对月相的重视以及朔日在历制中的特殊地位。

传统的解说，初吉即朔。

《诗经·小雅·小明》"正月初吉"，毛传："初吉，朔日也。"

《国语·周语上》"自今至于初吉"，韦注："初吉，二月朔日也。"

《周礼·地官司徒》"月吉，则属民而读邦法"，郑注："月吉，每月朔日也。"

《论语》"吉月必朝服而朝"，孔曰："吉月，月朔也。"

---

① 本文原载于《考古与文物》1999 年第 3 期、《六盘水师范高等专科学校学报》1999 年第 3 期，后以《金文"初吉"之研究》为题，收入《西周纪年研究》中。

《诗经·小雅·十月之交》"朔月辛卯"，唐石经作"朔日辛卯"。

《礼记·祭义》"朔月月半，君巡牲"。

《礼记·玉藻》"朔月大牢"，陈澔《集说》："朔月，月朔也。"

日本竹添光鸿《毛诗会笺》云：古人朔日称朔月。《仪礼》《礼记》皆有朔月之文。《尚书》或称元日、上日而不曰朔日。即望亦但曰月几望或既望而不曰望日，故知经文定当以朔月为是也。凡月朔皆称朔月。《论语》亦以月吉为吉月。古人多倒语，犹《书》之"月正元日"乃正月元日也。

《周礼·天官》"正月之吉"，郑注："吉谓朔日。"

《周礼·地官司徒》"及四时之孟月吉日"，郑注："四孟之月朔日。"

郑玄，作为两汉经学之集大成者，对"朔为吉日"的认识是十分明确的，或称月吉，或称吉日，或称吉，都肯定了朔为吉日这一点。

朔即月初一，故称初吉，亦属自然。这与望为吉日亦相对应。朔望月历制，朔为吉日，望亦为吉日。《易·归妹》"月几望，吉"可证。

毛传释初吉为朔日，韦昭注《国语》"初吉"为朔日，反映了古人对初吉的正确认识。

尤其当注意的是，初吉为朔的解说，两千年来没有任何一位严肃的学者持有异义。

我们没有理由不尊重文献。应当说，传统对于初吉的解说是难以否定的，是不容否定的。

（二）朔望月历制

西周是明白无误的朔望月历制，绝对不是什么"朏为月首"。我们从载籍文字中可以找到若干证据：

> 《周礼·春官宗伯》："大史掌建邦之六典，以逆邦国之治……正岁年以序事，颁之于官府及都鄙"（郑注：中数曰岁，朔数曰年。中朔大小不齐，正之以闰，若今时历日矣。定四时，以次序授民时之事），颁告朔于邦国（郑注：天子班朔于诸侯，诸侯藏之于祖庙。至朔，朝于庙，告而受行之。郑司农云，以十二月朔布告天下诸侯）。

这里的告朔之制，当然也包括西周一代。依郑玄说，岁指回归年长度（阳历），年指十二个朔望月长度（阴历），两者不一致，添加闰月来协调。这就是周代的阴阳合历体制。

根据《周礼·春官宗伯》的记载，西周一代，"保章氏掌天星，以志星辰日月之变动"，强调天象的观察与记录；"冯相氏掌十有二岁，十有二月，十有二辰，"侧重在历术的推求。

《礼记·玉藻》"天子听朔于南门之外。闰月则阖门左扉，立于其中"。陈澔《集说》引"方氏曰：天子听朔于南门，示受之于天。诸侯听朔于太庙，示受之于祖。原其所自也"。

历术是皇权的象征，掌握在周天子手中，天子于南门从冯相氏得每年十二个月朔的安排，然后班朔于诸侯，诸侯藏之于祖庙。至朔，朝于庙（即"听朔于太庙"），告而受行之。历术推求的依据是天象，所以"示受之于天"，"原其所自也"。

《逸周书·史记解》"朔望以闻"，是记周穆王时事。朔望月历制是明明白白的。

《礼记·祭义》"朔月、月半，君巡牲"。这当然是说，初一与十五，人君巡视之。这难道不是朔望月的明证？

《吕氏春秋》保存了先秦的若干旧说，上至三皇五帝，史料价值不可忽视。《贵因》载："夫审天者，察列星而知四时，因也；推历者，视月行而知晦朔，因也。"

视月行，就是观察月相。干什么？确定晦朔而已。很明白，观察月相就是为了确定一年十二个月朔的干支，以"颁告朔于邦国"。

《逸周书·宝典解》"维王三祀二月丙辰朔"，历日清清楚楚。过去说此篇是记武王的。事实上，历日唯合成王亲政三年。《宝典解》反映了西周初期施行朔望月历制。《逸周书》成书于西周以后，而这个历日当是前朝的实录，绝不是后人的伪造或推加。这是"朏为月首"说无法作出解释的。

《汉书·律历志·世经》云："古文《月采》篇曰'三日曰朏'。"师古注：《月采》，说月之光采，其书则亡。——这也许是记录月相的专著，可惜我们已不能见到了。刘歆是见过的，他持定点说当有充分依据。《月采》明确朏是初三，不是月首。"朏为月首"是没有依据的。

大量出土的西周器物证实，西周历制是朔望月而不是"朏为月首"。

作册矢令方彝"佳八月辰在甲申……丁亥……佳十月月吉癸未……甲申……乙酉……"。"辰在××"是周人表达朔日的一种固定格式，出土器物已有二十余例，校比天象无一不是朔日。推比历朔知：八月甲申朔，初四丁亥；九月甲寅朔（或癸丑朔）；十月癸未朔，甲申初二，乙酉初三。"月吉癸未"即朔日癸未，与文献记载亦相吻合。令方彝的八月、十月，中间无闰月可插，一个月就只有一个朔日即一个月吉，这怎么能"说明西周时代每个月都可能有若干个吉日"呢？

西周金文记载初吉尤多，初吉即朔，足以证成西周是朔望月制而不是"朏为月首"。

常识告诉我们，历术是关于年月日的协调。日因于太阳出没，白昼黑夜，是计时的基本单位；年以太阳的回归年长度为依据，表现为寒来暑往，草木荣枯，《尧典》有"期三百有六旬有六日，以闰月定四时成岁"；而月亮的隐现圆缺，只能靠肉眼观察。西周制历，尚未找到年月日的调配规律，只能随时观察随时置闰，一年十二个月朔的确定也靠"观月行"。这就是西周人频频记录月相的原由。

日与年易于感知，观象授时的主要内容是观察月相，两望之间必朔，两朔之间必望，朔望月规律是不难掌握的。何况司历专职，勤劬观察，不会将初一说成初二，更不会说成初三。肉眼观察的失朔限度也只在半日之内。

董作宾先生以为，知道日食就会知道朔，知道月食就会知道望，朔望月历制当追溯到殷商。

持"朒为月首"说者以为，"朔"字在西周后期才出现，猜想西周前期当是"朒为月首"。殊不知，殷商后期以来，朔望的概念十分明确，表达朔日的词语甚多：初吉为朔，既死霸为朔，月吉（吉月）为朔，"辰在××"为朔。并非一定要用"朔"字不可。

西周一代，未找到协调年月日的规律，月相的观察就显得特别重要，文献以及出土器物有关月相的记载就特别多。到了春秋中期以后，十九年七闰已很明确，连大月设置也逐渐有了规律，朔日的推演已不是难事。所以，鲁文公"四不视朔"，"子贡欲去告朔之饩羊"，不仅证实西周以来的告朔礼制已经走向衰败没落，还反映出四分术的推演已为司历者大体掌握。历术已由观象授时上升到推步制历，已从室外观月步入室内推算。这样，月相的观察与记录自然就不那么重要了。这就是春秋以后，作为月相的"既死霸""既生霸""既望"在金文中基本消失的原因。

（三）初吉即朔

西周金文大量使用"初吉"，凡可考知的，无一不是朔日。

有的器铭，年、月、月相、日干支具全，校比天象，十分方便。利用张培瑜先生《中国先秦史历表》，便可一目了然。

例1，𤔲攸从鼎：佳卅又一年三月初吉壬辰。（《大系》126）校比厉王三十一年（前848年）天象，丑正，三月壬辰朔。

例2，无㠱簋：佳十又三年正月初吉壬寅。（《大系》120）校比共和十三年（前829年）天象，丑正，正月壬寅朔。

例 3，虢季子白盘：隹王十有二年，正月初吉丁亥。（《大系》103）

校比宣王十二年（前 816 年）天象，子正，正月丁亥朔（定朔戊子 03^{h}49^m，合朔在后半夜，失朔不到 4 小时）。

例 4，叔尃父盨：隹王元年六月初吉丁亥。（《考古》1965.9）

校比平王元年（前 770 年）天象，丑正六月丁亥朔（定朔戊子 02^{h}01^m，失朔仅 2 小时）。

厉王以前的若干铜器，因王年尚无共识的结论，仅举几例说明之。

例 5，谏簋：隹五年三月初吉庚寅。（《大系》117）

校比夷王五年（前 889 年）天象，丑正，三月庚寅朔。

例 6，王臣簋：隹二年三月初吉庚寅。（《文物》1980.5）

校比懿王二年（前 915 年）天象，丑正，三月庚寅朔。

例 7，柞钟：隹王三年四月初吉甲寅。（《文物》1961.7）

校比懿王三年（前 914 年）天象，丑正，四月甲寅朔。此器与王臣簋历日前后连贯，丝毫不乱，列为同一王世之器，更可证成初吉即朔。

总之，初吉即朔，这是金文历日明确记载的，绝不是泛指某月中的任何一日。

（四）关于静簋

刘雨先生在《再论金文"初吉"》中把静簋历日作为立论的

主要依据，① 以此否定初吉为朔，这就有必要重点讨论了。

刘先生说："西周金文中……只有静簋记有两个'初吉'，而且相距不到三个月，没有历律和年代等未知因素干扰，是西周金文中最能说明'初吉'性质的珍贵资料，这就是我为什么特别重视静簋的原因。"

过去我将静簋视为厉王三十五年器，"六月初吉丁卯"合公元前844年天象，"八月初吉庚寅"合前843年天象，两个初吉间隔一年，与何幼琦先生的认识暗合。刘雨先生此文给我以启发，两初吉确实当为一年之内的两初吉，不必间隔一年。不过，两初吉的解说都当指朔日，而不是泛指某月中任何一日。

排比静簋历朔知：六月丁卯朔，七月当丙申朔（或丁酉朔），八月丙寅朔。

这个"丙寅"，铸器者并不书为丙寅，而是书为吉日庚寅。这就是静簋"六月初吉丁卯……八月初吉庚寅"的由来。

我们在研究金文历日中发现，除了丁亥，古人亦视庚寅为吉日。一部《春秋》，经文记有八个庚寅日，几乎都系于公侯卒日，《左传》十一次记庚寅日，几乎都涉及戎事。大事择庚寅必视庚寅为吉利。至于西周铜器铭文，书庚寅者甚夥。查厉宣时代器铭，其书庚寅者多取其吉利，实非庚寅日而多为丙寅或其他寅日。

例1，裘盘，隹廿又八年五月既望庚寅。（《大系》126）

此器为宣王二十八年器，校比公元前800年天象，冬至月朔甲寅，建寅，五月辛亥朔，既望十六丙寅。裘盘书为"既望庚

---

① 刘雨：《再论金文"初吉"》，《中国文物报》1997年4月20日。

寅"，取其吉利。

例 2，克钟：隹十又六年九月初吉庚寅。（《大系》112）

例 3，克盨：隹十又八年十二月初吉庚寅。（《大系》123）

克钟与克盨，作器者为同一个人。克钟历日合宣王十六年（前 812 年）天象：九月庚寅朔。据历朔规律知，有十六年九月初吉庚寅，就不得有十八年十二月初吉庚寅，两器历日彼此不容。现已肯定克钟为宣王器，克盨历日又不合厉王，只能定为宣王器。

校比宣王十八年（前 810 年）天象，建子，十二月戊寅朔。克盨书戊寅朔为"初吉庚寅"，取庚寅吉利之义。似乎只有这唯一的解说，历日方可无碍。

金文"庚寅"往往并非实实在在的庚寅日，为取庚寅吉利之义，凡丙寅、戊寅皆可书为庚寅。这就是我们在研究铜器历日中所归纳出来的"庚寅为寅日例"。

以此诠释静簋两个初吉历日，并无任何扞格难通之处。只能证成初吉即朔，初吉并不作其他任何解说。

（五）关于师兑簋

刘雨先生说，静簋并非孤证。又举出师兑簋两器作为初吉非朔的佐证，以此否定传统说法。为了弄清事实真相，看来师兑簋两器也有讨论的必要。

师兑簋甲：隹元年五月初吉甲寅。（《大系》154）

师兑簋乙：隹三年二月初吉丁亥。（《大系》155）

按：排比历朔，元年五月甲寅朔，三年二月不得有丁亥朔，只有乙亥朔。从元年五月朔到三年二月朔，其间经 21 个月，12 个大月，9 个小月，计 621 日。干支周 60 日经十轮，余 21 日。甲寅去乙亥，正 21 日。可见任何元年五月甲寅朔到三年二月不可能有丁亥朔。甲寅去丁亥 33 日，显然不合。师兑簋两器，内容彼此衔接，不可能别作他解。三年二月初吉丁亥，实为二月初吉乙亥。是乙亥书为丁亥。书丁亥者，取其大吉大利之义。

六十个干支日，丁亥实为一个最大的吉日，故金文多用之。器铭"初吉丁亥"，若以丁亥朔释之，则往往不合。若以乙亥朔或其他亥日解说，则吻合不误。

《仪礼·少牢馈食礼》"来日丁亥"，郑注："丁未必亥也，直举一日以言之耳。《禘于太庙礼》曰'日用丁亥'，不得丁亥，则己亥、辛亥亦用之。无则苟有亥焉可也。"郑玄对丁亥的解说再明白不过了，丁亥当以亥日为依托。

再举一例，伊簋：隹王廿又七年正月既望丁亥。(《大系》125)

按：既望十六丁亥，必正月壬申朔。伊簋，郭氏《大系》、吴其昌氏、容庚氏列为厉王器，董作宾氏列为夷王器，均与实际天象不合。校比宣王二十七年（前 801 年）天象，冬至月朔庚申，建子，正月庚申朔，有既望十六乙亥。器铭书为"既望丁亥"，乃取丁亥吉祥之义。

除此之外，大簋、大鼎、师毳簋诸器都能说明问题。这就是我们在研究金文历日条例中所定下的"丁亥为亥日例"。

遍查西周铜器历日，唯丁亥为多，乙亥次之，庚寅又次之。细加考察，乙亥实为吉日丁亥与吉日庚寅之桥梁。至迟商代后，便视丁亥为吉日。从月相角度说，朔为吉日，望亦为吉日，而真正的月满圆多在十六，故既望亦为吉日。故有初吉乙亥，亦有既望乙亥。初吉乙亥，必有十六既望庚寅，是庚寅亦得为吉日。故有既望庚寅，又有初吉庚寅。金文中，凡丁亥、乙亥、庚寅，不可都视为实指。凡亥日，或书为丁亥，也可书为乙亥；凡寅日，可书为庚寅，皆取其吉利之义。

总之，在涉及出土器物铭文历日的研究中，我始终觉得，要将文献材料、器物铭文与实际天象（历朔干支）紧密联系起来，做到"三证合一"，才会有可信的结论。

（六）铜器专家如是说

这里，我还要引用西北大学张懋镕先生的见解，以正视听。

他说："初吉是否为月相语词，恐怕还得由西周金文自身来回答。"

他列举了旟鼎、免簋、免盘、𢐯簋、盠方尊等五器铭文之后说："以上五器记载周王（王后）对臣属的赏赐或册命赏赐，有时间、有地点，其时日自然是具体的某一天。与其他器不同的是，初吉后未有干支日，显而易见，此初吉便是周王（王后）赏赐或册命赏赐的那一天。在免簋中，昧爽在初吉之后，系指初吉的清晨，所以这个初吉日一定是定点的，否则昧爽便无从附着。昧爽又见于小盂鼎，与免簋相较，益可证明初吉是固定的一天。"

"不仅初吉是指具体的某一天，其他月相语词也具有这样的特性。"他列举了通簋、公姞鬲、师趛盨、七年趞曹鼎之后接着说："七年趞曹鼎与免簋相类，其'旦'当指既生霸这一日的早晨。可见，当月相语词后面带有干支日时，干支日就是事情发生的这一天；如果月相语词后面不带干支日，事情就发生在初吉或既生霸、既望、既死霸这一天。"他接着说：

金文月相词语之所以是定点的，原因在于：

1. 凡带有月相语词的金文，不论其长短，都是记叙文。既为记叙文，不可缺少的就是时间要素，而月相语词正是表示时间的定位。时间必须是具体而不能含糊的。

2. 上举免簋、敔簋、盠方尊、七年趞曹鼎属于册命赏赐金文。其内容是周王（或执政大臣、大贵族）对器主职官的任命，任命仪式之隆重，程序之规范，是不言而喻的。册命赏赐关乎器主一生的命运及其家族的兴旺，所以令器主难以忘怀，常常镌之于铜器之上，以求天子保佑，子孙永宝。既然如此，发生这一重大事情的日子是不会被忘记的。上述四例中的初吉和既生霸，自然是某年某月的某一天。

册命金文中恒见"初吉"，那是因为册命一般在月初进行。说初吉可以是月中的任何一天，不仅悖于情理，也有违于金文本身。殷周金文发展的历程，也证明了这一点。先看晚殷金文：

1. 宰椃角：庚申，王才（在）阑。王各（格）宰椃从。易（锡）贝五朋。用乍（作）父丁障彝。才（在）六月，隹（唯）王廿祀翌又五。

2. 小臣艅尊：丁巳，王省夔且。王易（锡）小臣艅夔
贝。隹王来正（征）人方。隹王十祀又五，肜日。

3. 辈鬲：戊辰，弜师易（锡）辈害户啇贝。才（在）十
月。隹王廿祀。

其特点是干支记日在铭首，年、月在铭末。方法同于殷
代甲骨文。显然，在器主眼中，最重要的是被赏赐的具体时
日，记日为主，年、月尚在其次，故常常省去年、月，只保
留干支日。这一点在西周早期金文中表现得很充分：

1. 利簋：武王征商，隹甲子朝。

2. 大丰簋：乙亥，王又大丰，王凡三方。

3. 新邑鼎：癸卯，王来奠新邑。

4. 啾士卿尊：丁巳，王才新邑。

5. 保卣：乙卯，王令保及殷东国五侯，征兄六品……才
二月既望。

成王之后，铭文加长，但事情发生的具体日子是一定会
写明的。偶有记月不记日者，是有其他原因。需要说明的
是，西周晚期册命金文在月相词语后系干支日，不系者似乎
未有。或许随着时代变迁，金文体例更为整饬的缘故吧。

我用治铜器的专家张懋镕先生这段文字作为关于金文"初
吉"研究的结尾，恐怕是最为恰当不过的了。

写于 1997 年 5 月上旬

1999 年 2 月补充（六）

三、 再谈金文之"初吉"①

一年多来，我从"夏商周断代工程"简报上先后获悉李学勤先生关于"初吉"以及月相名词的解说，如"吉的意义是朔。月吉或吉月就是朔日，因而是定点的。《诗毛传》暗示初吉是定点的"，（第41期）"经李学勤先生指示，我们相信《武成》《世俘》诸篇与金文中月相术语有不同的定义，而《武成》《世俘》诸篇的月相采李先生的定点解读"（第44期），"李学勤等从金文研究和文献学的角度都认为定点说难于成立"（第38期）。李先生在《"天大㬎"与静方鼎》中说"月吉癸未初三日，初吉庚申初四日"（《简报》第62期），"这样的吉日多数应发生在每月的月初，但也有一部分会发生在月中或月末……李学勤、张长寿先生在总结发言中肯定了这一点"（《简报》第57期）。李学勤先生在金文历谱方案"初吉己卯，先实朔二日。初吉壬辰，初七日。初吉辛巳，初五日。初吉庚戌，先实朔二日。初吉丁亥，初三日。初吉戊申，初九日。初吉丁亥，先实朔一日。初吉庚寅，初一日。初吉庚寅（戌），初四日"（《简报》第53期）。"在本次

---

① 本文原载于《贵州社会科学》2000年第2期。后收入《西周纪年研究》一书中。

会议上，李学勤先生放弃了原来认为'初吉'表朔日为月相的观点。李学勤先生认为，初吉有初一含先实朔一、二日者，初四、初五、初七、初十等日；既生霸有初三、初五、初十、十四等日；既望有十八、十九、二十等日；既死霸有二十一、二十四、二十八、二十九等日"（《简报》第52期）……这些不一的看法，给人总的感觉是李先生在月相问题上的摇摆，陷入一种"二元论"的尴尬境地——又定点又不定点，或者典籍《武成》《诗毛传》《世俘》定点而金文中不定点。因为李先生长期信奉"四分一月"说，要改从定点说就非常之难。最终他放弃了古文献的定点说，而以金文历日的主观解说为依据，走上了"两分说"即既生霸指上半月，既死霸指下半月（《简报》第57期），比"四分一月说"走得更远了。在这个基础上探求西周王年，其结论就可想而知了。

最近，从人大复印资料上读到李学勤先生《由蔡侯墓青铜器看"初吉"和"吉日"》一文。李先生认为，"初吉"不一定是朔日，但包括朔，必在一月之初（不定点的）。而"元日""吉日"与"吉"均同义，即为朔日（定点的）。

两年前我写有《西周金文"初吉"之研究》一文，认定"初吉"是指朔日，别无他解。现就李先生文章中涉及关于"初吉"的解说，再谈一下个人的看法。

（一）关于蔡侯墓青铜器的历日

李先生文章是从 1955 年出土的蔡侯墓入手，论述"初吉"

和"吉日"的涵义。

蔡侯编钟云："惟正五月初吉孟庚，蔡侯□曰：余惟（虽）末少子，余非敢宁忘，有虔不易，左右楚王……建我邦国。"

李先生认定此器是蔡平侯作辖器，作于鲁昭公十三年，推出夏正五月戊戌朔，初庚即五月第一个庚日庚子，是初三。

如果视此器为蔡昭侯作器，结论就大不一样。昭侯乃悼侯之弟，自称"少子"，欲结楚欢，追怀楚平王"建我邦国"亦合情理。楚平王立蔡平侯，"平侯立而杀隐太子，故平侯卒而隐太子之子东国攻平侯子而代立，是为悼侯。悼侯三年卒，弟昭侯申立"。蔡国的动乱，发生在楚平王的眼皮下，昭侯立，不对楚王表忠心是不可能的。

此器作于昭侯二年（前517年），"五月初吉孟庚"当指周正五月庚寅朔日。蔡乃姬姓国，用周正当属常理。初吉指朔当无疑义。

又，蔡侯申盘铭："元年正月初吉辛亥，蔡侯申虔恭大命……肇辖（佐）天子，用诈（作）大孟姬……敬配吴王……"

这是指蔡与吴结姻之好。李先生说："惟一合理的解释，是'元年'为吴王光阖闾的元年（前514年），即蔡昭侯五年，鲁昭公二十八年。"于是便推算出，初吉辛亥是初八日。这个"元年"如果不是指吴王光元年，说法又不大一样了。

蔡昭侯即位之初，为避免招祸，不得不结好楚平王。到楚昭王时代，蔡昭侯被"留之楚三年"，"归而之晋，请与晋伐楚……楚怒，攻蔡，蔡昭侯使其子为质于吴，以共伐楚。冬，与吴王阖闾遂破楚入郢。"这一年，正是"陈怀公元年，吴破楚"。

昭侯怒楚，"请与晋伐楚"，招致"楚怒，攻蔡"，才与吴结盟，不仅"使其子为质于吴"，还于次年初嫁大孟姬与吴王，选定的日子就是"正月初吉辛亥"。

　　这与陈怀公又有什么瓜葛呢？这得从陈蔡的关系上看。陈为妫姓国，在蔡之北，相与为邻。《史记》载："齐桓公伐蔡，蔡败。南侵楚，至召陵。还过陈，陈大夫辕涛涂恶其过陈，诈齐令出东道。"这是明白无误的唇齿相依的关系。又《史记》载"蔡哀侯娶陈"，"陈厉公取蔡女"。陈蔡彼此嫁娶，有婚姻关系。楚国灭蔡灭陈，又复蔡复陈，道出了陈蔡的休戚与共。又，公子光"败陈蔡之师"，暗示陈蔡有军事同盟关系。总之，陈蔡始终是坐在一条船上的。到楚昭王时代，楚攻蔡，蔡共吴伐楚，蔡昭侯自然要把新即位的陈怀公绑在一起。蔡昭侯嫁大孟姬与吴王，当是通过陈怀公从中拉的线。陈怀公在蔡与吴的合婚上是起了重要作用的。昭侯作器，一方面称颂吴王（肇辖天子），一方面又作陈怀公元年记事，自有他的良苦用心，希望把陈国拉入同一阵营对付楚国。

　　陈怀公元年即鲁定公五年，吴王光十年，蔡昭侯十四年。此时的蔡已与楚彻底决裂，完全倒向了吴国一边。是年周正元月辛亥朔，初吉仍指朔。足见陈蔡均用周正，而不是依附楚国用夏正。

　　为什么不必像李学勤先生理解为"吴王光元年"呢？吴王僚八年"吴使公子光伐楚……因北伐，败陈蔡之师"，"九年蔡昭侯元年公子光伐楚"。昭侯初年绝不能与吴国友好。吴王光元年（前514年），蔡昭侯五年，楚昭王二年，蔡与楚还维持着友好关系。到昭侯十年（公子光六年），蔡侯还"朝楚昭王"，还"持美裘二，献其一于昭王，自衣其一"。结果得罪子常，招祸，"留之楚三年"。归蔡之后，昭侯并未亲近吴国，而是"之晋，请与晋伐楚"。可见，蔡昭侯十三年之前并未与吴王光结为婚姻。这个"元年"显然与吴王光无涉。

再看吴王光鉴、吴王光编钟，均有"吉日初庚"。诚如李先生言，"所叙乃吴王嫁女于蔡之事"，所指乃公元前505年，周正五月庚戌朔。"吉日初庚"是五月初一。

稍加理顺：公元前506年，蔡昭侯十三年，楚怒，攻蔡，蔡昭侯使其子为质于吴，以共伐楚。冬，与吴王阖闾遂破楚入郢。

公元前505年，蔡昭侯十四年，吴王光十年，陈怀公元年"正月初吉辛亥"（朔日辛亥），昭侯嫁长女给吴王光。五月吉日初庚（朔日庚戌）吴王嫁女于蔡。

这就是蔡侯墓青铜器涉及的几个历日，铭文所叙，与文献所记吻合。初吉为朔是定点的，并不指朔前或初三、初五或初十。

（二）关于"准此逆推上去"

李先生文章还引用张永山先生论文的话："'初吉'的涵义自然是继承西周而来，准此逆推上去，当会对探讨西周月相的真实情况有所裨益。"

因为李先生认为，从蔡侯墓铜器说明，"初吉"不一定是朔日，但必在一月之初，合于王国维先生之说或类似学说。引用张永山的文字，不过也是"准此逆推上去"，西周时代的"初吉"自然也合于王国维先生的"四分一月说"。最终还是回到了他信奉的"月相四分说"的原位。

这个"准此逆推上去",貌似有理,实则是以今律古的不可取的手法。

西周的月相记载,限于观象授时,只能是定点的,失朔限也只在四分术的 499 分(一日 940 分)之内,不可能有什么游移。为了证明西周月相干支有两天、三天的活动,有人便引东汉《说文》"承大月二日,小月三日"关于"朏"的解说,或初二,或初三,有两天的活动。又引用刘熙《释名》释"望","月大十六日,小十五日"。或十六、或十五,有两天的活动。殊不知,这是汉代使用四分术推步而导致历法后天的实录。西周人重视月相,肉眼观察,历不成"法",不得后天。承大月承小月是汉代之说,"准此逆推上去",以之律古,认为西周一代必得如此,则无根据。

以蔡侯墓铜器而言,时至春秋后期,"五行说"早已兴起,即使"初吉"可别作解说,也不可"准此逆推上去"。因为"五行说"是以记日干支为基础,利用五行相生相克确定吉日与非吉日。准此,则一月内有多个吉日,终于形成了时至今日的流行观念,"初吉"的涵义便只能是一月的第一个吉日了。从蔡侯墓铜器历日考求,"初吉"仍确指朔日,说明还没有受到"五行说"的影响。尽管如此,还是不必"准此逆推上去"。宁可谨严,不可宽漫。

四、 西周七铜器历日的推算及断代[①]

西周铜器铭文备记"王年、月、月相、日干支"者达五十余件之多，这对研究西周历史有重要的史料价值。可是，我们的文史界长期以来没有科学而便捷的推演历日方法，不得不比照近代外人的资料，或者是 William 和 Owen 的 *Solor and Planetary Longitudes for Years − 2500 to + 2000*，或者是 Oppolzer 的 *Cannon of Eclespises*。又由于对月相的理解有误，连这种比照也出现相当的困难。

不能正确推算历日，就不能正确处理新近出土的越来越多的龟甲铜器铭文，大大地妨碍了我们对古代历史诸多问题的深入研究。

本文拟将历日的推演法做简要介绍，使读者不感到繁难而又易于掌握，并利用刘启益先生《伯寛父盨铭与厉王在位年数》一文中涉及的七个西周铜器历日作为推演示范，[②] 并确定其记录的具体年月日。我们推演的依据是古已有之的典籍而不是其

---

① 本文原载于《社会科学战线》1987 年第 2 期。本文所述张汝舟先生古天文说及引文，见所著《二毋室古代天文历法论丛》。

② 刘启益：《伯寛父盨铭与厉王在位年数》，《文物》1979 年第 11 期。

他，确有以古治古的意味，对长期从事中国古代史及文物考古研究者来说，似更亲切。

中国最早的历法，汉代有所谓"古六历"之说——黄帝历、颛顼历、夏历、殷历、周历、鲁历，前人以为都是四分术。其实，"古六历"是东汉人的附会。汉代盛传所谓"天正甲寅元"与"人正乙卯元"，其间也有承继关系。人正乙卯元产生于天正甲寅元之后62年，乙卯元的颛顼历实是甲寅元殷历的变种。所以，中国最早的历法就是天正甲寅元的殷历，就是以寅为正的真夏历假殷历，也就是四分历。历法产生之前，包括"岁星纪年"在内，都还是观象授时阶段。进入"法"的时代，就意味着年、月、日的调配有了可能，也有了规律，由此可以求得密近的实际天象。——这是一切历法生命力之所在。

根据张汝舟先生的苦心研究，《史记·历书·历术甲子篇》就是司马迁为我们保存下来的殷历历法，《汉书·律历志·次度》就是殷历历法的天象依据。利用这两篇宝贵资料，可以诠释上古若干天文历法问题，并推算出文献记载的以及出土文物中的若干历点。

据张汝舟先生《〈历术甲子篇〉浅释》考定，《历术甲子篇》所载七十六年朔闰，实际为殷历历元太初第一蔀甲子蔀七十六年的冬至月朔和冬至日的大余、小余。如果我们剔除后人窜入的"天汉""太始""征和""始元"等年号，将七十六年朔气顺次编排，则一蔀之朔闰便可了如指掌。

《历术甲子篇》所记"焉逢""端蒙"是十干之别称，"摄提格""单阏"是十二支之代词。殷历以甲寅年（焉逢摄提格）甲子月（毕聚）甲子日甲子时（夜半）冬至合朔为历元，所以历元太初元年之干支为甲寅。殷历的行用实是干支纪年的开始。将前五年列为一表就是：

太初元年（甲寅）　　　　　　十二
　　前大余〇（无）　　　　　　　前小余0（无）
　　后大余〇（无）　　　　　　　后小余0（无）
太初二年（乙卯）　　　　　　十二
　　前大余五十四　　　　　　　　前小余348
　　后大余五　　　　　　　　　　后小余8
太初三年（丙辰）　　　　　　闰十三
　　前大余四十八　　　　　　　　前小余696
　　后大余十　　　　　　　　　　后小余16
太初四年（丁巳）　　　　　　十二
　　前大余十二　　　　　　　　　前小余603
　　后大余十五　　　　　　　　　后小余24
太初五年（戊午）　　　　　　十二
　　前大余七　　　　　　　　　　前小余11
　　后大余二十一　　　　　　　　后小余0（无）

顺次下去，……

太初七十六年（己巳）　　　　闰十三
　　前大余十五　　　　　　　　　前小余93

后大余三十三 后小余 24

甲子蔀七十六年到此，顺演下去是

太初七十七年（庚午） 十二
前大余三十九 前小余 0
后大余三十九 后小余 0

进入第二蔀了。这是殷历第二蔀癸卯蔀七十六年的起算点。第二蔀朔气推算同甲子蔀。因为蔀首日是癸卯，代号三十九，称癸卯蔀。

为区别大余、小余，我多加一"前"一"后"，大余用一、二、三、四数码表示，小余用 1、2、3、4 数码表示。

将甲子蔀七十六年朔日列为一张表，便于推算时使用。这样就一目了然：

表至七十七年，为进入癸卯蔀第一年，是三十九，0。

《历术甲子篇》已列出每年年前十一月（子月）朔日及冬至日的大余、小余，便可据子月朔、冬至作为起算点，推演出一年十二个月的朔日与中气干支。

一年十二个月朔日的推演法是：月大三十日，月小二十九日，逐日累加排出每月前大余（朔日干支）。由于四分术朔策 $29\frac{499}{940}$ 日，逢小月用二十九日，小余得加 499 分；逢大月用三十日，小余得减 441 分（940-499）。

《历术甲子篇》朔日表

1	○朔0	20	三十九 705	39	十九 470	58	五十九 235
2	五十四 348	21	三十四 113	40	十三 818	59	五十三 583
3	四十八 696	22	二十八 461	41	八 226	60	四十七 931
4	十二 603	23	五十二 368	42	三十二 133	61	十一 838
5	七 11	24	四十六 716	43	二十六 481	62	六 246
6	一 359	25	四十一 124	44	二十 829	63	○ 594
7	二十五 266	26	五 31	45	四十四 736	64	二十四 501
8	十九 614	27	五十九 379	46	三十九 144	65	十八 849
9	十四 22	28	五十三 727	47	三十三 492	66	十三 257
10	三十七 869	29	十七 634	48	五十七 399	67	三十七 164
11	三十二 277	30	十二 42	49	五十一 747	68	三十一 512
12	五十六 184	31	三十五 889	50	十五 654	69	五十五 419
13	五十 532	32	三十 297	51	十 62	70	四十九 767
14	四十四 880	33	二十四 645	52	四 410	71	四十四 175
15	八 787	34	四十八 552	53	二十八 317	72	八 82
16	三 195	35	四十二 900	54	二十二 665	73	二 430
17	五十七 543	36	三十七 308	55	十七 73	74	五十六 778
18	二十一 450	37	一 215	56	四十 920	75	二十 685
19	十五 798	38	五十五 563	57	三十五 328	76	十五 93
						77	三十九 0

中气的大小余（后大余、后小余）推演法是：从冬至日起算，每月累加三十日 14 分。

因为 $365\frac{1}{4} \div 12 = 30 \cdots\cdots 余 5\frac{1}{4}$

$5\frac{1}{4} = 5\frac{8}{32} = \frac{168}{32}$

$168 \div 12 = 14$（分）

所以，前小余分母是 940，逢 940 分进一日。后小余分母是 32，逢 32 分进一日。《历术甲子篇》所列"前小余""后小余"，皆省去分母 940（前）和分母 32（后）。

《历术甲子篇》所列仅历元太初第一蔀甲子蔀七十六年之朔闰。由于是"法"，自可以一蔀该二十蔀，贯通四分历的古今。甲子蔀七十六年之后即七十七年前大余为三十九，进入癸卯蔀。"三十九"即第一蔀甲子蔀所余，称"蔀余"。以后每蔀递加三十九，逢 60 去之，就得各蔀之蔀余。各蔀蔀余即各蔀首日干支序数。

要推算公元任何一年的朔闰，必将该年纳入殷历的某蔀某年。"蔀"用《殷历二十蔀首表》，"年"用《历术甲子篇》七十六年年序。查得该年之前大余，加上该蔀蔀余，就得该年之子月朔干支，然后逐月推演，后大余（冬至）同样加蔀余进行推演。

一	甲子蔀	0	六	己卯蔀	15	十一	甲午蔀	30	十六	己酉蔀	45
二	癸卯蔀	39	七	戊午蔀	54	十二	癸酉蔀	9	十七	戊子蔀	24
三	壬午蔀	18	八	丁酉蔀	33	十三	壬子蔀	48	十八	丁卯蔀	3
四	辛酉蔀	57	九	丙子蔀	12	十四	辛卯蔀	27	十九	丙午蔀	42
五	庚子蔀	36	十	乙卯蔀	51	十五	庚午蔀	6	二十	乙酉蔀	21

张汝舟先生考定，殷历行用于战国初期，周考王十四年（前427 年），① 年是甲寅，月是甲子，干支纪日已使用千百年，子月朔不是甲子而是己酉，不够格充当历元，称历元近距。由此上推十五蔀，才得到理想的历元——甲寅年甲子月甲子日夜半冬至合朔。这样排出"二十蔀首表"（见《后汉书·律历志》）。历元太初元年是公元前 1567 年，以后七十六年一蔀顺计，己酉蔀元年即公元前 427 年。要推算己酉蔀七十六年之朔气，必加己酉蔀蔀余，其他各蔀亦然。

前大余、后大余所列皆干支序数。因为"无大余"是甲子，甲子便是〇。以此按干支逐次排列至癸亥为 59。

由于四分历粗疏，"三百年辄差一日"，每年比实际天象约浮3.06 分（940 分进一日）。要想求出实际天象，必须算入这个年差分。殷历创制行用于战国初期，所以必须以战国初年为准，此前每年加年差分，此后每年减年差分，才能得出密近的实际天象（区别仅在平朔与定朔、平气与定气而已）。

---

① 张汝舟：《历术甲子篇浅释》，载《二毋室古代天文历法论丛》，第31—40 页。

下面就以七个西周铜器历日逐一推算，并确定其记录的具体年月。

（一）逆钟

隹王元年三月既生霸庚申。

这是 1975 年陕西永寿县出土的铜器。刘启益先生定为厉王时器。

检张汝舟先生《西周经朔谱》，厉王元年子月丁巳，丑月丁亥，寅月丙辰，卯月丙戌……月相定点，既生霸乃月十五，望日庚申，则丙午朔。厉王元年明显不合。

再看公元前 928 年实际天象。是年入殷历丙子蔀（蔀余 12）第三十二年。查《历术甲子篇朔日表》

太初三十二年　大余三十　小余 297

蔀余加前大余　　12+30＝42

天正甲寅元　子月朔四十二　小余 297

实际天象得加　1533 分（先天）

逢 940 分进一日，1533＝1 · 593

日加日，分加分

42 · 297＋1 · 593＝43 · 890

实际天象是　子月丁未 890 分

丑月丁丑、449 分，寅月丁未、8 分，卯月丙子、507 分，辰月丙午、66 分，巳月乙亥、565 分，午月乙巳、124 分，未月甲戌、623 分，申月甲辰、182 分，酉月癸酉、681 分，戌年癸卯、

240 分，亥月壬申、739 分。

是年寅正，三月丙午朔，既生霸庚申。

公元前 928 年合逆钟铭文所记历日。这个元年的王，是哪个王呢？根据十五年趞曹鼎的历日招演确定，逆钟的王只能是孝王。

刘启益先生文章说："在西周历史条件下，历法的推算往往是不准确的，有时要偏离真正的朔望一至二天，凡有这样的误差，也应看作是相合的。"① 此说难以服人。刘先生持定点说的话，又何以允许有一至二天的误差？既允许有一至二天的误差，还有什么定点可言？

我们说，月相在天，有目共睹。两望之间必朔，两朔之间必望。司历专职，不会把十五说成十六，更不会说成十七。差一天也不行。

（二）颂鼎

隹三年五月既死霸甲戌。

郭沫若同志定为共王时器，唐兰先生定为厉王时器。

厉王在位 37 年，说见张汝舟先生《西周考年》。② 厉王三年即公元前 876 年，入殷历乙卯蔀第 8 年。（乙卯蔀首年公元前 883 年）蔀余 51。查《历术甲子朔日表》：

太初八年　　　前大余十九　　　小余 614

---

① 刘启益：《伯𩰬父盨铭与厉王在位年数》，《文物》1979 年第 11 期，第 16 页。

② 张汝舟：《西周考年》，载《二毋室古代天文历法论丛》，第 177—178 页。

19+51＝70　　逢 60 去之，即 10

天正甲寅元　　子月朔十　　小余 614

实际天象得加　1374 分（先天）

逢 940 分进一日，1374＝1・434

10・614+1・434＝12・108

　　（日加日，分加分）

实际天象是子月朔十二　　　　小余 108

　　推演：丑月朔四十一　　　607（108+499）

　　寅月朔十一　　　　　　　166（607−441）

　　卯月朔四十　　　　　　　765（166+499）

　　辰月朔十　　　　　　　　324（765−441）

　　巳月朔三十九　　　　　　823（324+499）

（下略）

公元前 876 年子正，五月朔甲戌（十）。不信"月相四分"，既死霸即朔，初一。

若推算共王三年（前 949 年）实际天象是五月戊申朔。不合。

可证唐兰先生定厉王三年器，是。

干支序数，查《一甲数次表》可得。

（三）鬲攸从鼎

三十？年三月初吉壬辰。

郭氏、唐氏均定为厉王时器。吴其昌《金文历朔疏证》定三十一年，郭氏《大系》定三十二年。

厉王三十一年（前 848 年）入乙卯蔀第 36 年，厉王三十二年入乙卯蔀 37 年。

乙卯蔀蔀余 51。查《历术甲子篇》

太初三十六年　　前大余三十七　　小余 308

天正　　子月朔　　　51+37＝88 乙酉 308 分

先天　　1288＝1・348

28・308+1・348＝29・656

实际天象　　子月朔二十九、小余 656，丑月朔五十九、215，寅月朔二十八、714，闰月朔五十八、273，卯月朔二十七、772，辰月朔五十七、331，巳月朔二十六、830，午月朔五十六、389，未月朔二十五、888，申月朔五十五、447，酉月朔二十五、6，戌月朔五十四、505，亥月朔二十四、64。

是年子正，三月朔壬辰（28）。不信"月相四分"，初吉即朔。吴氏定三十一年，是。

为了进一步验证，可续推三十二年朔日：

子月五十三、560，丑月二十三、119，寅月五十二、618，卯月二十二、177，辰月五十一、676，巳月二十一、235，午月五十、734，未月二十、293，申月四十九、792，酉月十九、351，戌月四十八、850，亥月十八、409。

是年丑正，三月丙戌（22）朔。子正、寅正皆不合。郭氏定三十二年器，非。

（四）伯寛父盨

隹卅又三年八月既死辛卯。

这是 1978 年 9 月岐山凤雏村出土的西周铜器。《简报》说，观其形制、铭文，当属厉王时器。

厉王三十三年（前 846 年），可接厉王三十二年推演。

子月四十七、905，丑月十七、464，寅月四十七、23，卯月十六、522，辰月四十六、81，巳月十五、580，午月四十五、139，未月十四、638，申月四十四、197，酉月十三、696，戌月四十三、255，闰月十二、754，亥月四十二、313。

铭文"既死辛卯"，刘启益先生说：可以肯定这里面有漏错字。举南季鼎为例，一篇五十多个字，铭文就写错了三个。刘氏说：这里的既死，可能是既死霸漏写了"霸"字，也可能是既生霸、既望误记为"既死"。在没有确定以前，三个可能性都应考虑在内。[①]

刘先生的严谨值得称道。若是既死霸，则八月朔辛卯，辛卯干支序 27，不合。若是既望，则八月朔丙子，丙子干支序 12，距八月太远，不用。若是既生霸，十五辛卯，则八月丁丑朔。是年寅正，八月丁丑朔，十五辛卯（既生霸），既望十六壬辰。合。

张汝舟先生《西周经朔谱》推厉王三十一年寅月定朔壬辰

---

① 刘启益：《伯寛父盨铭与厉王在位年数》，《文物》1979 年第 11 期，第 16—17 页。

578 分，卯月定朔壬辰 183 分。并注："是年癸亥、02 分冬至，在癸亥朔前，癸巳朔还是建子，癸亥朔闰月，壬辰朔建丑，壬戌朔建寅，辛卯朔建卯。"①

我取厉王三十年闰。三十一年丑正，三月（卯）定朔壬辰 183 分。三十二年闰，丑正。则三十三年寅正，八月丁丑朔，既生霸（十五）辛卯。三年两器，皆可通释。

（五）克钟

隹十又六年九月初吉庚寅。

此器郭氏定为夷王，唐氏定为宣王。据《西周考年》，夷王元年即公元前 893 年，在位 15 年；厉王元年即公元前 878 年，在位 37 年。今从唐兰先生定为宣王十六年器。

推算，宣王十六年（前 812 年）入殷历乙卯蔀（蔀余 51）第七十二年，查《历术甲子篇》

太初七十二年　　　前大余八　　小余 82

蔀余加前大余　　51+8＝59

先天　　1178 分

是年实际天象是　　子月朔〇　　小余 320

全年天象：子月甲子 320 分，丑月癸巳 819 分，

　　　　　寅月癸亥 378 分，卯月壬辰 877 分，

　　　　　辰月壬戌 436 分，巳月辛卯 935 分，

---

① 张汝舟：《西周经朔谱》，载《二毋室古代天文历法论丛》，第 365 页。

午月辛酉 494 分，未月辛卯 53 分，

申月庚申 552 分，酉月庚寅 111 分，

戌月己未 610 分，亥月己丑 169 分。

是年丑正，九月庚寅朔。初吉即朔，天象如此。

（六）趞鼎

隹十又九年四月既望辛卯。

此器尚未刊布。据刘文说，唐兰先生因铭文有"史留"，实即宣王太史籀，定为厉宣时器。唐先生灼见，可从。

既望十六，除持"月相四分"说者外，千古无异词。既望辛卯，则四月丙子朔。

检《西周经朔谱》，厉王十九年（前 860 年）子月癸卯朔。不合。

宣王十九年（前 809 年）① 入殷历乙卯蔀第七十五年。查《历术甲子篇朔日表》：

太初七十五年　　前大余二十　　小余 685

蔀余加前大余　　51+20＝71

先天　　1169 分

宣王十九年实际天象是，子月朔十二小余 914。

推知，子月丙子 914 分，丑月丙午 473 分，

———————

① 此据宣王元年在公元前 827 年立说。在眉县新出铜器之前，笔者于宣王元年只有公元前 827 年一说，参见本书《眉县新出铜器与宣王纪年》及《宣王纪年有两个体系》（载于《西周纪年研究》）二文。

寅月丙子 32 分，卯月乙巳 531 分，

　　辰月乙亥 90 分，己月甲辰（下略）

上年即太初七十四年闰十三，宣王十八年当闰未闰，十九年正月丁未，二月丙子，三月丙午，四月丙子。合。

（七）叔専父盨

隹王元年六月初吉丁亥。

这是 1964 年西安张家坡出土铜器。原报告定为西周晚期，可信。刘启益先生认为与逆钟同为厉王时器，不可从。

根据实际天象推算，我定为平王时器。

平王元年公元前 770 年，入殷历甲午蔀第三十八年。蔀余 30。

太初三十八年　　前大余五十五　　小余 563

先天　　　（770-427）×3.06＝1050 分

是年实际天象是，子月朔二十六　　小余 673

推知，子月庚寅 673，丑月庚申 232，

　　　寅月己丑 731，卯月己未 290，

　　　辰月戊子 789，己月戊午 348，

　　　午月丁亥 847，未月丁巳 406，

　　　申月丙戌 905，（下略）

是年丑正，六月丁亥朔。合。

结论：通过上述西周七件铜器年代的推算，可以明确数事。

甲、用殷历四分术加上与天象的年差分推算，可以求得密近

的实际天象。张汝舟先生古天文历法观点是可信的，体现了它的科学性和实用性。

乙、月相必须定点。古人全凭月相定朔望，月相实即朔与望两个，其他皆由此派生，或前一日或后一日。既死霸、初吉为朔，既生霸为望，十六为既望。

丙、西周行丑正。此七器建丑者四，建子者二（颂鼎、趞鼎），建寅者一（伯寛父盨）。建丑居多，建子、建寅算是失闰。当闰不闰，丑正变子正，不当闰而闰，丑正变寅正。结合《夏小正》《诗·七月》《月令》考查，西周一代行丑正而非子正，足破"三正论"之谬说。

丁、考求古代历日，必紧密结合古代文献典籍，这是纸上材料；得充分利用出土文物——龟甲铜器竹简，这是地下材料；须推演出历日的实际天象，弥合无间，这是天上材料。尤其应该重视实际天象。任何历日，做到"三证合一"，才算可靠。

五、 親簋及穆王年代①

　　国家博物馆新藏无盖簋親簋，王年、月、月相、日干支四要素俱全，是考察西周年代的又一个重要材料。《中国历史文物》2006 年第 3 期发表了王冠英、李学勤、夏含夷、张永山等先生的文章，②编辑部"希望能听到更多学者的意见"，以进行深入研究。读了王、李二位的文字，本人想就此谈谈我的看法，仅供参考。

　　親簋铭文中，重要的有两点：其一，关于"親"这个人；其二，親簋历日及有关时王的年代。

　　親这个人，在二十四年九月既望（十六）庚寅日，周"王呼作册尹册申命親曰：更乃祖服，作家嗣（司）马"。他是承继祖父的官职，祖父叫"幽伯"。这个"册申命"，即重申册命，商周时期应是常见。《帝王世纪》载："文王即位四十二（年），岁在鹑火，文王更为受命之元年，始称王矣。"文王死后，武王承

────────────

① 本文原载《中国历史文物》2007 年第 4 期。

② 王冠英：《親簋考释》，《中国历史文物》2006 年第 3 期；李学勤：《论親簋的年代》，《中国历史文物》2006 年第 3 期；夏含夷：《从親簋看周穆王在位年数及年代问题》，《中国历史文物》2006 年第 3 期；张永山：《親簋作器者的年代》，《中国历史文物》2006 年第 3 期。

继，还得商王重申册命。《逸周书·酆保》就记载武王发正式受命为西伯侯，"诸侯咸格来庆"，那是文王死后第四年的事了。《史记·鲁周公世家》载，武王克商后"封周公旦于少昊之虚曲阜，是为鲁公。周公不就封……而使其子伯禽代就封于鲁……伯禽即位之后，有管、蔡等反也"。伯禽在周公摄政七年期间是代父治鲁，到成王亲政，《汉书》载："元年正月己巳朔，此命伯禽俾侯于鲁之岁也。"颜师古注："俾，使也，封之始为诸侯。"这是成王对伯禽重申册命，尽管"伯禽即位"好几年了。"册申命"，在世袭的体制下，也并不是自然地"交接班"，还得要天子君王的册封认可，就含有正式任命之义。

亲的祖父不过是"家司马"，管理王室事务的某个方面。亲在二十四年接手之后，受到周王的赏识，几年后得到提升，成了地位很高的引人朝见周王的"司马井伯亲"。铜器铭文涉及"司马井伯"的，已有十多件，据此系联，可以归并这些铜器为相近的王世，至少不会相距太远。

关于亲簋的具体年代，由于年、月、月相、日干支四样俱全，就便我们考察。因为历日的制定得依据天象，历日自然也是反映天象的。我们可用实际天象堪比历日，得出确切的年月日。当然，这种考校得有个原则，不能凭个人的想当然。比如，月相是定点的，就不能说一个月相管三天两天，七天八天，甚至十天半个月。朏为初三，望为十五，既望为十六，古今一贯，这些月相都是定点的，其他月相怎么就不定点了呢？文献记载，"越若来二月既死魄〔霸〕，越五日甲子朝至接于商"。越，铜器用粤，或用雩，都是相距义。"既死魄〔霸〕"若不定点，解释为十天半月的话，何有过五日的甲子？用一"越"字，就肯定了月相定点。

实际天象是可以推算复原的，用四分术加年差分推算，得平朔平气（合朔、交气取平均值）。[①] 用现代科技手段，可得出准确的实际天象，张培瑜《中国先秦史历表》有载，可直接利用，免去繁复的运算。

古文《武成》《逸周书·世俘》记载了克商时日的月朔干支及月相，稍加归纳，得知：正月辛卯朔，二月庚申朔，四月己丑朔。[②]

以此堪合实际天象，公元前1044年、前1075年、前1106年具备"正月辛卯朔，二月庚申朔……"。历朔干支周期是31年，克商年代必在这三者之中。依据文献记载（纸上材料）、考求铜器铭文（地下材料）、验证实际天象（天上材料），做到"三证合一"，武王克商只能是公元前1106年。[③] 依据《史记·鲁周公世家》及《汉书·律历志》记载，西周总年数是：

武王2年+周公摄政7年+伯禽46年+考公4年+炀公60年+幽公14年+魏（微）50年+厉公37年+献公32年+真公30年+武公9年+懿公9年+伯御11年+孝公25年=336年。

---

① 详见张闻玉《西周王年论稿》，其中所载《西周朔闰表》，是用四分术推算出来的实际天象。可参看张培瑜《中国先秦史历表》。

② 张闻玉：《西周王年论稿》，第86页。

③ 详见张闻玉《西周王年论稿》所载《武王克商在公元前1106年》，第81—108页。

从平王东迁的公元前 770 年，前推 336 年，克商当是公元前 1106 年。

《晋书》载"自周受命至穆王百年"，有人说"受命"指"文王受命"，实乃指武王克商。武王 2 年加上周公摄政 7 年加上成王 30 年加上康王 26 年加上昭王 35 年，为 100 年，正百年之数。小盂鼎铭文旧释"廿又五祀"，当是"卅又五祀"，乃昭王时器。昭王在位 35 年，享年七十以上，才可能有一个 50 岁的儿子穆王。昭王在位 19 年说违背起码的生理常识。

又，《史记·秦本纪》张守节《正义》云："年表穆王元年去楚文王元年三百一十八年"。楚文王元年即周庄王八年，合公元前 689 年。318+689＝1007，除重叠 1 年不算外，穆王元年当是公元前 1006 年，至克商之年前 1106 年正百年之数。

穆王在位 55 年，《竹书纪年》《史记·周本纪》均有明确记载。穆王在位的具体年代就明白了，公元前 1006 年至公元前 952 年，共王元年当为公元前 951 年。

在这样的背景下考求觐簋及其有关铜器的具体年代才有可能，而觐簋及有关铜器的历日干支反过来又能验证西周王年的正确与否。其中的关键环节是校比实际天象，铜器历日与实际天象完全吻合，才能坐实铜器的具体年代。

觐簋历日：隹廿又四年九月既望庚寅。

如果这个二十四年的王，指穆王的话，核对穆王二十四年实际天象，看它是否吻合就行了。穆王元年乃公元前 1006 年，二十四年即前 983 年。

查前 983 年实际天象：子月丁卯 139 分（丁卯 08^{h}51^m），丑

月丙寅，……未月癸巳812分（癸巳12ʰ00ᵐ），申月癸亥371分（壬戌20ʰ19ᵐ）……①

是年建子，正月丁卯朔……九月癸亥朔。癸亥初一，既望十六戊寅。親簋书戊寅为庚寅，取庚寅吉利之义。金文历日，书丁亥最多，其次为庚寅，校比天象，细加考查，并非都是实实在在的丁亥日、庚寅日。凡亥日可书为丁亥，凡寅日可书为庚寅。丁亥得以亥日为依托，庚寅得以寅日为依托，并非宽泛无边。这就是铜器历日研究归纳出来的"变例"：丁亥为亥日例，庚寅为寅日例。

克钟：隹十又六年九月初吉庚寅。

克盨：隹十又八年十又二月初吉庚寅。

作器者为一人，当是同一王世。据历朔规律知，有十六年初吉庚寅，不得有十八年十二月初吉庚寅，好象历日不容。查宣王十八年（前810年）天象：是年建子，十二月戊寅朔。是作器者书戊寅为庚寅。克钟合宣王十六年（前812年）天象：建亥，九月辛卯54分（06ʰ24ᵐ），余分小，实际用历书为庚寅朔。克盨历日作变例处理，两相吻合。否则，永无解说。

親簋涉及走簋，走簋铭文中有"司马井伯"，这个"井伯"并不是親，而是親的文祖"幽伯"。十二年走簋在親簋前，不在親簋之后。这是从历日中考知的。

走簋：隹王十又二年三月既望庚寅，……司马井伯［入］

---

① 08ʰ51ᵐ，指合朔的时（h）与分（m），为准确的实际天象，引自《中国先秦史历表》。

右走。

查穆王十二年（前995年）天象：建丑，三月乙亥641分（13ʰ16ᵐ）。乙亥朔，既望十六庚寅。这是实实在在的庚寅日。走簋历日确认这个司马井伯不是觌，当是觌的祖父；走簋历日确认穆王十二年天象与之吻合。

穆王二十七年（前980年）天象：建丑，六月丙子朔。这就与师奎父鼎历日吻合。

师奎父鼎："隹六月既生霸庚寅……司马井伯右师奎父。"既生霸为望十五，丙子朔初一，有十五庚寅。这个司马井伯当然是觌了。至此，穆王二十七年，作家司马的觌已是地位很高的司马井伯了。

有关的，师瘨簋、豆闭簋也载有司马井伯。

师瘨簋："隹二月初吉戊寅……司马井伯觌右师瘨……"

豆闭簋："隹二月既生霸，辰在戊寅……井伯入右豆闭。"

这是穆王五十三年的事。查穆王五十三年（前954年）天象：建丑，二月戊寅朔。既生霸十五壬辰。初一戊寅，司马井伯觌（入）右师瘨；十五壬辰，司马井伯（觌）入右豆闭。

穆王时代，朔望月历制已经相当成熟了，朔日望日都视为吉日。这里提供两个证据：其一，《逸周书·史记》载，"乃取遂事之要戒，俾戒夫主之，朔望以闻。"这是穆王要左史辑录可鉴戒的史事，每月朔日望日讲给自己听。其二，《穆天子传》记录穆王十三年至十四年的西征史事，月日干支与前994年、前993年实际天象完全吻合，《穆天子传》除记录日干支外，援例记录季夏丁卯、孟秋丁酉、孟秋癸巳、（仲）秋癸亥、孟冬壬戌，即每月的朔日干支。

铜器记录大事，日干支基本上都在朔望（含既望），这与朔望月历制，视朔望为吉日有关。穆王"朔望以闻"，朔日（初吉戊寅）接见师瘨，十五（既生霸）接见豆闭，既望册申命亲，都体现了这一文化礼制现象。月相是定点的，记录大事的铜器上的月相更不会有什么游移，也必须是定点的。

司马井伯亲，从穆王后期直到共王时代，一直权高位重。师虎簋、趞曹鼎、永盂等都反映了共王一代司马井伯亲的活动。

穆王在位 55 年，共王元年即公元 951 年。

师虎簋：隹元年六月既望甲戌……井伯入右师虎。（《大系》73）

既望十六甲戌，必己未朔。查共王元年（前 951 年）天象：子月辛酉 245 分（辛酉 0836）。上年当闰未闰，建亥，二月辛酉，三月庚寅，四月庚申，五月己丑，六月己未，七月戊子。

这个六月己未朔，就是师虎簋历日之所在。郭沫若定师虎簋为共王元年器，正合。

趞曹鼎：隹十又五年五月既生霸壬午。（《大系》69）

既生霸十五壬午，必戊辰朔。查共王十五年（前 937 年）天象：庚午 48 分（己巳 19^h03^m）。是年建子，二月己亥，三月己巳，四月戊戌，五月戊辰（戊辰 13^h39^m）。这个五月戊辰朔，就是十五年趞曹鼎历日之所在，丝丝入扣，密合无间。

这里说说"永盂"。据《文物》1972 年第 1 期载，永盂：隹十又二年初吉丁卯。[①] 历日有误，缺月。铭文有井伯，有师奎父，可放在共王世考校。查共王十年（前 942 年）实际天象：子月己亥 146 分（07^{h}42^m），丑月戊辰，寅月戊戌，卯月丁卯。建寅，二月朔（初吉）丁卯。这就是永盂历日之所在。当是：（共）王十年二月初吉丁卯。

这让我们明白了两点：1.铜器历日也可能出现误记，当然并非一件永盂；2.可以借助实际天象恢复历日的本来面目，纠正误记的历日。

以上文字，利用实际天象考察铜器历日，自然会得出这样的结论：月相是定点的，亲簋乃记周穆王二十四年事，穆王元年在公元前 1006 年，穆王在位 55 年，共王元年即公元前 951 年。

2006 年 10 月 18 日

---

① 唐兰：《永盂铭文解释》，《文物》1972 年第 1 期。

六、 共孝懿夷王序、 王年考[①]

关于西周中期这段历史,《史记·周本纪》中记叙简约:"穆王立五十五年崩,子共王繄扈立……共王崩,子懿王囏立。懿王之时,王室遂衰,诗人作刺。懿王崩,共王弟辟方立,是为孝王。孝王崩,诸侯复立懿王太子燮,是为夷王。夷王崩,子厉王胡立。"共王以后,除了承继关系外,别无史实可记。

两千余年来,司马迁留给我们的"共懿孝夷"这一西周王位顺次,历来均无疑义。近年来,由于大量西周中期青铜器出土,其铭文中的人名、历日、史实,为我们研究这一时期的王序、王年提供了最可宝贵的第一手材料。越来越多的文字证明,司马迁所记的王序是不可信据的,实有纠正的必要,唯此,才能恢复西周中期共、孝、懿、夷这段历史的本来面目。

(一) 关于师颒鼎

1974 年底于扶风县强家村发现的师颒鼎,是西周中期青铜器

---

① 本文原作《西周共孝懿夷王序、王年考》,刊载于《人文杂志》1989 年第 5 期。后又收入《西周王年论稿》及《夏商周三代纪年》(科学出版社 2016年)中。

的精品。唐兰氏说："铭文中的周王说他的皇考是穆王，我先认为是共王时器，后来发现是错了，这是穆王另外一个儿子，共王之弟孝王时的器。过去还没有发现过孝王时代的标准器，因此，这个鼎也相当重要。"又说："这个鼎的形制、纹饰、铭文字体等看来都较共王时为晚。铭中所说伯大师，见于伯太师盨。宋代出土的克尊，说：'伯太师锡伯克仆卅夫。'均当属于西周后期。因此定为孝王时。"① 唐兰氏定为孝王器，不误，但论据似嫌牵强。因共王、孝王为兄弟辈，难以从形制、纹饰、铭文字体上划分时代的早晚。靠人名"伯太师"系联西周后期器物，更难令人信从。铭文起首有完整的王年、月、日干支："佳王八祀正月，辰在丁卯。"这为我们深入研究该器的绝对年代，提供了最可靠的文字记录。

"辰在丁卯"即朔日丁卯，诸多器物可证。迄今已发现"辰在××"的器物已达24件之多，细加考查，无一不是朔日。最能说明问题的是令彝："佳八月，辰在甲申……佳十月，月吉癸未。"（《大系》5）月吉即初吉，即朔。《周礼·地官·族师》郑注亦云："月吉，每月朔日也。"无论月大月小，令彝之十月癸未朔，必有八月甲申朔，中间无闰月可插。郭沫若、陈梦家二氏定令彝为成王器，今据实际天象考知，令彝实成王十五年（前1090年）器。且与员鼎（父甲鼎）"佳正月既望癸酉"为同年器，这是从历日排比中可以求知的。

---

① 唐兰：《用青铜器铭文来研究西周史——综论宝鸡市近年发现的一批青铜器的重要历史价值》，《文物》1976年第6期，第31—39页。

又，宜侯夨簋："隹四月，辰在丁未。"（《考古学报》1956.
2）诸家定为康王器，考以实际天象，合康王二十六年四月丁未
朔。又，商尊乃晚殷器，"隹五月，辰在丁亥"（《文物》1978.
3），考以实际天象，合公元前1111年建丑，五月丁亥朔。张汝
舟先生定武王克商在公元前1106年，则公元前1111年正当晚殷。
商尊之"辰"，即朔日。①

"辰在××"之"辰"，即《左传·昭公七年》"日月之会是谓
辰"之"辰"，即朔。已知"辰在××"的二十余器，皆可考出具
体年代，且"辰"必朔日无疑。②

师艅鼎："隹王八祀正月，辰在丁卯"，即隹王八年正月丁卯
朔，我们据此比照共王铜器——元年师虎簋："隹元年六月既望
甲戌"，十五年趞曹鼎的"隹十又五年五月既生霸壬午"，则与师
艅鼎历日不容。足见师艅鼎非共王器，故定为孝王器。铭文所记
实孝王八年正月丁卯朔。

（二）孝王铜器组

明确师艅鼎为孝王八年器，历日分明，则可以历术排比，将
西周中期备具王年，月相，月、日干支的有关铜器，分组归类，
得出孝王铜器组：元年逆钟，元年师颖簋，元年蔡簋，四年散季
簋，四年散伯车父鼎，六年史伯硕父鼎，八年师艅鼎，十一年师

---

① 张汝舟：《二毋室古代天文历法论丛》，第170—175页。
② 张闻玉：《释"辰"》，《贵州大学学报》1994年第2期。

整簋，十二年大簋盖。

以上铜器历日的排比，其原则是：（1）月相必须定点，且定在一日，失朔允许在半日之内；（2）月相名词的正确解释是——初吉、既死霸为朔，既生霸为望为十五，既望为十六；（3）西周用历以建丑为主，失闰才建子、建寅，再失闰建亥。

如果校以实际天象，孝王元年当是公元前928年，冬至月朔丁未 14^h24^m。[①] 如果我们从这个起点排列下去，孝王时代的诸多铜器皆可找到各自的准确位置。这是实际天象，非人力所能妄为。亦知，孝王八年师𩵦鼎乃公元前921年器。

（三）关于王臣簋

1977年底于澄城县出土的王臣簋，王年、月相、月、日干支俱全，铭文涉及益公、内史𢼸等西周中期时王之重臣，是研究西周中期铜器年代的主要器物之一。吴镇烽等说："王臣簋的制作，我们认为在西周懿王二年三月。理由是：一，敞口、宽腹、圈足下另出三扁足的作法，西周前期是没有的。矮体、兽首衔环耳的特点，西周中期才开始出现。花纹既有团鸟纹，又有窃曲纹，铭文字体涣散等，都表现了西周中期青铜器艺术的特征。二，铭文中代宣王命的史官是内史𢼸，亦称史𢼸，见于癯盨、望簋、蔡簋、扬簋、谏簋。通过这些器铭内在联系的研究，可以确定内史

---

① 张培瑜：《西周历法和冬至合朔时日表》，载张钰哲主编《天问》。具体推算可参考张闻玉《西周七铜器历日的推算及断代》，《社会科学战线》1987年第2期及本书前文。

兑是懿王时期人，这就为我们判断王臣簋以及懿王时期的青铜器提供了得力的证据。"① 吴氏的结论不误，但论据似嫌不足。王臣簋铭有益公，益公还见于乖伯簋、永盂、休盘。乖伯簋、永盂为共王器，益公实共王、懿王之重臣，忠于共、懿父子。王臣簋历日与共王铜器组、孝王铜器组历日不容，也与夷王铜器组历日不容，唯与休盘历日可合，只能定于懿世。王臣簋实为懿王时代之标准器。

（四）懿王铜器组

明确了王臣簋为懿王铜器，就可以据历日将可系联之铜器归入懿王铜器组。包括无年而有月、月相、日干支的器物，计有：元年曶鼎，二年王臣簋，三年柞钟，（五年）曶壶，九年卫鼎，（十年）康鼎，（十二年）庚嬴卣，（十四年）史懋壶，（十四年）弭伯簋，十五年大鼎，（十五年）弭叔簋，（十八年）南季鼎，廿年休盘，（廿一年）免簋，廿二年庚嬴鼎，（廿二年）匡卣，（廿三年）免卣。

王臣簋历日合哪一年实际天象？查公元前 915 年，冬至月朔壬戌 15^h25^m，丑月壬辰 02^h02^m，寅月辛酉 11^h32^m，卯月庚寅 20^h16^m，辰月庚申 04^h47^m（下略）。是年建丑，三月庚寅，与王臣簋历日正合。前推一年，懿王元年即公元前 916 年，亦与曶鼎

---

① 吴镇烽、王东海：《王臣簋的出土与相关铜器的时代》，《文物》1980 年第 5 期。

历日吻合。

据实际天象考知，孝王元年为公元前 928 年，至懿王元年即公元前 916 年，知孝王在位十二年。孝王在前，懿王继位在后。这是铜器历日明确告诉我们的。

又，师𩜅鼎所记，师𩜅在穆王时"用乃孔德珤屯，乃用心引正乃辟安德"，按旧说当历事穆王、共王、懿王、孝王四代。所以李学勤氏说："师𩜅曾立于穆王之朝，且曾告王善道，对穆王有所匡正，足见穆王死时此人的年岁不能很轻，他不能活到穆王的另一个儿子的第八年。"[①] 事实上，孝王继其兄共王在位，师𩜅自穆王时任职到共王、孝王时，历事三朝，李先生的疑虑当可冰释了。

总之，由于师𩜅鼎与王臣簋的王世一经确定，借助铜器历日本身，得以纠正史籍记载的西周王序"共、懿、孝、夷"的错误。共、孝、懿、夷，这才是西周王序的历史真实。

（五）关于眉敖的两器

利用铭文中相同的人名辗转系联，可以揭示若干铜器的相互关系，彼此的年代不会相差太远，可划为一个大的铜器群，而绝对年代的准确结论，还得以铜器历日为基础进行考求。历日本身不是简单的干支纪数，而是反映当时的实际天象，而天象又是可

---

① 李学勤：《西周中期青铜器的重要标尺——周原庄白、强家两处青铜器窖藏的综合研究》，《中国历史博物馆馆刊》1979 年第 1 期。

以用历术推求出来的。① 非逞臆之谈，实准确可信。除非铜器铭文自身的夺衍，才可能造成历日的误断。比照下面两器，可以说明一些问题。

卫鼎：隹九年正月既死霸庚辰。眉敖使来。

乖伯簋：隹王九年九月甲寅。王命益公征眉敖，二月眉敖至。

两器皆涉及眉敖与周王室事。经过系联，两器可划入西周中期铜器群，先得其大概：上限到穆王后期，下限可至厉王初。唐兰氏列两器入共王世。云："共王九年正月先派使者来，九月共王又派益公去，眉敖才来朝见。"② 这样的断代，舍弃历日而不用，未必就合于史实。排比历朔知，九年正月庚辰朔（既死霸），九月当为丙子朔，无甲寅日。且九年卫鼎与懿王诸器历日贯穿，不容于共王诸器。乖伯簋当是共王器。共王九年九月甲寅日，王派益公征眉敖，十年二月眉敖至，见共王。益公实为共王之重臣，这是乖伯簋所叙。孝王诸器无涉及益公者，大概是失势了。到懿王二年的王臣簋："王各于太室，益公入右王臣，即立中廷。"益公地位是显赫的，位在王臣之上。卫鼎历日合公元前 908

_____

① 张培瑜：《晚殷西周冬至合朔时日表》，载张钰哲主编《天问》。具体推算可参考张闻玉《西周七铜器历日的推算及断代》，《社会科学战线》1987 年第 2 期及本书前文。

② 唐兰：《陕西省岐山县董家村新出西周重要铜器铭辞的译文和注释》，《文物》1976 年第 5 期。

年懿王九年天象：是年闰十三，冬至月朔辛巳，丑月辛亥，寅月庚辰。实际用历是：十二月辛巳，闰月辛亥，正月庚辰，二月庚戌，三月己卯……九月丙子，十月丙午。亦知乖伯簋"九月甲寅"不容于懿王九年。从卫鼎知，懿王九年正月，眉敖使来，既出于修好，自然也与益公在朝受到重用有关。到二十年休盘："益公右走马休入门，立中廷，北向。"郭沫若氏以为"走马若趣马之职"，"趣马之职见于《诗》者，其位颇高，《十月》与卿士、司徒并列"，[①] 益公又是"右"者，地位自在走马休之上。差不多终懿王之朝，益公都是一位大权在握者。他在共王世已有征眉敖的功勋，懿王的拥立不会没有他的劳绩。先王老臣，功大权重，眉敖慑于他的声威，遣派使者与周修好，当是情理中事。

为了验证历日的准确无误，下面将西周中期主要年代的实际天象列出，找到众多铜器历日的准确位置，共、孝、懿、夷的王年及其他有关问题也就迎刃而解了。

（六）共王世的天象及铜器

每年天象用张培瑜《晚殷西周冬至合朔时日表》。[②] 武王克商在公元前 1106 年，至穆王元年（前 1006 年）为百年，穆王在位

---

① 郭沫若：《两周金文辞大系图录考释》，《郭沫若全集·考古编》（第八卷），第 322 页。郭氏定为宣王器，不可从。

② 张培瑜：《晚殷西周冬至合朔时日表》，载张钰哲主编《天问》。具体推算可参考张闻玉《西周七铜器历日的推算及断代》，《社会科学战线》1987 年第 2 期及本书前文。

55 年，至共王元年。

共王元年（前 951 年），实际天象：冬至月朔辛酉 08^h36^m。

师虎簋：隹元年六月既望甲戌。（《大系》73）

按：既望十六甲戌，必己未朔。上年当闰未闰，本年建亥，正月辛卯，二月辛酉……六月己未（定朔戊午 23^h45^m，司历定为己未朔，失朔 15^m）。共王二年（公元前 950 年）：冬至月朔乙卯 23^h15^m。

趩尊：隹三月初吉乙卯……隹王二祀。（《大系》101）

按：元年闰十三，二年建子，正月乙卯，二月乙丑，三月乙卯（定朔甲寅 20^h39^m，失朔 3^h21^m）。

共王三年（前 949 年）：冬至月朔庚戌 08^h26^m。

师遽簋：隹王三祀，四月既生霸辛酉。（《大系》83）

按：既生霸十五辛酉，必丁未朔。是年建丑，正月己卯，二月己酉，三月戊寅，四月丁未（失朔 5^h28^m）。

共王七年（前 945 年），冬至月朔丙戌 03^h37^m。

师毛父簋：隹六月既生霸戊戌。（《大系》76）
趞曹鼎：隹七年十月既生霸。（《大系》68）

按：既生霸十五，必甲申朔。是年建丑，正月乙卯……六月甲申（定朔癸未 23^h18^m，失朔 42^m）。师毛父簋无年，列入共王，只合共王七年天象。七年趞曹鼎无日干支，可以推知，十月辛巳朔，既生霸十五必乙未。足见西周时人对月相的重视，朔日有定，月相之日干支自明。月相若不定点，不定于一日，则不可能有纪日的作用。七年趞曹鼎是其例证。

共王九年（前 943 年）：冬至月朔庚戌 14^h18^m。

乖伯簋：隹王九年九月甲寅。（《大系》147）

按：是年建丑，九月庚子朔，十五甲寅。若要记上月相，则九月既生霸甲寅。古人制器，多记朔与望两日。月朔为初吉，月圆为望，亦为吉。真正的月满圆多在既望，故记既望亦多。《易·归妹》的"月几望，吉"，可证。乖伯簋所记甲寅必是吉日，知必为十五，朔当为庚子，故不用定朔的辛丑 02^h28^m。

共王十年（前 942 年）：冬至月朔己亥 07^h42^m。

永盂：隹十又二年初吉丁卯。（《文物》1972.1）

按：唐兰氏定为共王器，可从。此器有年无月，是铭文缺月之证。比照共王十二年天象，无丁卯朔。移于共王十年，有寅正二月丁卯朔，合。用子正接续上年，二月丁卯，失朔过半日（定朔戊辰 18^h06^m），为观象授时之征。铭文有误，当是：隹十年二月初吉丁卯。此乃铜器历日自误一例。

共王十四年（前 938 年）：冬至月朔乙巳 23^{h}30^m。

师汤父鼎：隹十又二月初吉丙午。（《大系》70）
康鼎：隹三月初吉甲戌。（《大系》84）

按：师汤父鼎合共王十三年十二月丙午朔（即公元前 938 年
冬至月朔，合朔在半夜，司历定丙午。足见共王十三年、十四年
历用建丑）。康鼎合共王十四年三月甲戌朔（定朔乙亥 05^{h}11^m）。
推知实际用历：十二月丙午，正月乙亥，二月乙巳，三月甲戌，
四月甲辰……月大月小相间。

共王十五年（前 937 年）：冬至月朔己巳 19^{h}03^m。

趞曹鼎：隹十又五年五月既生霸壬午。（《大系》69）

按：既生霸十五壬午，必戊辰朔。十五年趞曹鼎乃共王世标
准器，与公元前 937 年天象密合无间。是年建子，五月戊辰朔，
合朔在 13^{h}39^m。公元前 938 年建丑，当闰不闰，丑正转子正。此
器的重要意义在于：穆王、共王年代可证，前推 16 年即穆王末
年，穆王在位五十五年，与史合；月相定点可证，既生霸必十五
无疑；非行无中气置闰可证，本该十四年（前 938 年）闰八月
（无中气），当闰而未闰，还是观象授时。

共王十六年（前 936 年）：冬至月朔甲子 00^{h}38^m。

格伯簋：隹正月初吉癸巳。(《大系》81)

按：共王十五年置闰，十六年建丑，正月癸巳 15^{h}19^m。格伯簋当定为共王器，只合共王十六年天象。

共王十九年（前 933 年）：冬至月朔丁丑 06^{h}36^m。

同簋：隹十又二月初吉丁丑。(《大系》86)

按：同簋定为共王器，仅合共王十八年天象，建丑，十二月丁丑朔（即公元前 933 年冬至月朔丁丑）。知共王十九年历必建丑。

共王廿一年（前 931 年）：冬至月朔乙未 16^{h}50^m。

公鼎：九月既望乙巳。(《文物》1972.1)

按：既望十六乙巳，必庚寅朔。是年建子，九月庚寅朔。公鼎历日合共王二十一年天象。

共王廿二年（前 930 年）：冬至月朔己丑 18^{h}32^m。

盠驹尊：隹王十又二月，辰在甲申。（《考古学报》1957.2）

按：辰在甲申，即甲申朔。十二月甲申朔，合共王二十二年亥月朔癸未 17^{h}51^m。分数大，司历定为甲申朔，失朔 6^{h}9^m，亦合。

共王在位二十三年，由孝王世铜器证成。

（七）孝王世的天象及铜器

孝王元年（前928年）：冬至月朔丁未 14^h24^m。

逆钟：佳王元年三月既生霸庚申。（《考古与文物》1981.1）

师颖簋：佳王元年九月既望丁亥。（《金文通释》152）

蔡簋：佳元年既望丁亥。（《大系》102）

按：逆钟有定为厉王器者，与厉王元年历日不容。既生霸十五庚申，必丙午朔。蔡簋无月，郭沫若氏认为是"九月既望"，正与师颖簋历日同。既望十六丁亥，九月必壬申朔。排比历日知，有三月丙午朔，经7个月（中一闰月）必九月壬申朔。7个月（三大四小）计206日，干支经三轮，余26日。丙午至壬申，正26日。得知元年师颖簋（包括蔡簋）与元年逆钟为同王同年之器。是年建子，实际用历当是：正月丁未，二月丙子，三月丙午，四月乙亥，五月乙巳，六月甲戌，七月甲辰，八月癸酉，闰月癸卯，九月壬申，十月壬寅，十一月壬申。不同的是，我们将蔡簋列为夷王器。

孝王四年（前925年）：冬至月朔庚申 14^h20^m。

散季簋：佳王四年八月初吉丁亥。（《考古图》卷三）

散伯车父鼎：隹王四年八月初吉丁亥。(《文物》1972.6)

按：是年建子，八月朔丁亥 01^h19^m。两器历日合天象。

孝王五年（前 924 年）：冬至月朔乙卯 05^h11^m。

吕服余盘：隹王二月初吉甲寅。(《文物》1986.4)

按：王慎行氏考定为"共懿时代之器"。[①] 历日合公元前 924 年天象，建丑，正月甲申，二月甲寅。

孝王六年（前 923 年）：冬至月朔己卯 05^h45^m。

史伯硕父鼎：隹六年八月初吉乙巳。(《博古图》卷二)

卯簋：隹王十又一月既生霸丁亥。(《大系》85)

按：是年建子，八月乙巳朔（定朔甲辰 22^h40^m，失朔 1^h20^m），合史伯硕父鼎历日。卯簋"既生霸丁亥"，必癸酉朔，合戌月癸酉 22^h32^m。

孝王八年（前 921 年）：冬至月朔丁酉 08^h23^m。

师𰯼鼎：隹王八祀正月，辰在丁卯。(《文物》1975.8)

按：辰在丁卯，即丁卯朔。是年建亥，正月丁卯，二月丁

---

① 王慎行：《吕服余盘铭考释及其相关问题》，《文物》1986 年第 4 期。

酉，三月丙申……师𩛥鼎为孝王标准器，历日仅合公元前921年天象，遂定是年为孝王八年。

孝王九年（前920年）：冬至月朔辛卯07^h38^m。

即簋：隹王三月初吉庚申。(《文物》1975.8)

按：即簋为西周中期器。历日无年，既合夷王五年，亦合孝王九年。惟与夷王五年谏簋等器不容，必孝王九年器。公元前920年建亥，三月庚申（定朔辛酉03^h03^m）。从历术知，月、日干支以31年为周期，孝王九年去夷王五年正31年。又，孝王九年前推31年正共王元年。即簋历日与师虎簋历日不容，共王元年建亥，四月庚申，六月己未，亦非共王器。

孝王十一年（前918年）：冬至月朔己酉09^h12^m。

师嫠簋：隹十又一年九月初吉丁亥。(《大系》149)

按：金文中丁亥为大吉之日。书丁亥者未必是实际之日辰丁亥。遍考铜器历日，乙亥书为丁亥者，已有数例，孝王十一年九月乙亥朔，师嫠簋书为丁亥，即其一例。从孝王八年起，历用建亥，至十二年建子，接续大簋盖历日。

按郭沫若氏将此簋定为宣王器，而宣王十一年公元前817年天象与此器历日绝不相容，非宣王器可明。除孝王十一年九月朔乙亥，其余各王之十一年天象，皆无九月丁亥朔或九月乙亥朔，故定师嫠簋为孝王器。

孝王十二年（前917年）：冬至月朔癸卯21^{h}54^m。

大簋盖：隹十又二年三月既生霸丁亥。（《大系》87）

按：既生霸十五丁亥，必癸酉朔。公元前918年闰，孝王十二年建丑，三月朔壬申09^{h}43^m，实际用历与四分历平朔相差14小时17分，与定朔相差9小时43分，基本符合。①

孝王在位12年，由懿王世铜器证成。

（八）懿王世的天象及铜器

懿王元年（前916年）：冬至月朔戊戌13^{h}31^m。

智鼎：隹王元年六月，既望乙亥。（首段）

隹王四月既生霸，辰在丁酉。（次段）（《大系》96）

按：王国维氏以为两段为同一年间事，四月在首段之六月前，可从。辰在丁酉，即四月朔丁酉。四月朔丁酉，得六月朔丙申，得既望十六辛亥。智鼎书辛亥为乙亥，因乙亥亦为金文之吉

---

① 此处孝王十二年三月癸酉朔与定朔壬申09^{h}43^{m}间距离14小时17分，略大于失朔时限$\frac{499}{940}$，情况比较特殊，盖因此时历法尚处于现象阶段，与现代天文观测存在一定的差值，失朔时限略大于13小时，也是可以理解的。

日。懿王元年实际用历：建丑，正月戊辰，二月丁酉，三月丁卯，四月丁酉，五月丙寅，六月丙申，七月乙丑……，与曶鼎所记正合。

懿王二年（前915年）：冬至月朔壬戌15^{h}25^m。

王臣簋：隹二年三月初吉庚寅。（《文物》1980.5）

按：此簋历日合公元前915年天象，建丑，三月朔庚寅20^{h}16^m。上接曶鼎历日，孝王在位年数由此明确。

懿王三年（前914年）：冬至月朔丁巳02^{h}58^m。

柞钟：隹王三年四月初吉甲寅。（《文物》1961.7）

按：有定柞钟为西周后期器者，而历日与宣、幽各王无一可合，唯与王臣簋历日连贯，合公元前914年天象，建丑，四月朔甲寅20^{h}39^m，故定为懿王器。

懿王九年（前908年）：冬至月朔辛巳20^{h}54^m。

卫鼎：隹九年正月既死霸庚辰。（《文物》1976.5）

按：九年卫鼎历日合公元前908年天象，建寅，正月庚辰19^{h}03^m。八年不当闰而闰，建丑转建寅。九年当闰不闰，接十年建丑。卫鼎历日与曶鼎、王臣簋、柞钟历日连贯，当列入懿世。

懿王十四年（前903年）：冬至月朔壬子20^{h}40^m。

弭伯簋：隹八月初吉戊寅。(《文物》1966.1)

按：此簋无年，若定为西周中期器，历日合公元前903年天象，前推31年，与共王十八年（前934年）天象亦合，这是月、日干支周期所确定的。簋铭之"弭伯"又见于弭叔簋。弭叔簋铭有"井叔"，井叔实懿王之重臣。亦可联系免诸器及曶鼎、史懋壶、守宫尊等器。以上诸器已知为孝懿之世，故列弭伯簋于懿世。

懿王十五年（前902年）：冬至月朔丙子15^{h}42^m。

大鼎：隹十又五年三月既（死）霸丁亥。(《大系》88)

按：大鼎，吴其昌氏列入懿王，补为"既生霸"；董作宾氏以"既死霸"列入孝王十五年（前940年）；郭氏《大系》将大簋盖、大鼎同列入懿王器。考求天象，大簋盖合孝王十二年（前917年）天象；大鼎应列入懿王。懿王十五年建寅，三月朔乙亥08^{h}15^m，书为"三月既死霸丁亥"。乙亥何以书为丁亥？郑玄注《仪礼·少牢馈食礼》所云："不得丁亥，则己亥、辛亥亦用之，无则苟有亥焉可也。"铸器取吉日，丁亥是最大的吉日，故多用丁亥。今考之，并非全是实际的丁亥日。在西周铜器中，已有数例本当乙亥而书为丁亥者。最早一例是吴彝，乃穆王器。而师兑簋两器最为典型，有元年五月初吉甲寅，必有三年二月初吉乙亥，而三年师兑簋书为丁亥。舍此，大鼎历日无一王可合。有人以为丁亥是一个公式化的吉日代称，未免宽漫。果如此，历日的作用也就人为地被抹杀了。不如依郑玄说，以亥日为依托。

懿王十八年（前899年）：冬至月朔己丑06ʰ44ᵐ。

　南季鼎：隹五月既生霸庚午。（《大系》113）

　按：既生霸十五庚午，五月必丙辰朔。合公元前899年天象，建丑，五月朔丙辰20ʰ59ᵐ。郭沫若氏《大系》定为夷王器。历日与夷王各年天象不合，故列入懿王十八年。

懿王二十年（前897年）：冬至月朔戊寅12ʰ06ᵐ。

　休盘：隹廿年正月既望甲戌。（《大系》152）

　按：此器王世众说纷纭。郭氏《大系》定为宣王器。铭文字体有古朴之风，有据此定为穆王器者。铭文"益公"，实共懿之权臣，必共懿器无疑。历日既望十六甲戌，必己未朔。查共王二十年、孝王二十年均不合。懿王二十年（前897年），建丑，正月丁未（定朔戊申00ʰ11ᵐ，合朔在半夜，失朔11ᵐ），有十六既望壬戌。休盘既为共懿器，得知"甲戌"实"壬戌"之误。甲与壬笔误之例还见于元年师旋簋，将"壬寅"误书为"甲寅"。

懿王二十二年（前895年）：冬至月朔丙申15ʰ34ᵐ。

　匡卣：隹四月初吉甲午。（《大系》82）
　庚嬴鼎：隹廿又二年四月既望己酉。（《大系》43）

按：匡卣铭有"懿王"，故列入懿世。懿王二十二年建丑，四月朔甲午 21^h09^m 正合。庚嬴鼎"既望十六己酉"，必四月甲午朔，与懿王二十二年天象合。从历术角度言，非定懿世不可。

懿王在位 23 年（前 916 年—前 894 年）。当由夷王世诸铜器证成。

（九）夷王世的天象及铜器

夷王元年（前 893 年）：冬至月朔甲寅 10^h17^m。
夷王三年（前 891 年）：冬至月朔壬申 15^h33^m。

卫盉：佳三年三月既生霸壬寅。（《文物》1976.5）

按：卫器有列入共王者，有列入懿王者，属西周中期当无问题。既生霸十五壬寅，则戊子朔。三年三月戊子朔，则与西周中期各王三年天象皆不合，甚至与西周十二王之三年天象无一可合者。此器属于月相误书之例，器物有月相名词自误者，如伯寛父盨之"既死辛卯"，大鼎之"既霸丁亥"，即其例。不妨将卫盉从这一角度考虑。共王、孝王、懿王三年三月，无戊子朔，也无壬寅朔。夷王三年三月，无戊子朔；而有建亥，三月壬寅朔，即既死霸壬寅。白川静氏定卫盉为夷王器，可从。知卫盉"三月既生霸壬寅"当为"三月既死霸壬寅"。将"死"字误书为"生"字，有意为之乎？无意为之乎？有意为讳，无意为误。虽一字之差，竟使历日难合天象。

史颂簋：隹三年五月丁巳。（《金文通释》138）

按：郭氏《大系》云：史颂即颂鼎之"颂"，乃共王时人。故考订为同王同年之两器。颂鼎："隹三年五月既死霸甲戌"，其甲戌在丁巳之后十八日。同王同年同月，即使丁巳为朔，甲戌也在十八日。于是"既死霸"当在下半月某日了。月相之误解由此起。查共王三年之实际天象，与两器历日绝不相容。颂鼎历日唯合厉王三年（前876年）天象：五月甲戌朔，知既死霸为朔，则史颂簋非厉世器，故今列入夷王。夷王三年建亥，五月朔辛丑16^{h}15^m，得十七日丁巳，十七为既望之后一日。金文惯例，月相用初吉或既死霸，用既生霸，用既望，皆定点于一日。日辰在既望之后，依惯例无月相可记，便直书丁巳。

夷王五年（前889年）：冬至月朔辛酉21^{h}24^m。

五祀卫鼎：隹正月初吉庚戌……隹王五祀。（《文物》1976.5）

兮甲盘：隹五年三月既死霸庚寅。（《大系》143）

谏簋：隹五年三月初吉庚寅。（《大系》117）

卫簋：隹八月初吉丁亥。（《考古》1974.1）

按：五祀卫鼎，郭沫若氏、唐兰氏列入共王，李学勤氏、周法高氏列入懿王，白川静氏列入夷王。查共王、孝王、懿王五年

之天象，皆不合。铭文"庚戌"之"庚"，似庚似寅。《新出金
文分域简目》就释为"隹正月初吉寅戌"，[1] 历日明显有误。释
为"庚戌"与天象不合。今列入夷王，五年建丑，正月庚寅（失
朔 8^h3^m）二月庚申，三月庚寅视为历日自误例，否则五祀卫鼎
无所归属。

兮甲盘，多以为宣王器。谏簋铭因有"司马共"，有列入厉
王者，有定懿王者，董作宾氏列入夷王五年，与兮甲盘同王同月
日。董氏的夷王五年在公元前 920 年，多加了一个月日周期 31
年，将夷王在位年数大大延长了。既死霸即朔，即初吉，两器同
王同年月日，合夷王五年（前 889 年）三月庚寅。谏簋与师晨鼎
（师𫫇簋历日同）、癲盨铭皆有"司马共"，又同在"周师录宫"，
历日彼此不容，当分属夷、厉两王。师晨鼎合厉王三年天象，癲
盨合厉王四年天象。夷王五年当闰，中置一闰，八月朔丁亥
07^h34^m，合卫簋历日（无年）。

夷王八年（前 886 年）：冬至月朔甲戌 10^h05^m。

辅师嫠簋：隹王九月既生霸甲寅。（《考古学报》1958.2）

按：既生霸为十五日甲寅，必九月庚子朔。夷王八年建丑，
实际用历：正月甲辰，二月癸酉，三月壬申，四月壬申……九月
庚子（定朔己亥 11^h53^m），失朔半日，仍合。

---

① 中国社会科学院考古研究所编：《新出金文分域简目》，北京：中华书
局，1983 年，第 77 页。

夷王十二年（前 882 年）：冬至月朔庚戌 13^h46^m。

太师虘簋：正月既望甲午……隹十又二年。（《考古学报》1956.4）

伯晨鼎：隹王八月，辰在丙午。（《大系》115）

扬簋：隹王九月既生霸庚寅。（《大系》118）

按：既望十六甲午，必正月己卯朔。夷王十二年建丑，正月己卯（失朔 2^h7^m），二月己酉……八月丙午，九月丙子。太师虘簋铭有宰曶，上承蔡簋之宰曶；铭有伯晨，下接厉王三年师晨鼎之师晨。太师虘簋实夷王世之标准器，旧有懿王、厉王两说，均失之。

扬簋之既生霸十五庚寅，必九月丙子朔。是年八月丙午朔，合伯晨鼎历日；九月丙子朔，合扬簋历日。

夷王在位十五年（前 893 年—前 879 年），由厉王元年（前 878 年）之师毁簋、师兑簋证成。

结　语

以上我们用实际天象考校铜器历日，重点解决了西周中期共、孝、懿、夷四王的王序及在位年数，结合拙稿《武王克商在公元前 1106 年》，即可得出西周一代的诸王年表如下。

公元前 1106 年武王克商，在位 2 年；

公元前 1104 年成王元年，在位 37 年；

公元前 1067 年康王元年，在位 26 年；

公元前 1041 年昭王元年，在位 35 年；

公元前 1006 年穆王元年，在位 55 年；

公元前 951 年共王元年，在位 23 年；

公元前 928 年孝王元年，在位 12 年；

公元前 916 年懿王元年，在位 23 年；

公元前 893 年夷王元年，在位 15 年；

公元前 878 年厉王元年，在位 37 年；

公元前 841 年共和元年，计 14 年；

公元前 827 年宣王元年，在位 46 年；

公元前 781 年幽王元年，在位 11 年；

公元前 770 年平王元年，东周始。

七、 畯簋与西周王年

（一）畯簋铭文的释读

图 1　畯簋拓片

05386. 畯簋(畯簋)

【時　代】西周中期後段。
【收 藏 者】某收藏家。
【著　錄】未著録。
【銘文字數】内底鑄銘文 150 字(其中合文 2)。
【銘文釋文】隹(唯)十年正月初吉甲寅,王才(在)周[般]大(太)室,旦,王各(格)廟(廟),即立(位),𩁹王,康公入門右畯(畯)立中(中)廷,北鄉(嚮)。王乎(呼)乍(作)册尹册命畯(畯),曰:"弋𤰇乃且(祖)考□又(有)□于先王,亦弗朢(忘)乃且(祖)考𠭯(登)褱氒(厥)典𠬝(封)于𦨶(服)。今𦨶(朕)不(丕)顯考龏(恭)王既命女(汝)叓(更)乃且(祖)考事,乍(作)嗣(司)徒。今余隹(唯)𤕌(申)先王命女(汝)𢷎(攝)嗣(司)西𦨶嗣(司)徒𧧻(訊)訟,取𧶼(賜)武寽(鋝),敬勿灋(廢)𦨶(朕)命。易(錫)女(汝)𩰫卣、赤市(韍)、幽黄(衡)、攸(鋚)勒。"畯(畯)𢷎(拜)𩒨(稽)首,對𣪕(揚)天子休,用乍(作)𦨶(朕)剌(烈)考幽弔(叔)寶䵼(尊)𣪘(簋),用易(錫)萬年,子子孫孫𠀠(其)永寶。

图 2　吴镇烽释文

周宝宏重新释文如下:

隹(唯)十年正月初吉甲寅,王才(在)周服
大室,旦,周各庥(廟),即立(位),𩁹王,康公入
門右吮(畯)立中廷,北鄉(嚮),王乎(呼)乍(作)册尹册
命吮(畯),曰:"弋𤰇乃且祖考𧩯又(有)蒦(共)于先
王,亦弗𡇫乃且祖考,𠭯褱氒厥共,𠬝(封)
于服。今朕不(丕)顯考龏(龔)王既命女(汝)
更乃且祖考事,乍(作)嗣(司)徒,今余隹(唯)
𤕌(緟)先王命,〔命〕女(汝)𦨶嗣西嗣(司)徒,訊
訟,取遺十寽(锊),敬勿灋(廢)朕命,易(赐)

女（汝）豐卣、赤市、幽黄、攸（鋚）勒。"吮（畯）

捧（拜）頴（稽）首，對

揚天子休，用乍（作）朕剌（烈）考幽弔（叔）寶

障（尊）設（簋），用易（賜）邁（萬）年，子子孫孫

其永寶。

畯簋載于吴镇烽的《商周金文资料通鉴》（又刊布于《商周青铜器铭文暨图像集成》12），近来引起学术界关注。吴镇烽自己有释文在册，《中国文字研究》第二十辑有周宝宏的《畯簋铭文考释》，算是对铭文的字形字义的考证，较吴镇烽的文字更进了一步。

感谢陕西师大张懋镕教授发来畯簋的拓片及吴镇烽释文的扫描本，感谢弟子桂珍明找来周宝宏先生的文字，让我对畯簋的图像、解说有了直接的认识，才产生研究畯簋的兴趣。

畯簋铭文，除了后面的赏赐、劝勉、颂扬一套格式化语言之外，应该说有三个内容。

其一：

隹十年正月初吉甲寅，王在周大室，旦，周（王）格庙，即位，献王，康公入门右，畯立中廷，北向。王呼作册尹，册命畯，曰：在昔乃祖考，謙有功于先王，（先王）亦弗鄙乃祖考，登里其功，封于服。

释读：周王十年正月朔日甲寅这天，晨旦，周王来至太庙，

坐下。康公站在庙的右边，畯立于中廷。周王命作册尹，册命畯职事。周王说："以前你祖父非常有功于先王，先王并没有薄待你的祖父，功劳记录在册。故而封你在服地为官。"

其二：

今朕丕显考恭王，既命汝更乃祖考事，作司徒。

释读：这显然是懿王的话。懿王说：显考恭王曾经册命你祖父做司徒。

其三：

今余佳更申先王命，命汝摄管服西之地，作司徒。

释读：现在我（懿王）重申先王之命，命你摄管服西，担任司徒之职。很明显，这里有三个周王。十年的周王，再是显考恭王，今王是新即位的周懿王。周宝宏文章认为，显然是新的国王命令畯再担任一新官职。

理顺时序：

周共王命畯的祖考作司徒，封于服地。(今王追叙)

周王十年册命畯职事。畯一生任职的起点，畯自己重点记录此事，记录年月日，大书特书。

继位的周懿王重申周共王命，命畯作司徒，算是提升畯到他祖考的司徒地位。

这里透露了一个重要的信息，十年的周王只能是孝王。西周中期王序应该是：共王、孝王、懿王。晙簋的重大意义在于需要重新探讨西周中期的王序与王年这个大问题。

其实，早在《人文杂志》1989年第五期就刊载了拙作《西周共孝懿夷王序、王年考》一文，提出过这个王序问题，晙簋的出现只不过充实了拙作的证据，夯实了这个结论而已。

（二）关于"隹十年正月初吉甲寅"

"十年正月初吉甲寅"，即十年朔日甲寅。初吉即朔日，自古以来，解说很多。

《诗·小明》"正月初吉"，毛传："初吉，朔日也。"

《国语·周语》"自今至于初吉"，韦昭注："初吉，二月朔日也。"

《周礼》"正月之吉"，郑注："吉，朔日也。"

尧舜以来的阴阳合历体制，强调的是朔望月。朔与望就显得特别重要。古人重视月相观察，主要是观察月面明暗的变化，重点还是放在朔日、望日前后。所以月相必是定点的，不得有"四分月相说"，更没有一个月相管它十天半个月。

朔为初一，朏为初三（月牙初现），望为十五，既望为十六。几千年来都是明确的，定点的。其他月相名词也同样是定点的，定于一日。生霸、死霸非月相。生霸指月亮的光面，死霸指月亮的背光面。

归纳起来：

初一：朔、初吉、既死霸（既，尽也。全是背光面）

初二：旁死霸（旁近既死霸之义）

初三：朏，哉生霸（月的光面——"生霸"才现）

十五：望、既生霸（尽是光亮面）

十六：既望、旁生霸（旁近既生霸之义）

十七：既旁生霸（旁生霸之后一日）

月相不定点，记录月相何用？

故而，《武成》在月相、日干支后，紧记"粤（越）五日甲子""翌日辛巳"，月相不定点就不可有"越五日""翌日"。日干支定点于一日，前五天、前一天的月相必然是定点的，不用赘述。

用定点说解释铜器历日，虽然要求严密，难度很大，也正好体现它的科学性、唯一性。王国维"月相四分"，一个月相管它七天八天。"夏商周断代工程"取"二分说"，上半月既生霸，下半月既死霸，真正是毫不费力，解读铜器历日时可以随心所欲，随心所欲就让人无法相信。

用月相定点说，"隹十年正月初吉甲寅"，合公元前 919 年天象。

子月乙酉 792 分——四分术历谱①

---

① 张闻玉、饶尚宽、王辉：《西周纪年研究》，第 357 页。

丑月乙卯 351 分（乙卯 03^h00^m）①

寅月甲申 850 分

卯月甲庚 409 分

　　是年建丑，朔日乙卯，分数小，误差是 3 小时，故司历定为甲寅。这就是"正月初吉甲寅"。

　　这个十年，是周孝王十年，鲁厉公五年。② 这是历日天象确定的，非人力所能妄为。

（三）孝王铜器组

　　董作宾先生精于历术，明确否定"四分一月"说，指出"无一是处"。他用历日天象系联，将铜器依王世分组，许多铜器依次有了确定位置。共王铜器组也称共王世铜器、孝王世铜器、懿王世铜器……这样西周中期共—孝—懿—夷四王的王序、王年就一一明白了。

　　畯簋为孝王十年器，它的前后还有诸多年、月、月相、日干支"四全"的铜器，组成孝王铜器组。

　　孝王元年，公元前 928 年，鲁微公四十六年。

　　逆钟：隹王元年三月既生霸（十五）庚申（丙午朔）。③

---

　　① 详参张培瑜《中国先秦史历表》。

　　② 可查对《西周纪年研究》，第 357 页。

　　③ 曹发展、陈国英：《咸阳地区出土西周青铜器》，《考古与文物》1981 年第 1 期。

师颖簋：隹王元年九月既望（十六）丁亥（壬申朔）。①

公元前 928 年天象：

子月丁亥 890 分

丑月丁丑 449 分

寅月丁未 8 分

卯月丙子 507 分

辰月丙午 66 分

巳月乙亥 565 分

午月乙巳 124 分

未月甲戌 623 分

申月甲辰 182 分

酉月癸酉 681 分

戌月癸卯 240 分

亥月壬申 739 分

建子，寅月为三月，丁未分数小，司历定为丙午朔，有十五既生霸庚申，合逆钟。年中置闰，酉月为九月。癸酉 681 分，分数大，司历定为壬申朔，有既望十六丁亥，合师颖簋。

公元前 925 年，孝王四年，鲁微公四十九年，实际天象：

子月庚申 544 分

---

① ［日］白川静：《金文通释》152，第 344 页。

丑月庚寅

寅月己未

卯月己丑

辰月戊午

巳月戊子

午月丁巳

未月丁亥 227 分

申月丙辰

酉月丙戌

戌月乙卯

亥月乙酉

是年建子，八月丁亥朔。合散伯车父鼎"隹王四年八月初吉丁亥"①。也合散季簋"隹王四年八月初吉丁亥"②。

公元前 924 年，孝王五年，鲁微公五十年。《鲁周公世家》"魏公五十年卒"。《汉书》："《鲁周公世家》微公即位五十年。"实际天象：

子月甲寅 889 分（乙卯 05^{h}22^m）

丑月甲申 448 分

寅月申寅 7 分

---

① 史言：《扶风庄白大队出土的一批西周铜器》，《文物》1972 年第 6 期。

② （宋）吕大临、赵九成：《考古图·续考古图·考古图释文》卷 3，中华书局，1987 年版。

卯月癸未 506 分

是年建丑，二月甲寅，合吕服余盘"隹王二月初吉甲寅"①。

公元前 923 年，周孝王六年，鲁厉公元年，实际天象：

子月戊寅 793 分

丑月戊申

寅月丁丑

卯月丁未

辰月丙子

巳月丙午

午月丙子

未月乙巳 526 分（甲辰 22$^\text{h}$55$^\text{m}$）

申月乙亥

酉月甲辰

戌月甲戌 143 分（癸酉 22$^\text{h}$53$^\text{m}$）

亥月癸卯

《鲁周公世家》："魏公五十年卒，子厉公擢立。"建子八月乙巳，合史伯硕父鼎"隹六年八月初吉乙巳"。（《博古图》卷二）合卯簋"隹王十又一月既生霸丁亥（癸酉朔）"。既生霸十五丁亥，必癸酉朔。

① 王慎行：《吕服余盘铭考释及其相关问题》，《文物》1986 年第 4 期。

公元前 921 年，孝王八年，鲁厉公三年，实际天象：

上年亥月丁卯 546 分（丁卯 12^h37^m）

子月丁酉 102 分

是年建亥，正月丁卯朔。合师朢鼎"隹王八祀正月，辰在丁卯"[①]。

公元前 918 年，孝王十一年，鲁厉公六年，实际天象：

子月己酉 696 分

丑月己卯

……

申月乙巳

酉月乙亥 487 分

戌月乙巳

亥月甲戌

合师螯簋"隹十又一年九月初吉丁亥（取丁亥大吉，书乙亥为丁亥）。"

公元前 917 年，周孝王十二年，鲁厉公七年，实际天象：

---

① 吴镇烽、雒忠如：《陕西省扶风县强家村出土的西周铜器》，《文物》1975 年第 8 期。

子月甲辰 100 分

丑月癸酉 599 分

寅月癸卯 158 分

卯月壬申 657 分

是年建丑，二月癸卯朔。合大簋盖"隹十又二年三月既生霸丁亥"。既生霸十五丁亥，必是癸酉朔，合朔时刻相差 7 时 13 分 32 秒，在半日之内，比较密近，即亦合孝王十二年三月壬申朔。

有专家说，师嫠簋、卫鼎、卫盉等应该是西周后期的铜器，不得列为中期。那是器型学，铭文历日更多是记史，先公先王的史事，与器形无关。

孝王在位 12 年，有懿王元年即公元前 916 年铜器묩鼎、伯吕父盨可证。

以上逆钟、师颖簋、散伯车父鼎、吕服余盘、史伯硕父鼎、卯簋、师㝨鼎、畯簋、师嫠簋、大簋盖等十余件铜器，可归入孝王铜器组。

公元前 928 年至公元前 917 年乃周孝王之年，孝王在位 12 年。

（四）西周中期王序、王年

同样的研究方法，懿王铜器组计有铜器：元年묩鼎、元年伯吕父盨、二年王臣簋、三年柞钟、八年齐生鲁方彝盖、九年卫鼎、十年康鼎、十二年庚嬴卣、十五年大鼎、十六年士山盘、十

八年南季鼎、二十年休盘、二十二年庚嬴鼎等十余件。

公元前899年"天再旦"的日全食天象，发生在懿王十八年丑正，四月丁亥朔。《汲冢纪年》记："懿王元年，天再旦于郑。"乃"十八"误合为"元"。公元前899年"天再旦"的天象，也证实西周王序是共、孝、懿、夷。懿王元年在公元前916年（元年曶鼎、元年伯吕父盨），懿王在位23年。

夷王元年当是公元前893年，鲁厉公三十一年。夷王铜器组有铜器：元年蔡簋、三年卫盉、五年兮甲盘、五年谏簋、十二年太师虘簋。

共王铜器组有：元年师虎簋（郭沫若《大系》列共王、王国维列宣王），"佳元年六月既望甲戌"，合公元前951年天象：辰月己未朔。既望十六年甲戌，必己未朔。

二年趞尊，合公元前950年天象。

三年师遽簋盖，合公元前949年天象。

七年趞曹鼎，合公元前945年天象。

十五年趞曹鼎，合公元前937年天象。

证成周共王元年乃公元前951年，至公元前929年，共王在位23年。

这样，西周在中期共王至夷王的王序、王年当是：

共王，公元前951年至公元前929年，在位23年；

孝王，公元前928年至公元前917年，在位12年；

懿王，公元前916年至公元前894年，在位23年；

夷王，公元前893年至公元前879年，在位15年。

记史的文字在厉王之前、穆王之后无年数，主要指西周中期这一段。幸有诸多铜器陆续问世，借助铜器铭文，勘比历日天象，共、孝、懿、夷，王序、王年逐一明朗。

（五）西周前期的王年

西周后期，厉王在位37年（前878年—前842年）史文有载，共和14年，宣王47年，幽王11年，都于史有据。

西周中期，共、孝、懿、夷已如上述，弄清楚西周前期的王年，整个西周年代就云开雾散。

西周前期，指武王克商到穆王这一段，武王之后，成、康、昭、穆，总计为150多年。

记载武王伐纣克商的文字，权威的是《汉书·律历志》所引《尚书·武成》，克商之年的月、日干支，以及其后的记事日干支也明明白白。《尚书·武成》云：

> 惟一月壬辰旁死霸，若翌日癸巳，武王乃朝步自周，于征伐纣。
> 粤若来三〔二〕月既死霸，粤五日甲子，咸刘商王纣。
> 惟四月既旁生霸，粤六日庚戌，武王燎于周庙。翌日辛巳，祀于天位。粤五日乙卯，乃以庶国祀馘于周庙。

克商之年的朔日当是：

> 一月辛卯朔，初二壬辰，初三癸巳。

二月庚申朔，初五甲子。

四月己丑朔，十七乙巳，二十二庚戌，二十三辛亥，二十七乙卯。

以实际天象勘合，公元前1044年、公元前1075年、公元前1106年的历日干支符合这些条件，因为历术周期是31年。每三十一年，月朔干支轮回一周。李丕基、江晓原考订克商在公元前1044年，唐兰、刘启益考订克商在公元前1075年，张汝舟先生、张闻玉考订克商之年在公元前1106年。以上这些年份都符合《武成》的历日。利用《武成》，其他年份就得排除。

涉及周公摄政七年的，《尚书》中记有三个历日。

《尚书·召诰》记："惟二月既望，越六日乙未，王朝步自周，则至于丰。"

《尚书·召诰》记："越若来三月，惟丙午朏，越三日戊申，太保朝自于洛，卜宅。"

《尚书·洛诰》记："戊辰，王在新邑，烝祭岁……在十又二月。惟周公诞保文武受命惟七年。"

具体朔日也明明白白：

二月乙亥朔，既望十六庚寅，二十一日乙未。

三月甲辰朔，初三朏丙午，初五戊申。

十二月己亥朔，三十日戊辰。

这就是周公摄政七年的历朔干支。勘合实际天象，公元前

1036 年、公元前 1067 年、公元前 1098 年的历日干支符合这些条件。利用《召诰》，周公摄政七年的其他年份也得排除。《召诰》所记周公摄政七年，赵光贤先生考订为公元前 1036 年；董作宾先生、张汝舟先生考订《召诰》所记为公元前 1089 年。都值得重视。

《史记·鲁周公世家》大体完整地记录了西周一代鲁公在位的年数，为后人提供了西周总年数的资料。从武王克商到犬戎杀幽王，当是 336 年。这就是：

武王 2 年+周公摄政 7 年+伯禽 46 年+考公 4 年+炀公 60 年+幽公 14 年+微公 50 年+厉公 37 年+献公 32 年+真公 30 年+武公 9 年+懿公 9 年+伯御 11 年+孝公 25 年=336 年。

这其中，通行本《史记·鲁周公世家》记炀公为"六年"，宋本及明清官本《汉书·律历志》引作"《（鲁）世家》'炀公即位十六年'"。汲古阁本《汉书》作"炀公即位十六年"。细审之，炀公在位应为"六十年"。历代史志大体遵从炀公六十年一说。1962 年中华书局点校本《汉书》亦作"炀公六十年"。

《晋书·束晳传》引《竹书纪年》记"自周受命至穆王百年"。是文王受命，还是武王受命？理解不一。武王受命，当指克商。就是说，克商至穆王，正百年之数。

《史记·秦本记》张守节《正义》云："年表穆王元年去楚文王元年三百一十八年。"查对，楚文王元年在公元前 689 年，上溯 318 年，穆王元年在公元前 1006 年。

要知道，涉及西周年代，影响史学界最大、时间最长的是汉代刘歆之说以及唐代僧一行说。克商，刘歆据《武成》，推算出来当在公元前 1122 年，旧有史志多从其说。僧一行指出刘歆计算的误差，推算出来克商当在公元前 1111 年，今人持其说者首推董作宾先生。

纵观文献典籍，克商当在公元前 11 世纪之前。用陈连庆先生的说法："虽不中，不远矣。"就是说，克商的具体年代与刘歆、一行之说，相去不会很远。这样，把克商年代定在公元前 11 世纪之后的，主要是今人的很多说法，也可以排除。什么"克商年代有长年说、短年说"，不长不短取其中的创意，貌似公允而实不可取。毕竟是学术研究，没有折中，也不需要仲裁。

我们的单篇文章，《武王克商在公元前 1106 年》《鲁世家与西周王年》①等只是想把问题说得更深入些。更多的人，需要的只是一个准确可靠的结论而已。

穆王在位 55 年，《史记》有载。昭王在位 35 年，有三十五年（郭沫若释为廿五年）小盂鼎可证。昭王在位 35 年，70 余岁故去，才可能有一个 50 岁的儿子穆王即位。

西周前期的王年当是：

公元前 1106 年武王克商，在位 2 年；

公元前 1104 年成王元年，在位 37 年（含周公摄政七年）；

公元前 1067 年康王元年，在位 26 年；

---

①　按，以上两文均载于《西周王年论稿》《西周纪年研究》。

公元前 1041 年昭王元年，在位 35 年；

公元前 1006 年穆王元年，在位 55 年。

张闻玉 2015 年 3 月 18—19 日

八、 伯吕父盨的王年

《断代工程简报》第 151 期，发有李学勤先生关于"伯吕父盨"的文章。该器铭文的王年、月序、月相、干支四样俱全，考证其具体年代是可能的。就此谈谈我的看法。

铭文所载历日是：隹王元年六月既眚（生）霸庚戌，伯吕又（父）[1] 作旅盨。这个历日明白无误是作器时日，用器型学方法断其大体年代是可行的。陈佩芬先生认为"此盨的形制、纹饰均属西周晚期"，[2] 李先生以为"应排在西周中期后段"。

以历日勘比天象，西周晚期周王的元年无一可合。"排在西周中期后段"则是唯一的首选。

月相定点，定于一日。既生霸为望为十五，十五庚戌，月朔为丙申。连读是：隹王元年六月丙申朔，十五既生霸庚申，伯吕父作旅盨。

历日四要素俱全的铜器已有数十件，用历日系联，每一件铜

---

① 父，铭文作"又"形，李学勤先生认为，"揣想该字是'父'，但误漏左上方竖笔，作器者乃伯吕父。"李学勤：《谈伯吕父盨的历日》，《陕西师范大学学报》，2006 年第 4 期，第 129 页。

② 陈佩芬：《夏商周铜器研究·西周篇下》，上海：上海古籍出版社，2004年，第 494 页。

器都不会是孤立的，都可以在具体的年代中找到它的准确位置。这就是历日堪比天象的妙处。董作宾先生就此将铜器列入各个王世，排出共王铜器组……夷王铜器组、厉王铜器组……得出的结论似更可信。

共和元年为公元前 841 年，这是没有疑义的。厉王在位 37 年，司马迁有记载，不必推翻。厉王元年为前 878 年。

有两件铜器的历日与前 878 年的天象吻合。

师翻簋：佳王元年正月初吉丁亥。（《大系》114）

师兑簋甲：佳元年五月初吉甲寅。（《大系》154）

前 878 年实际天象：丑正月丁亥 19^{h}56^m★；二月丙辰，三月丙戌，四月乙卯，闰月乙酉，五月甲寅 18^{h}36^m★，六月甲申……（标注^h、^{m}为张培瑜《中国先秦史历表》所载，★为符合天象的铜器历日）

前推，当是夷王。夷王世的铜器有：

卫盉：佳三年三月既生（死）霸壬寅。（《文物》1976.5）

兮甲盘：佳五年三月既死霸庚寅。（《大系》143）

谏簋：佳五年三月初吉庚寅。（《大系》117）

太师虘簋：正月既望甲午……佳十又二年。（《考古学报》1956.4）

从夷王末年向前考察实际天象，前 882 年丑正月庚辰 02^{h}07^m，二月己酉，三月己卯……正月庚辰分数小，司历定己卯★。这就是太师虘簋历日之所在。正月既望十六甲申，则月朔己卯。

定前 882 年为夷王十二年的话，前 889 年为夷王五年。前 885 年天象：丑正月辛卯，二月庚申，三月庚寅 03^{h}08^h★，四月己未……三月庚寅就是兮甲盘、谏簋历日之所在。兮甲盘用"既死霸",谏簋用"初吉",并无二致。

前推,前891年当为夷王三年。前891年天象:上年当闰未闰,子正变亥正,正月癸卯,二月壬申,三月壬寅04^{h}30^m★。这就是卫盉历日之所在。卫盉的"既生霸"应是"既死霸",忌"死"用"生"而已,不为误。这就是前文《铜器历日研究条例》中的"既生霸为既死霸例"。

用铜器历日勘合天象,夷王元年为前893年(鲁历公卅一年),夷王在位15年。

往前,进入另一王世。史书记为孝王,后人多从。用铜器历日考校,当是懿王。用历日系联,这一王世的铜器有:

元年曶鼎、二年王臣簋、三年柞钟、九年卫鼎、十五年大鼎、二十年休盘、二十二年庚嬴鼎。

庚嬴鼎、休盘靠近夷王,不妨以两器为例讨论之。

庚嬴鼎:隹廿又二年四月既望己酉。(《大系》43)

休盘:隹廿年正月既望甲戌(壬戌)。(《大系》152)

既望己酉,则四月甲午朔;甲与壬形近,既望十六甲戌则己未朔;既望壬戌则丁未朔。

前897年天象:丑正月丁未651分★(戊申00^{h}11^m),二月丁丑……

前895年天象:丑正月乙丑,二月乙未,三月乙丑,四月甲午21^{h}09^m★。

其他多件懿王铜器均可如法一一勘合。得知,前895年乃懿王二十二年,夷王元年是前893年,懿王在位当是23年。

前推，前899年有"天再旦于郑"的天象，不可易。前899年合懿王十八年。古多合文，"十八"应是合文，误释为"元"，便出现"懿王元年天再旦于郑"的文字。我们确定夷王之前是懿王，当然与"天再旦于郑"的日食天象有关。"共懿孝夷"的王序，虽有新出"速"器①佐证，那实在是"五世共庙制"造成的误会。当专文解说。实际的王序是：共、孝、懿、夷。这是铜器历日明确告诉了我们的。

经过历日与天象勘合，十五年大鼎历日合前902年天象，九年卫鼎合前908年天象，三年柞钟合前914年天象，二年王臣簋合前915年天象，元年曶鼎合前916年天象。

前916年实际用历：丑正月戊辰，二月丁酉，三月丁卯，四月丁酉★，五月丙寅，六月丙申★……②这里的"四月丁酉"就是曶鼎的"四月辰在丁酉"。这里的"六月丙申（朔）"就是伯吕父盨的"惟王元年六月既生霸庚戌（丙申朔）"。

不难看出，伯吕父盨的历日吻合前916年实际天象，这个元年的王是懿王。

结论是明确的：伯吕父盨乃周懿王元年器，与曶鼎同王同年，其绝对年代是公元前916年。

2005年10月27日上午稿

---

① 按，速，李学勤先生释为"佐"，详见李学勤《眉县杨家村新出青铜器研究》，《文物》2003年第6期，第67页。此外还有释为"述"者，兹不一一列举。

② 张闻玉：《西周王年论稿》，第147—148页。

九、《乘盨》历日与厉王纪年①

国家博物馆新近刊布的《乘盨》是一件年、月、月相及日干支"四全"的铜器。通过运用四分术，坚持月相定点说，核检其铭文所载历日"隹三年二月初吉己巳"合周厉王四年（前875年）子正二月己巳朔或闰丑月，建寅正，二月戊辰朔。通过贯通考察厉王三年（前876年）历朔，是年有《师兑簋乙》《师晨鼎》《师俞簋盖》及《颂鼎》诸器，则与四年《癲盨》相合，即当建丑正。然而，通过清华简《系年》"周亡（无）王九年"及"二王并立"的新材料以及宣王纪年有两个体系等史实、历日材料的佐证，可知《乘盨》与《癲盨》建正不同，这不只是简单的建正问题，亦与以"大一统"观念解读建正，固守建子或建丑的模式存在出入。因此，《乘盨》的重要性在于使我们懂得，秦之前"不统于王"各自建正的做法，一定程度上反映了周厉王时期对立的两派行用不同正朔体系，分属两个不同建正系统的史实。

2018年3月30日至4月1日，中国国家博物馆田率先生在

---

① 本文原题《乘盨历日考》，最初完成于2018年6月，后更为现名，论证更为充实和完整，刊于南昌大学国学研究院2021年3月《正学》（第七辑）。桂珍明执笔。

第二届古代文明研究前沿论坛会议上刊布了 2017 年国家博物馆新入藏的一件名为"乘盨"的青铜器。值得注意的是,该器铭文所载历日为"隹三年二月初吉己巳",是一件年、月、月相及日干支四要素俱全的青铜器,科学合理地解读此器历日,有助于我们确定一件新的标准器,进而为排定西周铜器历谱增加可靠的铜器历日支点。

图一 《乘盨》铭文照片

图二 乘盨铭文拓片

（一）《乘盨》 历日“隹三年二月初吉己巳” 解

《乘盨》通高 16.7 厘米、口长 22 厘米、口宽 16.5 厘米。无盖，器形为直口，腹部横截面为圆角长方形，腹较浅，平底，腹两侧有一对附耳，四蹄足，足内里有浅凹槽，使足之断面呈多半圆形。腹部饰瓦纹。内底铸铭 51 字（见前图一、图二），田率先生释读如下：

> 隹（惟）三年二月初吉己子（巳），中（仲）大（太）师才（在）莽，令（命）乘鼐（总）官嗣（司）走马、驺人，易（锡）乘马乘快已（以）车。乘敢对鼐（扬）中（仲）氏不（丕）显休，用乍（作）宝盨，乘其万年子=（子子）孙永宝。①

田率先生定《乘盨》为厉王器，是对的。其历日“四年二月初吉己巳”合厉王四年（前 875 年）的实际天象。但田率先生在坚持“月相四分说”的基础上，则认为：

> 经查张培瑜《中国先秦史历表》，厉王四年（前 874

---

① 田率：《乘盨考论》，《第二届古代文明前沿论坛会议论文集》，贵阳：贵州大学，2018 年 3 月 30 日—4 月 2 日，第 57 页。又，驺，原释为“驭”，田氏于 2020 年改释为“驺”，详见田率《乘盨小考》，《文物》2020 年第 4 期，第 59—61 页。

年），正月建子，二月癸亥朔，己巳为第七日，吻合初吉月相。这件簋的时代在西周晚期偏早，铭文所记为厉王四年发生之事。①

对于"初吉"，按照传统的古天文历法月相定点之观点，当为月初一，为既死霸、为朔，此不赘言。② 故我们认为，在对"初吉"的解释上，不应当遵从月相不定点的"己巳为第七日"之说。我们可以核检公元前 874 年二月初吉的实际天象为二月癸亥朔，合朔时刻为 14 时 55 分，③ 明显不是己巳朔，故田先生定《乘簋》为厉王四年暨公元前 874 年，这与实际天象是不相符的。根据《夏商周断代工程 1996—2000 年阶段成果报告》（简本）所刊布的《夏商周年表》之厉王年表为前 877—前 841 年，在位 37 年，共和当年改元。④ 由《年表》所定厉王元年为前 877 年，则厉王四年正是前 874 年。但是，这也是存在问题的，诚如朱凤瀚先生所说："以往在排金文历谱时，一方面采用了厉王奔彘年（厉王三十七年）即共和元年（前 841 年）的方案，另一方面由从此年计算起将共和所跨年数定为 14，从而比上表所示由《史记》诸世家所推共和所跨年数实际少了 1 年，故亦使宣王元年仍

---

① 田率：《乘簋小考》，《文物》2020 年第 4 期，第 59 页。
② 张闻玉、饶尚宽、王辉：《西周纪年研究》，第 8 页。
③ 张培瑜：《中国先秦史历表》，第 54 页。
④ 夏商周断代工程专家组编著：《夏商周断代工程 1996—2000 年阶段成果报告》（简本），北京：世界图书出版公司北京公司，2000 年，第 88 页。

落在公元前 827 年。"① 对于宣王元年在前 827 年或前 826 年，后文有详细的论证。但是，这种情况与《史记·十二诸侯年表》所载"庚申共和元年"下之注"鲁真公十五年，一云十四年"是相合的，证明了宣王纪年存在两个体系。《史记·周本纪》"共和十四年，厉王死于彘。太子静长于召公家，二相乃共立之为王，是为宣王"，共和十四年，亦是明白的，若依《鲁周公世家》"真公十四年，周厉王无道，出奔彘，共和行政。二十九年，周宣王即位"，则共和行政有 15 年，与史实不符。因此，《十二诸侯年表》以"鲁真公十五年，一云十四年"调节此处纪年矛盾的作用就凸显出来了，以真公十五年计，正合真公二十九年，宣王元年则当为前 826 年。传统以前 827 年为宣王元年，上推 14 年，则共和元年为前 841 年，那么厉王三十七年则为前 842 年，前推 37 年则为厉王元年，前 878 年，"断代工程"所提供的《年表》将共和元年与厉王三十七年合，即采用了当年改元，如此一来确实压缩了厉王的一年，以此类推，若宣王亦"当年改元"，则断不会存在宣王纪年的两个系统。根据我们所排的《西周历谱》，厉王元年为前 878 年，厉王四年当为前 875 年，《乘盨》所载铭文历日正好合厉王四年实际天象（具体推算详下），则其三十七年正好为前 842 年，共和元年为前 841 年，足见"共和当年改元"这种处理方法是不正确的。

又，司马迁《史记》的西周纪年始自共和元年（前 841 年），

---

① 马承源、朱凤瀚等：《陕西眉县出土窖藏青铜器笔谈》，《文物》2003 年第 6 期，第 51 页。

《鲁周公世家》云："真公十四年，周厉王无道，出奔彘，共和行政。"

厉王在位 37 年，当从公元前 878 年即鲁献公九年计起，前878 年即厉王元年。鲁献公在位 32 年，鲁真公元年即周厉王二十五年。《鲁周公世家》云："献公三十二年卒，子真公濞立。"

厉王与鲁公年次均吻合无误。

厉王四年即鲁献公十二年，即公元前 875 年。

四分术《西周历谱》前 875 年天象：

子月庚子 12 分（己亥 18^h18^m）　　十二月

丑月己巳 511 分　　　　　　　　　　闰月

寅月己亥 70 分（己亥 06^h31^m）　　正月

卯月戊辰 569　　（戊辰 22^h43^m）　二月

辰月戊戌 128 分

巳月丁卯 627 分

午月丁酉 186 分

未月丙寅 685 分

申月丙申 244 分

酉月乙丑 743 分

戌月乙未 302 分

亥月甲子 801 分

单从厉王四年看，子正，二月己巳朔。若置闰，变寅正，二月戊辰朔，分数大（569 分），司历定己巳朔，误差在 400 分之内。四分历，朔策 29 日 499 分，误差在 500 分之内都算吻合。结合历王四年二月朔日之余分，可将此余分分数 569 换算为 1 日 24 小时 60 分制，是年寅正二月戊辰朔，合朔时刻为 14 时 31 分 39 秒，距离己巳日 7 时 18 分 21 秒，小于半日（13 小时），误差在 400 分之内，故司历定己巳朔是可以理解的。又，张培瑜《中国先秦史历表》公元前 875 年寅正二月定朔合朔时刻为戊辰 22 时 43 分，与四分术经朔合朔时日相合，且与司历所定己巳朔相差仅 1 小时 17 分，当然小于 13 小时，由此可见司历所定己巳朔与定朔更为接近。

究竟是取子正，还是取寅正？得从上年历日贯通考虑。这就必须将《乘盨》历日与历王三年、四年的铜器进行勘比。其中，目前我们所排定的《西周历谱》，历王四年已经有了一件四年《瘨盨》，故此需要以此器为突破点，详细考察历王四年的建正问题。

（二）四年《瘨盨》的建正问题

为了贯通考察历王三年（前 876 年）之铜器《师兑簋乙》《师晨鼎》《师俞簋盖》及《颂鼎》，我们特将是年历谱及相应铜器反映的实际天象列叙如下：

子月丙子 108 分　　（乙亥 22^{h}53^m）　　十二月

丑月乙巳 607 分　　　　　　　　　　丑正

寅月乙亥 166 分　　（乙亥 12^{h}54^m）　　二月　注 1

卯月甲辰 665 分　　（甲辰 22^{h}43^m）　　闰

辰月甲戌 224 分　　（甲戌 17^{h}26^m）　　三月　　注 2

巳月癸卯 723 分　　　　　　　　　　　　四月

午月癸酉 282 分　　（癸酉 11^{h}34^m）　　五月　　注 3

未月壬寅 781 分　　　　　　　　　　　　六月

申月壬申 340 分　　　　　　　　　　　　七月

酉月辛丑 839 分　　　　　　　　　　　　八月

戌月辛未 398 分　　　　　　　　　　　　九月

亥月庚子 897 分　　　　　　　　　　　　十月

闰月庚午 456 分　　　　　　　　　　　　十一月

注 1：《师兑簋乙》："隹三年二月初吉丁亥（当为乙亥朔）。"（《大系》155）

注 2：《师晨鼎》《师俞簋盖》："隹三年三月初吉甲戌。"（《大系》115）

注 3：《颂鼎》："隹三年五月既死霸甲戌（差半日）。"（《大系》72）

由上，据《师兑簋乙》《师晨鼎》《师俞簋盖》及《颂鼎》所记录的厉王三年历日可以推知，厉王四年取丑正，与四年《瘐簋》合；取寅正，与四年《乘簋》合。一旦厉王四年取子正，就与上述诸器冲突了。怎样解释这个矛盾呢？我们还需要综合考虑其他辅助因素进行判断。《殷周金文集成》所载《瘐簋》铭文曰：

佳（唯）四年二月既生霸戊戌，王才（在）周师彔宫，各大室，即立（位），嗣马共右（佑）癉，王乎史脊（敖）册易（赐）殷（鞎）靳、虢（鞍）敁（芾）、攸（鋚）勒，敢对扬天子休，用乍（作）文考宝簋，癉其万年，子子孙孙其永宝，木羊册册。（《殷周金文集成》04462，以下简称"《集成》"）

《师晨鼎》铭文曰：

佳（唯）三年三月初吉甲戌，王才（在）周师彔宫，旦，王各大室，即立（位），嗣马共右（佑）师晨入门，立中廷，王乎乍（作）册尹册令师晨：疋（胥）师俗嗣邑人，佳（唯）小臣、善（膳）夫、守、[友]、官罙、犬、奠（甸）人、善（膳）夫、官、守、友，易（赐）赤舄，晨拜稽首，敢对扬天子不（丕）显休令（命），用乍（作）朕文且（祖）辛公尊鼎，晨其[百]世，子子孙孙，其永宝用。（《集成》02817）

《师俞簋盖》铭文曰：

佳（唯）三年三月初吉甲戌，王才周師彔宫，旦，王各大室，即立（位），嗣马共右（佑）师俞，入门，立中廷，王乎乍（作）册内史册令师俞：飘（缵）嗣人。易（赐）赤市、朱黄（衡）、旂俞。拜稽首，天子其万年，眉寿黄耇，畯才（在）立（位），俞其蔑曆，日易（赐）鲁休，俞敢对扬天子不（丕）显休，用乍（作）宝，其万年永保，臣天子。（《集成》04277）

《谏簋》铭文曰：

佳（唯）五年三月初吉庚寅，王才周师彔宫，旦，王各大室，即立（位），嗣马共右（佑）谏，入门，立中廷，王乎内史菐（敖），（佚）册命谏，曰：先王既命女（汝）飘（缵）王宥，女（汝）某（谋）不又（有）闻（昏），毋敢不善，今余佳（唯）或（嗣）命女（汝），易（赐）女（汝）攸（鋚）勒，谏拜稽首，敢对扬天子不（丕）显休，用乍（作）朕文考重白（伯）尊簋，谏其万年，子子孙孙永宝用。

通过厉王三年《师晨鼎》《师俞簋盖》及四年《癫盨》及夷王五年（前889年）之《谏簋》系联，能够发现：（1）此四器所载册命之地点皆在"周师彔宫"；（2）此四器所载册命礼的佑者皆为"司马共"；（3）《谏簋》执行册命典礼的内史菐（敖，佚）或即为四年《癫盨》之史菐（敖），或为一人之两种不同称呼，一详一略。① 又，《谏簋》为夷王五年器，且与四年《癫盨》

① 关于"史菐"或"内史菐"，《谏簋》作"𣄰"，四年《癫盨》作"𣄰"，又《望簋》（《集成》04272）摹本作"𣄰"，殆与此二者形近，故"菐"或当改释为"年"。

册命地点、佑者及册命典礼之史官皆近。夷王五年（前889年）至厉王四年（前875年）相距14年，故此大抵可以判断，此二器当为前后相续，分属两王（夷、厉）的铜器。

前文中，我们对四年《瘐盨》所在王世王年作出过一定的探讨，且就其"既死霸为既生霸"的特例进行了阐述，为了较为明晰地说明为题，兹节录如下：

> 既生霸十五戊戌，必四年二月甲申朔。铭文"王在周师彔宫。司马共"又见于师晨鼎、谏簋。师晨鼎历日合厉王，谏簋历日合夷王。瘐盨必夷、厉间器。又，十三年瘐壶历日合共王，若铜器历日研究条例为一人所作两器，此盨当不得晚于厉世。查夷王四年即公元前890年实际天象：冬至月朔丁卯。无论建子、建丑、建寅，二月皆无甲申朔。不合。查宣王四年即前824年实际天象：冬至月朔甲辰。不可能有二月甲申朔。师晨鼎为厉王三年器，厉王四年即前875年实际天象：冬至月朔己亥。是年建丑，正月己巳，二月戊戌，三月戊辰。下略。戊戌朔即既死霸戊戌。"四年二月既死霸戊戌"正合厉王四年二月天象。知器铭"既生霸"必为"既死霸"之误。

在此条件下，我们同样列出以《瘐盨》为判断依据的厉王四年历谱，四分术《西周历谱》公元前875年天象：

子月庚子12分（己亥18ʰ18ᵐ）　十二月

丑月己巳 511 分　　　　　　　丑正

寅月己亥 70 分（己亥 06^{h}31^m）　二月　注 1

卯月戊辰 569 分

辰月戊戌 128 分

巳月丁卯 627 分

午月丁酉 186 分

未月丙寅 685 分

申月丙申 244 分

酉月乙丑 743 分

戌月乙未 302 分

亥月甲子 801 分

注 1：《癲盨》："隹四年二月既生（死）霸戊戌。"（《文物》1978 年第 3 期）

由上可知，四年《癲盨》历日合于建丑为正的厉王四年二月"既生（死）霸戊戌"，戊戌日与己亥日 06 时 31 分相差 6 时 31 分，误差小于半日（13 小时），故司历采用戊戌朔，此亦可看作与己亥朔同一天。故此，我们再回过头来看四年《乘盨》历日，其反映的则是厉王四年（前 875 年）建子或建寅，若与厉王三年历谱贯通考虑，四年《乘盨》符合建寅为正的条件且能前后贯通，建子则与上一年相抵牾。又，四年《癲盨》合于厉王四年建丑为正的条件，亦能前后贯通。此二器皆能在一定的历朔范围内合于历谱，故不宜遽然断定孰是孰非。同时，针对这个特殊的铜器历日建正现象，我们当如何解释这些"建正不一"的铜器历日呢？

（三）《乘盨》《瘭盨》 与厉王纪年

通过上述论证可知，《乘盨》与《瘭盨》反映出来厉王纪年"建正不一"的问题。除此之外，其实还包含了较为深刻的历史文化内涵。此前，我们根据《古本竹书纪年》和清华简《系年》"二王并立"的相关事实，以及受清华大学刘国忠教授《从清华简〈系年〉看两周之际的史事》一文的启发，觉得此问题与周平王、周携王"二王并立"的历史书写，以及宣王纪年的两个系统均有非常紧密的联系。

1. 平王、携王"二王并立"

清华简《系年》第二章记载：

> 周幽王取妻于西申，生平王，王或（又）取褒人之女，是褒姒，生伯盤。褒姒嬖于王，王[五]与伯盤逐平王，平王走西申。幽王起师，回（围）平王于西申，申人弗畀。曾（缯）人乃降西戎，以[六]攻幽王，幽王及伯盤乃灭，周乃亡。邦君诸正乃立幽王之弟余臣于虢，是携惠王。[七]立廿又一年，晋文侯仇乃杀惠王于虢。周亡（无）王九年，邦君诸侯焉始不朝于周，[八]晋文侯乃逆平王于少鄂，立之于京师。

三年，乃东徙，止于成周……①

《古本竹书纪年》：

　　幽王八年，立褒姒之子曰伯服，为太子。……（伯盘）与幽王俱死于戏。先是，申侯、鲁侯及许文公立平王于申，以本大子，故称天王。幽王既死，而虢公翰又立王子余臣于携。周二王并立。②

对于"二王并立"的史事问题，刘国忠教授认为：

　　《系年》的记载替我们揭开了王子余臣和携王的真相。根据清华简《系年》，我们可以知道，余臣原为幽王之弟，在周代父死子继的继承传统之下，余臣本没有继承王位的资格，但是由于周幽王被杀时，他的二儿子伯盘也已一起赴难，而大儿子宜臼早已被废黜，而且他还是导致周幽王被杀的罪魁祸首，受到了朝廷群臣的敌视，无法继承王位。在这种情况下，清华简《系年》称："邦君诸正乃立幽王之弟余臣于虢，是携惠王"，这里的"邦君诸正"即是《古本竹书纪年》所说的"虢公翰"等人，携惠王因此也成为了王位的

　　①　清华大学出土文献研究与保护中心编，李学勤主编：《清华大学出土文献与清华大学藏战国竹简》（贰），上海：中西书局，2011年，第138页。

　　②　方诗铭、王修龄撰：《古本竹书纪年辑证》（修订本），上海：上海古籍出版社，2005年，第62—64页。

合法继承者。……至于"携",应当是后人出于正统观念对他的称呼,其含义当为"贰",系对余臣的一种贬称,也就是《左传正义》所引用的那样:"以本非適,故称携王。"……在鲁隐公之前,鲁孝公卒于公元前 769 年,而鲁惠公的在位时间是公元前 768—公元前 723 年,这两任国君的在位时期正好是西周覆亡、二王并立的动荡阶段。我们可以设身处地来考虑一下,孔子要写这一段历史,必然绕不开二王并立的历史,但是携惠王本来是合法的继承者,而周平王相比较而言却是不那么光彩的王位争夺者,但是经过二十多年的争夺,最终却是以周平王的获胜而结束。对于两周之际的长期动荡和携惠王与周平王争位的历程和结果,孔子肯定是难以下笔的。所以在史事的裁剪与编排上,孔子便对从前 770 年至前 723 年这近五十年的历史予以忽略与淡化,在作《春秋》时改为从鲁隐公时开始,这很可能才是《春秋》始于鲁隐公的最大原因。①

从"二王并立"的史事不难看出,关于此段史事的书写就包含了周王室的"正统性"问题,由"正统性"而引出平王与携王并立的纪年问题,如携王"立廿又一年""周亡(無)王九年"等。及至司马迁写《史记·周本纪》时则如是写道:

---

① 刘国忠:《从清华简〈系年〉看两周之际的史事》,《第二届古代文明前沿论坛会议论文集》,第 168—170 页。

幽王以虢石父为卿，用事，国人皆怨。石父为人佞巧善谀好利，王用之。又废申后，去太子也。申侯怒，与缯、西夷犬戎攻幽王。幽王举烽火征兵，兵莫至。遂杀幽王骊山下，虏褒姒，尽取周赂而去。于是诸侯乃即申侯而共立故幽王太子宜臼，是为平王，以奉周祀。①

　　司马迁的关于西周末年的叙述相对于《古本竹书纪年》及清华简《系年》来说，恰恰没有言及"二王并立"的相关问题，这给后人的感觉是幽王被杀之后，平王随即即位，不存在"携王"之类的纷争。同时，早于《史记》的《左传·昭公二十六年》则这样记载："至于幽王，天不吊周，王昏不若，用愆厥位。携王奸命，诸侯替之，而建王嗣，用迁郏鄏，则是兄弟之能用力于王室也。"② 与《史记》相比，《左传》除了对"二王并立"史事有所记载外，还表达了鲜明的否定态度，即"携王奸命"，洪亮吉《春秋左传诂》云："平王立二十余年，而余臣始为晋文侯所杀，则其时亦当如东王、西王之并峙，故云'奸命'也。"③ 此一"奸"字从正统性上否定了携王存在的合法性。司马迁的记载或许没有采择"二王并立"的史料，或许直接肯定平王的正统性，直接从幽王过渡到平王，选择性地把"携王"略去了。有鉴于

---

　　① （汉）司马迁撰，（唐）司马贞索隐，（唐）张守节正义，（宋）裴骃集解：《史记》，北京：中华书局，1982年，第149页。
　　② 杨伯峻：《春秋左传注》（修订本），北京：中华书局，2009年，第1476页。
　　③ （清）洪亮吉撰，李解民点校：《春秋左传诂》，北京：中华书局，1987年，第778页。

此，刘国忠教授之论的重要性在于结合清华简《系年》及《古本竹书纪年》，重新勾勒和发现"二王并立"及携王、平王正统性的相关问题，这种"王权"的正统性差异反映在纪年上就会有各自相应的特点。

2. 新出铜器与宣王纪年的两个体系

此前，我们根据眉县杨家村西周铜器窖藏出土的四十二年、四十三年逨鼎及将宣王一世的铜器进行排列，可以明确，"宣王纪年有两个体系"，[①] 为了论证的需要，我们再次将此文的重点部分抽绎如下：

传统说法，厉王在位 37 年，共和 14 年，宣王 46 年，幽王 11 年。尤其共和元年在公元前 841 年，几无异议。没有坚实的证据，我们不宜否定传统说法，更不能以推翻司马迁为荣。轻率否定文献，还有什么古史可言？而发现出土新材料与文献记载不相吻合，我们得深入研究，找出症结所在，提出合理的解说。我们在尊重传统说法的框架下，深入研究眉县出土的两逨器，似乎可以说，宣王纪年确有两个体系。

四十二年《逨鼎》："隹四十二年五月既生霸乙卯。"

四十三年《逨鼎》："隹四十三年六月既生霸丁亥。"

我在《眉县新出铜器与宣王纪年》一文已经指出，四十二年器合公元前 785 年天象，四十三年器合前 784 年天象。这样，西周后期，厉王在位 37 年，前 878 年至前 842 年；共和元年即前

---

① 详见《宣王纪年有两个体系》，张闻玉、饶尚宽、王辉：《西周纪年研究》，第 243—252 页。《眉县新出铜器与宣王纪年》详见后文。

841 年，宣王元年即前 826 年。这也符合司马迁的记载："（鲁）真公二十九年，宣王立。"

还有一件铜器——三十二年《伯大祝追鼎》值得注意。铭文："隹卅又二年八月初吉辛巳，伯大祝作。"①

对照公元前 795 年实际天象：子月乙酉，丑月乙卯，寅月甲申……未月壬子，申月壬午 11 分（张培瑜《历表》：壬午 01ʰ 50ᵐ）。实际用历，丑正，八月辛巳。时间误差也就在两小时之内。这就是"八月初吉辛巳"的确切位置。

过去，我们不敢怀疑宣王纪年有什么问题，把它排入宣王三十三年，视为"二"中有"缺笔"。有了四十二年、四十三年两逨器的支撑，《伯大祝追鼎》就正正规规排入宣王三十二年，不做"缺笔"处理。故三十二年《伯大祝追鼎》历日支持宣王元年为公元前 826 年。

属于宣王器的二十七年《伊簋》与二十八年《虎簋》、二十八年《寰盘》可放在一起讨论。

《伊簋》："唯王廿又七年正月既望丁亥（当为己亥）。"② 则是月为甲申朔，查勘公元前 800 年实际天象：子月甲寅，丑月甲申（张培瑜《历表》：甲申 15ʰ 33ᵐ），实际用历，丑正，正月甲申朔。

同时，与公元前 800 年实际天象勘合的还有二十八年《虎

_____

① 陈佩芬：《新获两周青铜器》，《上海博物馆集刊》第 8 期，上海：上海书画出版社，2000 年。

② 郭沫若：《两周金文辞大系图录考释》125。

篇》。《 㝬 簋》：" 隹 廿又八年正月既生霸丁卯。"① 二十八年正月十五日既生霸为丁卯，则十五天之前的朔日既死霸必为癸丑。对照实际天象：子月甲寅，丑月甲申，寅月癸丑 873 分（张培瑜《历表》：甲寅 01ʰ24ᵐ），分子大，可记入下一天，即实际天象定朔甲寅。由此可见，宣王二十八与二十七年铜器建正不一而又属于同一年，这正反映了铜器历日 "不统于王" 的问题。综上，二十八年《 㝬 簋》历日支持宣王元年为公元前 827 年。

《 袁盘》："唯廿又八年五月既望庚寅。"② 则是月为乙亥朔，查对公元前 799 年实际天象：子月己酉，丑月戊寅，闰月戊申，寅月丁丑，卯月丁未，辰月丙子，巳月丙午，午月乙亥（张培瑜《历表》：乙亥 10ʰ36ᵐ）。实际用历：寅正，五月乙亥朔。二十八年《袁盘》符合以公元前 826 年为宣王元年的纪年系统。若与《 㝬 簋》贯通，那么此器当属于宣王二十九年器。

此外，十二年《 虢季子白盘》与十一年《 虢季氏子组盘》亦可综合讨论。

《 虢季子白盘》："隹王十又二年正月初吉丁亥（当为辛亥）。"③ 查对公元前 815 年实际天象：子月辛亥（张培瑜《历表》：辛亥 23ʰ49ᵐ），是年子正，与铜器历日合。十二年《 虢季子白盘》历日支持宣王元年为公元前 827 年。

《 虢季氏子组盘》："隹十有一年正月初吉乙亥（癸

---

① 吴镇烽、朱艳玲：《 㝬 簋考》，《考古与文物》2012 年第 3 期，第 107 页。
② 郭沫若：《两周金文辞大系图录考释》126。
③ 郭沫若：《两周金文辞大系图录考释》103。

亥）。"① 查对公元前 816 年实际天象：子月丁亥（张培瑜《历表》：戊子 04^{h}00^m），是年子正，与铜器历日相合。十一年《虢季氏子组盘》历日支持支持宣王元年为公元前 827 年。

综上，由此可见眉县杨家村出土的四十二年《逨鼎》、四十三年《逨鼎》，以及三十二年《伯大祝追鼎》，二十八年《寰盘》与二十七年《伊簋》，十二年《虢季子白盘》与十一年《虢季氏子组盘》共同构成了一个支持宣王元年在公元前 826 年的铜器系统。

此外，我们还需要讨论其他几件宣王或与宣王相关的铜器历日问题。如（共和）十三年《无㠱簋》，宣王元年《郑季盨》、十六年《克钟》，十八年《克盨》，十九年《趞鼎》及上文所论之二十八年《虢簋》。

共和十三年《无㠱簋》："隹十又三年正月初吉壬寅。"② 查对公元前 829 年实际天象：子月癸酉，丑月壬寅（张培瑜《历表》：壬寅 14^{h}36^m）。是年丑正，二月壬寅朔，为共和十三年，那么此器则支持公元前 827 年为宣王元年。

同时，元年《郑季盨》："隹元年，六月初吉丁亥。"③ 查对公元前 827 年实际天象：子月辛卯，丑月辛酉，寅月庚寅，卯月庚申，辰月己丑，巳月己未，午月戊子（张培瑜《历表》：戊子

---

① ［日］白川静：《金文通释》200。
② 郭沫若：《两周金文辞大系图录考释》120。
③ 《郑季盨》，《殷周金文集成》作《叔专父盨》（《集成》4454），详见中国社会科学院考古研究所编：《殷周金文集成释文》（第六卷），香港：香港中文大学中国文化研究所，2001 年，第 515 页。

09^{h}27^m）。是年建丑，六月戊子朔，丁亥日据戊子朔半日之内，可看做同一天，铜器作"六月初吉丁亥"，合。故元年《郑季盨》亦支持公元前 827 年为宣王元年。

此外，十六年《克钟》，十八年《克盨》与十九年《趩鼎》前后相续，故作统一考察。

十六年《克钟》："隹十又六年九月初吉庚寅。"[1]

对照公元前 812 年天象，子月甲子，丑月癸巳，寅月癸亥……未月辛卯 53 分（张培瑜《历表》：辛卯 06^{h}24^m），是年亥正，十六年《克钟》实际用历的九月初吉庚寅，误差在 6 小时 24 分，小于半日，可看作辛卯朔。此器符合以公元前 827 年为宣王元年的铜器系统。

十八年《克盨》："隹十又八年十又二月初吉庚寅。（当为戊寅，与天象合。）"[2]

查对公元前 810 年实际天象：子月癸丑，丑月壬午，寅月壬子，……戊月丁丑 859 分（张培瑜《历表》：戊寅 03^{h}39^m），十八年《克盨》历日用"庚寅为寅日例"，宣王十八年有十二月戊寅，书戊寅为庚寅，自可贯通解说。此器亦符合以公元前 827 年为宣王元年的铜器系统。

十九年《趩鼎》："隹十又九年四月既望辛卯。"[3]

《趩鼎》：既望十六辛卯，必丙子朔。对照公元前 809 年天象：子月丙子，丑月丙午，寅月丙子（张培瑜《历表》：丙子 01^{h}34^m）。

① 郭沫若：《两周金文辞大系图录考释》112。
② 郭沫若：《两周金文辞大系图录考释》123。
③ 刘启益：《伯寃父盨铭与厉王在位年数》，《文物》1979 年第 11 期。

接续上年（前810年）十二月戊寅，本年建亥，寅月丙子即四月丙子，有四月既望辛卯。这就是《趞鼎》历日之所在。此器亦支持宣王元年为公元前827年。又，上文已经推勘了二十八年《虎簋》亦支持宣王元年为公元前827年。

综上，（共和）十三年《无㠱簋》，宣王元年《郑季盨》、十六年《克钟》、十八年《克盨》、十九年《趞鼎》及二十八年《虎簋》组成了一个支持宣王元年在公元前827年铜器系统。这就是出土铜器铭文明明白白记录着宣王纪年的两个体系。

面对事实，朱凤瀚先生认为："宣王元年究应落在哪一年的问题似仍值得再斟酌。"① 按朱先生的说法，"如依宣王元年为公元前826年的方案，有至少11件铜器可排入宣王年历中"。② 很明白，逑鼎等铜器历日支持宣王元年为前826年是难以否定的。

其实，《江汉考古》1983年2期何幼琦先生的文章就明确提出"宣王有两个元年"。这篇文章后来收入他的《西周年代学论丛》③。何氏说："厉王是共和十四年正月死去的。下一年才是宗周的宣王元年。因此，宣王曾有两次即位，两个元年，一个是继承厉王的，一个是继承共伯和的。"

应该说，最早看到这个纪年乖错的是司马迁。《史记·十二诸侯年表》在"庚申，共和元年"下注明："鲁真公十五年，一

---

① 马承源、朱凤瀚等：《陕西眉县出土窖藏青铜器笔谈》，《文物》2003年第6期，第51页。

② 马承源、朱凤瀚等：《陕西眉县出土窖藏青铜器笔谈》，《文物》2003年第6期，第51页。

③ 何幼琦：《西周年代学论丛》，武汉：湖北人民出版社，1989年。

云十四年。"或十五，或十四，已经有一年的摆动。按真公十四年为共和元年，公元前827年为鲁真公二十八年、宣王元年；按真公十五年为共和元年，公元前826年为鲁真公二十九年、宣王元年。这样，宣王就出现两个元年。

《周本纪》载：厉王"三十四年，王益严，国人莫敢言，道路以目。……三年，乃相与畔，袭厉王。厉王出奔于彘。……召公周公二相行政，号曰共和。共和十四年，厉王死于彘。"彘在山西的汾河上，距宗周甚远。《诗经·大雅·韩奕》有"韩侯取妻，汾王之甥"，这个汾王，历代指认就是周厉王。何幼琦说："厉王奔彘以后，仍在称王，但他的号令不出百里之外，时人称之为汾王。"就是说，厉王身边还跟随一批忠于他的贵族。厉王死于鲁真公二十八年年初的三两天内，在彘的贵族就立厉王儿子继承王位。这就是第一个宣王元年。尔后回到宗周，鲁真公二十九年，继承共和执掌大权，开始了第二个宣王元年。这很可能是执政大臣的条件，显示共和的合法性。由于封闭隔绝，加之固执保守，忠于厉王那批贵族，像《诗经》中记录的韩侯、显父、蹶父之列，依旧在使用第一个宣王纪年，还一直延续下去；忠于共和的权势贵族，使用的是第二个宣王纪年系统，推后了一年。两个政治集团各自为政，各自著录在铜器铭文中，就是我们今天看到的相互乖违的纪年体系。

这就有一个如何处理两个元年的学术问题。有人在"共和元年"上面做文章，将厉王三十七年与共和元年重叠，也就是"共和当年改元"。压缩厉王一年，使之有所伸缩。因为有《无嗅簋》的存在，其历日与共和十三年即公元前829年的实际天象吻合，上溯，共和元年为公元前 841 年，况且司马迁也记载得很明白："庚申、共和元年"。可见，共和的纪年是不可改动的，我们就不能在"共和元年"上打主意。

有鉴于此，我们的处理办法，还是遵从两千年来史学界公认的宣王纪年体系，将两《逨器》及其铜器系统所反映的以公元前 826 年为另一个宣王元年作特殊处理，承认它的存在，将其视为当时失势的共和执政大臣的遗臣遗民的独特纪年。

综上所述，通过对《古本竹书纪年》、清华简《系年》"二王并立"的认知，以及对宣王纪年的两个体系问题的重新梳理，我们不难看出"不统于王"的铜器是时有存在的，且不可简单地以"错误"视之。

现在，我们再回到厉王四年《乘盨》与《癲盨》建正不同，一为寅正、一为丑正的问题上，亦当从当时的历史实际出发。我们于此剖析此二件铜器的建正问题，这仅是简单处理，事实上，厉王时期的建正并不划一，远比这复杂得多。因为夷厉之世，"不统于王"，拥厉与逐厉两派各自为政，历法建正不一，事属必然。

目前，通过《乘盨》与《癲盨》铜器铭文不能清楚厉王时期的两个不同的政治势力派别的其他信息，但是我们可以从制度上或文献上略作梳理。夏保国先生在论述"高宗谅阴"时指出：

> 夏商君主制在确立为稳定政治制度的过程中，仍然具有十分浓重的氏族民主传统，《尚书·盘庚》云"古我先后，亦惟图任旧人共政"，说的正是"贵族共政"的政治体制。

在这种体制下，殷商王权政治中始终存在着一个强大的"贰宗"，如殷商初年的"放太甲于桐"的伊尹，以及阿衡、保衡等人，对君主王权起着巨大的制衡作用。据殷墟卜辞所见，殷商祭祀先王时既有与旧臣"合祀"的情形，也有单独祭祀旧臣的情况，表明贵族旧臣受到了殷商王权的尊重，保有很强大的力量。[①]

及至西周建立，周王室有比较稳固的周、召二公辅政制，其后间或有虢公、毕公、毛公等。据文献记载，厉王时期，《国语·周语》载厉王任用卫巫，邵公谏厉王弭谤，任用荣夷公"专利"，芮良夫对此作出批评。又，新近刊布的清华简（三）《芮良夫毖》则亦为芮良夫劝谏厉王整肃内政，批评官员"专利"营私的战国文本。凡此种种，似乎可以看出厉王时期，存在政治态度相反的两派，且这两派都在现实政治中起作用。此后，厉王被驱逐，以共伯和为首的诸侯"干王政"十四载，当是这种政治生态的现实反映。

统一时令的历法是王权的象征。古代王朝重视颁朔、视朔或告朔，因为"正朔"系统本身就是政治权威的构成要素之一。《礼记·大传》曰："立权度量，考文章，改正朔，易服色，殊徽号，异器械，别衣服。"[②] 后世王朝改朝换代均讲究"改正朔，易

---

① 夏保国：《先秦舆论思想探源》，吉林大学博士学位论文，2009 年，第80 页。

② （清）孙希旦撰，沈啸寰、王星贤点校：《礼记集解》（中），北京：中华书局，1989 年，第906 页。

服色，殊徽号"等，足见不同的"正朔"系统在其王朝正统性中占有的重要地位。首尔时间与平壤时间（相差半小时）就是现实的明证。不统于王，就各搞一套，在古代就体现在建正的不同上。春秋战国时代的三正说就是事实的本相。而《乘盨》与《𤔲盨》历日反映出的正是这种本相。

《乘盨》与《𤔲盨》历日同属于厉王四年（前875年），而建正不同"不统于王"的重要性在于，我们通常以为春秋时期之后周王权力衰落，各国各自建正，行用不同的历法系统。但，平王、携王时期"二王并立"，宣王时期的"两个元年"及至上溯到厉王时期同年的铜器历日建正不同，则可打破我们惯常的"大一统"思维模式下的"正朔"观念及"正统"观念，从而通过"不统于王，各自建正"来认识厉王时期不同政治派别之间行用不同正朔系统的史实。如果以"大一统"观念解读建正，固守建子或建丑，铜器历日难以各就其位，必然乱象纷呈。懂得"不统于王"，各自建正，很多铜器历日就各就其位，分属两个不同的建正系统，问题也就迎刃而解了。这也正是《乘盨》与《𤔲盨》所揭示出的重要问题，值得我们深入思考和继续探研。

2018年6月13日完成初稿
2018年6月18日晨修订

十、 眉县新出铜器与宣王纪年

　　陕西眉县杨家村2003年1月新出了一批器物，引起考古学界的轰动。出土器物27件，件件有铭文，总达四千多字；其中，有四十二年、四十三年的高年器，年数多，也算一"多"。三多，体现了它的价值，学术界的轰动是可以想到的。此次铜器出土，及时报道，及时展出，及时讨论，以最快速度公之于世，这是考古学界从没有过的事情。

　　鞍山白光琦先生最早来函，告知两件高年器历日，仅有历日，且言"保密"。因为不得通读，心中无底，只与二三好友私下交流，不敢胡乱发表意见。

　　尔后，器物在北京展出，又出了《盛世吉金》一书，社科院杨升南兄、李学勤先生（通过王泽文博士）先后复印了三篇长铭寄来，使我得以窥其铭文全貌。待《文物》发了专刊，读到若干专家的文字，有所考证而缺乏认同，在要害问题上多疑似之词，才感到有必要详加考释，以利于讨论的深入。

　　先后思考了几个问题，今先就宣王纪年谈些看法。

　　结论很明确：宣王元年是公元前826年，不是前827年。下面分别述之。

（一）两件高年器的关系

眉县新出器物中有两件高年器，最具年代学价值，也最受关注，因为它考验着"夏商周断代工程"的若干基本依据与基本结论。参加过断代工程的专家们面对这两件器物的检验，心中的忐忑是可以理解的。当然希望铜器的出土能证明"工程"的结论是正确而完美的。如果检验不合格，等于是出了一批废品，不能不令人遗憾。

高年器一，历日是：隹四十又二年五月既生霸乙卯。

高年器二，历日是：隹四十又三年六月既生霸丁亥。

在位 40 年以上的西周天子只有穆王、宣王。从铭文内容及另一件逑器文字考知，两器与穆王无涉，可断为宣王器，这是大家都认同的。至于两器的历日关系，持"月相四分"甚至"二分说"的专家们都认为彼此不容，月朔干支不能协调，令人迷惘。

我想说的是：两器历日是连续的，前后衔接，并不矛盾；四十二年器合公元前 785 年天象，四十三年器合前 784 年天象。

先列出公元前 785 年、前 784 年实际天象如下。

	公元前 785 年				公元年前 784 年		
正	亥	戊午 28	丁巳 17^h22^m	正	子	辛巳 869	辛巳 19^h14^m
2	子	丁亥 524	丁亥 05^h21^m	2	丑	辛亥 428	辛亥 06^h10^m
3	丑	丁巳 83	丙辰 18^h41^m	3	寅	庚辰 927	庚辰 17^h38^m
4	寅	丙戌 582	丙戌 09^h21^m	4	卯	庚戌 486	庚戌 05^h49^m

5	卯	丙辰 141	丙辰 00ʰ57ᵐ ▲		5	辰	庚辰 45	己卯 18ʰ41ᵐ
6	辰	乙酉 640	乙酉 16ʰ40ᵐ		6	巳	己酉 544	己酉 08ʰ29ᵐ ▲
7	巳	乙卯 199	乙卯 07ʰ52ᵐ		7	午	己卯 103	戊寅 23ʰ18ᵐ
8	午	甲申 698	甲申 22ʰ10ᵐ		8	未	戊申 602	戊申 14ʰ48ᵐ
9	未	甲寅 257	甲寅 11ʰ25ᵐ		9	申	戊寅 161	戊寅 06ʰ24ᵐ
10	申	癸未 756	癸未 23ʰ49ᵐ		10	酉	丁未 660	丁未 21ʰ18ᵐ
11	酉	癸丑 315	癸丑 11ʰ22ᵐ		11	戌	丁丑 219	丁丑 11ʰ02ᵐ
12	戌	壬午 814	壬午 22ʰ17ᵐ		12	亥	丙午 718	丙午 23ʰ31ᵐ
闰	亥	壬子 373	壬子 08ʰ47ᵐ					

这里要说明一下，月建用"子、丑、寅、卯……"标示，前面"正、2、3、4……"是序数纪月，实际用历是建子、建丑、建寅，一目了然。先列出四分术运算的月朔干支及余分，如"戊午28""丁亥524"；后列定朔干支及时（h）分（m），数据引自张培瑜先生《中国先秦史历表》。对照可知，有时表面上干支不合，如"丁巳83，丙辰18ʰ41ᵐ"，实则十分密近，只有余分多少的差异。因为朔望月长度是29.53日，干支记日用整数，这个0.53日自可上下游移，但失朔不得超过四分术的499分（940分为一日），约在13小时之内（亦即0.53日）。丁巳余分小，司历可定为丙辰；丙辰余分大，司历可定为丁巳。

为什么公元前785年用建亥？因为上年前786年当闰未闰，在前785年置一闰，转入前784年建子。

为什么不用公元前785年"巳月乙卯朔"而改用"卯月乙卯"？这是因为，如果仅仅顾及四十二年器，可直接"建丑"便有"巳月乙卯"，而这两年月朔干支是前后连贯的，上下一气，四十二年器与四十三年器的历日干支也正好前后连贯，上下一气。用了"巳月乙卯"，就必然地顾此失彼。明明"卯月丙辰"，为何可改为"卯月乙卯"？干支虽记为丙辰，而余分很小很小，定朔只有 57 分钟，合朔在夜半零点后，实际用历，司历定为乙卯。

这个"五月（卯月）乙卯朔"就是四十二年器的"五月既生霸乙卯"。

依据月相定点说，既死霸为朔为初一，既生霸为望为十五，"五月乙卯朔"怎么就是"五月既生霸乙卯"？这就是"铜器历日研究条例"之一"既生霸为既死霸例"。用既生霸十五核之天象，不合；用既死霸初一较比，则吻合不误。铜器铭文已有多处验证。古今人心态相同，趋吉避凶，改"死"为"生"，图个吉利。

延续下来，公元前 784 年建子，六月（巳月）己酉朔。初一己酉，有既生霸十五癸亥。四十三年逨鼎铭文书"癸亥"为丁亥。因为"丁亥"是大吉之日，取吉利之义。

遍查铜器铭文，历日干支书丁亥为多，庚寅、乙亥次之。而往往并非真的就是丁亥日、庚寅日，取其吉利而已。但得有亥日、寅日为依托，不得宽漫无边。这就是郑玄所谓"无则苟有亥焉可也"（见《仪礼·少牢馈食礼》注）。我的"铜器历日研究条例"中归纳有"丁亥为亥日例""庚寅为寅日例""既生霸为既死霸例"，就在于规范这些明显有"越轨行为"的铜器历日。我在"条例"中称之为"变例"，与若干"正例"相对而言。

(二) 关于伯大祝追鼎

我早就注意到伯大祝追鼎。那是在 1999 年 2 月，我在北京参加"断代工程·金文历谱"座谈会，从交流文章中看到有人引用了该器，并将之视为厉王器。1999 年春后，我的《铜器历日研究》出版，我在该书的"前言"中指出，"宣王三十三年（前 795 年）有八月辛巳朔（初吉）。伯大祝追鼎的历年当是三十三年，始合宣王。因为鼎铭尚未公布，录此备考。谁是谁非，自可验证"。至于怎么验证，我没有说。后来，我还请岐山庞怀靖老先生寄来了该器的拓片。当时，我认定，伯大祝追鼎历日与公元前 795 年天象吻合，不可能与厉王拉上关系。那时，我根本不敢怀疑宣王纪年有什么问题。反而认为是器物的铭文有缺笔，"三十二"应是"三十三"始合。

有了眉县新出土的两件高年器，我意识到，伯大祝追鼎与两逨器正好相应，前后贯通，不存在什么"缺笔"的问题。追鼎拓片文字十分清楚："隹卅又二年八月初吉辛巳，伯大祝追作……"不妨看一看前 795 年实际天象：

12	子	乙酉 719	乙酉 09^{h}18^m
正	丑	乙卯 278	乙卯 01^{h}45^m
2	寅	甲申 777	甲申 19^{h}17^m
3	卯	甲寅 336	甲寅 12^{h}47^m
4	辰	癸未 835	甲申 04^{h}58^m

5	巳	癸丑 394	癸丑 18^{h}56^m
6	午	壬午 893	癸未 06^{h}33^m
7	未	壬子 452	壬子 16^{h}33^m
8	申	壬午 011	壬午 01^{h}50^m ▲
9	酉	辛亥 510	辛亥 11^{h}11^m
10	戌	辛巳 069	庚辰 20^{h}55^m
11	亥	庚戌 568	庚戌 07^{h}22^m

可以看出，是年建丑，八月（申月）辛巳朔，就是伯大祝追鼎"八月初吉辛巳"。有人会说，不明明是"八月壬午朔"吗？怎么成了"辛巳朔"？看看余分就行了。壬午 11 分，四分术 940 分为一日，余分 11 分相当于 17 分钟。定朔也不过 1 小时 50 分。壬午余分小，司历定为辛巳朔，这就是实际用历。这就是宣王卅二年八月辛巳朔，这就是伯大祝追鼎"卅又二年八月初吉辛巳"之所在。月相定点，初吉为朔是再明白不过了。

公元前 795 年，乃宣王卅二年。可以推知，当年实际用历是：正乙卯，二甲申，三甲寅，四癸未，五癸丑，六壬午，七壬子，八辛巳，九辛亥，十庚辰，十一庚戌，十二己卯。历术的基本原则是明确的，月大月小相间，只是连大月设置的规律还不能体现罢了。据此看出，当时的历术水平并不粗疏。"八月辛巳朔"就是明证。有人弄不明白眉县新出土两件高年器历日之间的关系，不从自身寻找原因，反认为西周历术水平很低，不可理喻。事实恰恰相反，不是历术有什么差错，只怪我们的理解有误，没有找到那把开锁的钥匙。

（三）关于伊簋与衮盘

从宣王三十二年向前探索，有二十七年伊簋、二十八年衮盘，这也是我们视为宣王时代的铜器，因为记年相连，合在一起讨论。

伊簋历日是：隹王廿又七年正月既望丁亥。（《大系》125）

衮盘历日是：隹廿又八年五月既望庚寅。（《大系》126）

我们查考公元前 800 年、前 799 年天象，看一看彼此是否吻合。

公元前 800 年

12	子	甲寅 816	乙卯 03^h56^m
正	丑	甲申 375	甲申 15^h33^m ▲
2	寅	癸丑 874	甲寅 01^h24^m
3	卯	癸未 433	癸未 10^h01^m
4	辰	壬子 932	壬子 18^h15^m
5	巳	壬午 491	壬午 03^h07^m
6	午	壬子 050	辛亥 13^h36^m
7	未	辛巳 549	辛巳 02^h16^m
8	申	辛亥 108	庚戌 17^h09^m
9	酉	庚辰 607	庚辰 09^h57^m
10	戌	庚戌 166	庚戌 03^h48^m
11	亥	己卯 665	己卯 21^h46^m

公元前 799 年

12	子	己酉 221	己酉 14^{h}20^m
13-正	丑	戊寅 720	己卯 05^{h}12^m
14-2	闰	戊申 279	戊申 17^{h}09^m
正-3	寅	丁丑 778	戊寅 02^{h}39^m
2-4	卯	丁未 337	丁未 10^{h}33^m
3-5	辰	丙子 836	丙子 17^{h}54^m
4-6	巳	丙午 395	丙午 01^{h}39^m
5-7	午	乙亥 894	乙亥 10^{h}36^m ▲
6-8	未	乙巳 453	甲辰 21^{h}25^m
7-9	申	乙亥 012	甲戌 10^{h}15^m
8-10	酉	甲辰 511	甲辰 03^{h}17^m
9-11	戌	甲戌 070	癸酉 22^{h}03^m
10-12	亥	癸卯 569	癸卯 17^{h}41^m

公元前 800 年正月甲申朔,既望十六己亥。这就是伊簋历日"唯王廿又七年正月既望丁亥"之所在,只不过书"己亥"为"丁亥"罢了。丁亥大吉,丁亥以己亥之"亥"为依托,有章可寻。

说到袁盘,"五月既望(十六)庚寅",必"五月乙亥朔"。查对公元前 799 年天象, "辰月丙子 836",又有"午月乙亥894"。丙子 836,余分大,只能下靠丁丑,司历也不会强定为乙亥。改丙子 836 为乙亥,失朔超过大半天(定朔 17^{h}54^m),断不可行。放弃"5 月辰月",得用"5 月午月乙亥",有"既望十六庚寅"。这就是袁盘历日之所在。

这样一来，宣王二十七年必再闰，有十四月。这是伊簋与袁盘的历日确定了的。也只有这样，两者的历日才能前后贯通，彼此衔接。这不是我们的想当然，这是事理之必然。事实上，西周铜器确有"十四月"的记载，如"金雕公缄鼎"有"唯十又四月既生霸壬午"的文字。1986年春我在吉林大学从金景芳先生学《易》，当时的副校长林沄教授告诉我"此器在我们吉大"。

为什么一年再闰？又为什么宣王二十七年（前801年）再闰？

历术常识告诉我们，古人所谓"三年一闰，五年再闰"是概括地解释置闰。到春秋后期，才大体掌握了"十九年七闰"这一四分历术置闰的规律。此之前，西周时代，制历而无"法"，没有找到回归年与朔望月长度的协调关系，只能观象授时，观月象（相）、观气象，随时观察，随时置闰，以调整纪时与时令，使之协调。

依据历制，公元前802年、前799年当置闰。前800年建丑，置一闰，到前799年本当置闰。前虽已闰，仍嫌时令偏早，于是再闰，有十四月，始建寅，与时令合。这就是孔子所谓"行夏之时"。二十七年伊簋、二十八年袁盘的历日记载，使我们探讨宣王时代的历制有了可能。也印证了金雕公缄鼎"十又四月"记载的不虚，"古之人不余欺也"。

（四）并非多余的话

按照"夏商周断代工程"专家组及一些学者的看法，还有几件宣王时代的铜器，如吴虎鼎、此鼎、颂鼎、兮甲盘、矞攸从鼎、善夫山鼎等，其说法不一，有人不过是"唯他人马首是瞻"而已。这些文字，鄙人不敢苟同，故不在此浪费笔墨。

我想说，器物制作年代，并不等同于就是铭文历日。这是常被专家们搞混乱了的。如吴虎鼎，它的历日"隹十又八年十又三月既生霸丙戌"就恰恰与厉王十八年（前861年）天象吻合。既生霸十五丙戌，必壬申朔。如果顺着张培瑜氏《历表》公元前861年查下来，建丑，正月戊寅……十三月壬申660（定朔癸酉04ʰ20ᵐ）。这就是吴虎鼎记录的历日之所在。专家们说，这个十八年十三月就是宣王十八年十三月，怎能服人？器物就算是宣王时代的，而铭文历日与厉王十八年天象吻合，这是两个不同的概念。因为，历日可以是制作年代，也可以是叙史，"其子孙为其祖若父作祭器"（郭沫若语）。我们是在考察器铭历日，准确的表述是：吴虎鼎历日与厉王十八年（前861年）天象吻合。

任何事物都不是完美的，都会留下一些遗憾。如果认定十九年趞鼎是宣王器，其历日"四月既望辛卯"只与公元前809年相合。克钟与克盨的历日与趞鼎也彼此连贯。

以上我们考查了有关宣王时代历日"四全"的若干铜器，历日彼此衔接，前后贯通，可归纳为宣王铜器组。我们严格按照自古以来的"月相定点"说进行讨论。月相定点，定于一日，允许失朔在四分术 499 分（约 13 小时）之内。一个钉子一个眼儿，几乎没有摆动的余地。这就保证了历日与天象对应的准确性，甚至唯一性，足以取信于世，经得起时代的考验。结论很明确：宣王元年是公元前 826 年，而克钟、趞鼎历日反映出还有另一个宣王元年，即前 827 年。

这就有一个怎样认识与对待公元前 827 年的问题。可以推知，共和行政必延续到前 827 年，中间应有一个酝酿时期，宣王即位亦在前 827 年半年稍后。宣王元年从前 826 年计，也就合于情理。

第五编

西周王年足徵①

① 本文原载于《大陆杂志》第 97 卷第 6 期（1998 年 12 月）。后收入《西周诸王年代研究》《西周纪年研究》及《夏商周三代纪年》中。

一、 前言

孔子有"不足徵"之说，此篇借用"足徵"二字，以示立意允洽。

西周王年是"夏商周断代工程"的基础，西周不明，遑论夏商。唯其如此，说多纷繁。此篇乃承继先师张汝舟先生之说，将西周年代的主要依据一一列出，希望得到学术界的批评，以求共识。

需要说明的是：

（1）本篇以文献、出土器物与实际天象（历朔干支）相互取证，做到"三证合一"。实际天象用张培瑜先生《中国先秦史历表》，数据可靠。

（2）西周历术乃观象授时，无"三正"之说。当闰不闰，丑正转子正；不当闰而闰，丑正转寅正。

（3）西周观象授时，月相记录十分重要。月相必须定点，且定于一日，不得有两天、三天的活动，更不得有七天、八天的活动。允许失朔在 13 小时即四分术 499 分之内。

（4）《鲁周公世家》完整地记录了鲁公年次，这对探求西周王年十分有用。故将鲁公与周王年次相应列出，以取信于学林。

（5）为求简明，不作解说。欲知其详，可参照笔者本书前文相应篇章及《西周王年论稿》。

二、 正篇

公元前 1166 年，文王元年。

> **文献**：《史记·周本纪》："西伯盖即位五十年。"《尚书·无逸》："文王受命惟中身，厥享国五十年。"

> **按**：文王即位自前 1166 年至前 1117 年，计 50 年。

公元前 1157 年，帝辛元年，文王十年。

公元前 1144 年，帝辛十四年，文王二十三年。

> **文献**：《逸周书·酆保》："维二十三祀，庚子朔。"（文王纪年）

> **天象**：冬至月朔壬寅 13 时 42 分，丑月壬申，寅月辛丑，卯月辛未，辰月庚子 08 时 44 分。

> **按**：《逸周书》所记缺月。校比天象，合丑正四月庚子朔。历日与"王在酆"相悖。历日亦合前 1113 年。

公元前 1138 年，帝辛二十年，文王二十九年。

> **考古**：戊辰彝"二十年十一月戊辰"（帝辛纪年）。

> **天象**：冬至月朔丙申 19 时 10 分，丑月丙寅，寅月乙未……酉月壬戌，戌月壬辰，亥月辛酉 23 时 57 分。

> **按**：是年建丑，正月丙寅朔，十一月辛酉朔，初八戊辰。

公元前 1132 年，帝辛二十六年，文王三十五年。

文献：《逸周书·小开解》："维三十有五祀……正月丙子，
拜望食无时。"（文王纪年）

天象：冬至月朔：壬戌 01 时 8 分，丑月辛卯，寅月辛酉。

按：文王三十五年正月望日丙子发生了"无时"之月食。十
五为望，丙子望必正月壬戌朔。是年建子，正月壬戌朔。文献与
天象吻合，月相定点，望为十五。

公元前 1127 年，帝辛三十一年，文王四十年。

记事：囚西伯于羑里。

公元前 1126 年，帝辛三十二年，文王四十一年。

记事：文王演周易。

公元前 1125 年，帝辛三十三年，文王四十二年(受命元年)。

记事：释西伯，使专征伐。

文献：《帝王世纪》："文王即位四十二（年），岁在鹑火，
文王更为受命之元年，始称王矣。"《今本竹书纪年》：
"三十三年，密人降于周师，遂迁于程。"①

公元前 1123 年，帝辛三十五年、文王受命三年。

文献：《今本竹书纪年》："三十五年，周大饥，西伯自程迁
于丰。②"《逸周书·大匡解》："惟周王宅程三年，遭
天之大荒。"

按：一用帝辛纪年，一用文王受命纪年。知文王宅程三年，

---

① 方诗铭、王修龄：《古本〈竹书纪年〉辑证》附王国维《今本竹书纪年
疏证》，上海：上海古籍出版社，2005 年，第 232 页。
② 方诗铭、王修龄：《古本〈竹书纪年〉辑证》附王国维《今本竹书纪年
疏证》，第 232 页。

自程迁丰。

公元前 1122 年，帝辛三十六年，文王受命四年。

记事：文王得吕尚。

文献：《今本竹书纪年》："三十六年春正月，诸侯朝于周，逐伐昆夷。"①《纪年》："帝辛三十六年西伯使世子发营镐。"《尚书·大传》："四年，伐畎夷。"

按：一用帝辛纪年，一用文王受命纪年。

公元前 1117 年，帝辛四十一年，文王受命九年，文王薨。

文献：《逸周书·文传解》："文王受命之九年，时维暮春，在鄗，召太子发。"《毛诗疏》："文王九十七而终，终时受命九年。"（当是七十九终，用上读法）《今本竹书纪年》："（帝辛）四十一年春三月，西伯昌薨。"

公元前 1116 年，帝辛四十二年，武王元年。

文献：《逸周书·柔武解》："维王元祀一月，既生魄，王召周公旦曰：'呜呼，维在王考之绪功'。"孔晁注："此文王卒之明年春也。"

公元前 1113 年，帝辛四十五年，武王四年。

记事：武王受命为西伯侯。树砥（珉）于崇。

文献：《逸周书·酆保》"诸侯咸格来庆，……咸格而祀于上帝。"

公元前 1111 年，帝辛四十七年，武王六年。

---

① 方诗铭、王修龄：《古本〈竹书纪年〉辑证》附王国维《今本竹书纪年疏证》，第 232 页。

考古：商尊："五月辰在丁亥。"①

天象：冬至月朔庚申，丑月己丑……辰月丁巳，巳月丁亥。

按：是年建丑，五月丁亥朔，合"五月辰在丁亥"。

公元前 1106 年，帝辛五十二年，武王十一年。

文献：《今本竹书纪年》："五十二年（庚寅），周始伐殷。"
《古本竹书纪年》："武王十一年（庚寅），周始伐
殷。"《尚书·泰誓上》："惟十有一年，武王伐殷。一
月戊午，师渡孟津。"《武成》："惟一月壬辰旁死霸，
若翌日癸巳。"又，"二月既死霸，粤五日甲子"。又，
"惟四月既旁生霸，粤六日庚戌"。《逸周书·世俘
解》："惟一月丙午旁生霸，若翼日丁未。"

考古：利簋："珷征商，隹甲子朝。"②

天象：冬至月朔辛酉 08 时 25 分，丑月辛卯 03 时 53 分，寅
月庚申，卯月庚寅，辰月庚申 04 时 10 分，巳月己丑，
午月戊午。

按：是年建丑，正月辛卯朔，初二壬辰旁死霸，初三癸巳，
合《武成》。十五既生霸乙巳，十六旁生霸丙午，十七丁未，合
《世俘》。二十八戊午，师渡孟津。二月庚申朔（既死霸），初五
甲子。闰月庚寅朔，三月己未朔（定朔庚申 04 时 10 分，失朔 4
小时 10 分），四月己丑朔，十五既生霸癸卯，十六旁生霸甲辰，

---

① 陕西周原考古队：《陕西扶风庄白一号西周青铜器窖藏发掘简报》，《文
物》1978 年第 3 期。

② 于省吾：《利簋铭文考释》，《文物》1977 年第 8 期。

十七既旁生霸乙巳，二十二庚戌。正月从辛卯朔到二十八戊午，四月从己丑朔到二十二庚戌，历日分明。月相定点，定于一日，确凿无疑。又，四分历朔策（一月）$29\frac{499}{940}$。干支纪日以整，允许失朔在 499 分之内，约 13 小时。超过 500 分，宁可不用。在 13 小时之内，仍应视为吻合。

公元前 1105 年，武王十二年（克商二年）。

文献：《尚书·金縢》：" 既克商二年，王有疾，弗豫。"《史记·封禅书》：" 武王克殷二年，天下未宁而崩。"《逸周书·作雒解》：" （武）王既归，乃岁十二月崩，镐殡于岐周。"

按：中国计算年月日，古今一贯，把起年起月起日计算在内。

公元前 1104 年，成王元年，伯禽（代父治鲁）元年。

文献：《逸周书·作雒解》：" 元年夏六月，葬武王于毕。"《鲁周公世家》：" （周公）相成王，而使其子伯禽代就封于鲁。" 又：" 伯禽即位之后，有管、蔡等反也。"

考古：周师旦鼎：" 隹元年八月丁亥。"①

天象：冬至月朔己卯，丑月己酉，寅月戊寅……未月丙午，申月丙子。

按：是年建丑，八月丙子朔，十二丁亥。

公元前 1100 年，成王五年。

---

① ［日］白川静：《金文通释》10。

考古：何尊："在四月丙戌，隹王五祀。"①

天象：冬至月朔丙辰，丑月乙酉，寅月乙卯，卯月甲申（定朔乙酉 00 时 13 分钟），辰月甲寅。

按：是年建子，四月甲申朔，初三丙戌。

公元前 1098 年，成王七年，伯禽（代父治鲁）七年。

文献：《尚书·召诰》："惟二月既望，越六日乙未。"又"越若来三月，惟丙午朏，越三日戊申。"《尚书·洛诰》："戊辰……在十有二月。惟周公诞保文武受命惟七年。"

天象：冬至月朔乙巳，丑月甲戌 22 时 41 分，寅月甲辰 15 时 41 分……亥月己亥。

按：二月十六日既望，二十一日乙未。知二月乙亥朔（定朔甲戌 22 时 41 分，合朔在夜半），十五日望己丑，十六日既望庚寅，越六日二十一乙未。三月甲辰朔，初三丙午朏，初五戊申。十二月己亥朔，三十日戊辰晦。是年建子，正月乙巳，二月乙亥，三月甲辰，四月甲戌……十二月己亥。记事历日与天象吻合。

公元前 1097 年，成王八年（亲政元年），伯禽八年（受封鲁侯元年）。

文献：《汉书·世经》："成王元年正月己巳朔。"

天象：冬至月朔戊辰 22 时 10 分。

按：上年十二月己亥朔，本年正月己巳朔（定朔戊辰 22 时

---

① 唐兰：《何尊铭文解释》，《文物》1976 年第 1 期。

10 分，余分大，司历定为己巳）。

公元前 1095 年，成王十年（亲政三年），伯禽十年。

文献：《逸周书·宝典解》："惟王三祀二月丙辰朔，王在鄗，
召周公旦。"

天象：冬至月朔丙戌 22 时 06 分，丑月丙辰，寅月丙戌。

按：是年建子，二月丙辰朔。合。《汉书》《逸周书》从成王
亲政计年。《宝典解》历日合成王亲政三十年，乃记成王事，非
武王。

公元前 1090 年，成王十五年，伯禽十五年。

考古：员鼎："佳正月既望癸酉。"① 令彝："佳八月，辰在
甲申……佳十月，月吉癸未。"②

天象：丑正月戊午朔，既望十六癸酉；二月丁亥，三月丁
巳，四月丙戌，五月丙辰，六月乙酉，七月乙卯，八
月甲申，九月甲寅，十月癸未，十一月癸类丑，十二
月癸未。

按：八月辰在甲申即八月甲申朔。"辰在××"表达朔日干支。

公元前 1079 年，成王二十六年，伯禽二十六年。

考古：番匊生壶："佳廿又六年十月初吉己卯。"③

天象：丑正月甲寅朔，二月癸未，九月庚戌，十月己卯 16
时 34 分。

---

① 郭沫若：《两周金文辞大系图录考释》29，上海：上海书店出版社，
1999 年。

② 郭沫若：《两周金文辞大系图录考释》5。

③ 郭沫若：《两周金文辞大系图录考释》134。

按：出土器物成王纪年是从周公摄政计起的，而文献多是从亲政元年起始。李仲操列此器为平王器。平王二十年有十月己卯朔。可视为晚期器物记前期史事。

公元前 1068 年，成王三十七年（亲政三十年），伯禽三十七年。

文献：《汉书·世经》："后三十年四月庚戌朔，十五日甲子哉〔既〕生霸。翌日乙丑，成王崩。"《尚书·顾命》："惟四月哉生霸，王不怿……乙丑，王崩。"

天象：冬至月庚辰 15 时 47 分朔，丑月庚戌，寅月庚辰，卯月己酉 7 时 20 分（余分小，司历定四月庚戌朔）。

按：实际用历：正月辛巳，二月庚戌，三月庚辰，四月庚戌，十五既生霸甲子，十六日乙丑。初三哉生霸得病，既生霸十五立遗嘱，十六崩。

公元前 1067 年，康王元年，伯禽三十八年。

公元前 1056 年，康王十二年，伯禽四十九年。

文献：《尚书·毕命》："惟十有二年六月庚午朏。"《汉书·世经》："康王十二年六月戊辰朔，三日庚午。"

天象：子正月辛丑朔，六月戊辰 06 时 55 分，初三庚午。

公元前 1052 年，康王十六年，伯禽五十三年卒。

文献：《汉书·世经》："鲁公伯禽，推即位四十六年，至康王十六年而薨。"

按：《世经》不计周公摄政伯禽代就封于鲁七年，故有"即位四十六年"之说，加代父治鲁七年，伯禽实在位五十三年。

公元前 1051 年，康王十七年，鲁考公元年。

文献：《鲁周公世家》："鲁公伯禽卒，子考公酋立，考公四年卒。"

公元前 1047 年，康王二十一年，鲁炀公元年。

　　文献：《鲁周公世家》："考公四年卒，立弟熙，是谓炀公。
　　　　　炀公筑茅阙门。六（十）年卒。"① 《汉书·世经》：
　　　　　"《（鲁周公）世家》炀公即位六十年，子幽公宰立。"

　　按：《世经》列出殷历丁酉部 76 年（含微公 26 年，幽公 14
年，炀公 36 年），加"炀公二十四年正月丙申朔旦冬至"的 24
年，炀公即位 60 年可信。《世经》又明确是引自《鲁周公世家》
的，知《鲁周公世家》夺"十"字，当订正。"六十"古文作
帀，上读为六十，下读为十六，省作六。上读为是②。

公元前 1042 年，康王二十六年，鲁炀公六年。

　　考古：宜侯夨簋："隹四月，辰在丁未。"③

　　文献：《竹书纪年》："二十六年秋九月己未，王陟。"《太平
　　　　　御览》引《帝王世纪》："王在位二十六年崩。"

　　天象：丑正月己卯朔，二月戊申，三月戊寅，四月丁未……
　　　　　九月乙亥（二十一乙未）。

公元前 1041 年，昭王元年，鲁炀公七年。

公元前 1036 年，昭王六年，鲁炀公十二年。

　　考古：宰兽簋："隹王六年二月初吉甲戌。"④

　　天象：冬至月朔乙亥，丑月甲辰，寅月甲戌，癸月癸卯……

---

①　《史记》卷 33《鲁周公世家》，第 1525 页。
②　郑慧生：《上读法——上古典籍读法之谜》，《历史研究》1997 年第 3 期。
③　唐兰：《宜侯夨毁考释》，《考古学报》1956 年 2 期。
④　罗西章：《宰兽簋铭略考》，《文物》1998 年第 8 期。

按：建丑，正月甲辰，二月甲戌。初吉即朔。

公元前 1034 年，昭王八年，鲁炀公十四年。

考古：齐生鲁方彝盖："佳八年十二月初吉丁亥。"①

天象：冬至月朔壬辰，丑月壬戌……亥月戊午，子月丁亥 07
时 47 分。

按：建丑，正月壬戌，十二月丁亥。初吉即朔。

公元前 1024 年，昭王十八年，鲁炀公二十四年。

考古：静方鼎："十月甲子……八月初吉庚申……（四）月
既望丁丑（壬戌朔）。"②

天象：冬至月朔甲午，丑月甲子，寅月甲午，卯月癸亥，辰
月癸巳，巳月壬戌，申月辛卯，酉月庚申，戌月庚
寅，亥月己亥。

按：是年建寅，四月壬戌朔，十六既望丁丑。八月庚申朔。
先记十月，次记八月，再追记四月。

公元前 1023 年，昭王十九年，鲁炀公二十五年。

文献：《古本竹书纪年》："十九年，天大曀，雉兔皆震。"

天象：公元前 1023 年寅正五月丙戌朔，儒略历 6 月 10 日，
日食天象，食分 0.43，洛阳一带中午 1 时之后。

公元前 1007 年，昭王三十五年，鲁炀公四十一年。

考古：小盂鼎："佳八月既望，辰在甲申……佳王卅又

---

① 祁健业：《岐山县博物馆近几年来征集的商周青铜器》，《考古与文物》
1984 年第 5 期。

② 张懋镕：《静方鼎小考》，《文物》1998 年第 5 期。

五祀。"①

天象：子正月丙辰朔，二月丙戌……七月甲寅，八月癸未 11 时 33 分。

按：小盂鼎的"卅又五祀"，郭沫若氏释为"廿又五祀"，非康王器可明。"辰在甲申"即甲申朔。有"辰在甲申"，既望干支不言自明，知既望十六己亥。司历定八月甲申朔。失朔 12 时 27 分，在四分术 500 分之内，与天象吻合。

公元前 1006 年，穆王元年，鲁炀公四十二年。

文献：《晋书·束皙传》："自周受命至穆王百年。"《史记·秦本纪》正义："年表穆王元年去楚文王元年三百一十八年。"

按："周受命"指周取代殷，受之天命。古人有"文王受命"一说。前 1106 年至前 1006 年，正百年之数。楚文王元年即周庄王八年，即公元前 689 年，加 318 年，一证穆王元年即公元前 1006 年。

公元前 1005 年，穆王二年，鲁炀公四十三年。

考古：吴彝："隹二月初吉丁亥……隹王二祀。"②

天象：亥正，二月甲戌 16 时 57 分（司历定为乙亥，失朔 7 时 3 分）。

按：实二月乙亥朔，取丁亥大吉，书乙亥为丁亥。

公元前 1000 年，穆王七年，鲁炀公四十八年。

---

① 郭沫若：《两周金文辞大系图录考释》35。
② 郭沫若：《两周金文辞大系图录考释》74。

考古：牧簋："隹王七年十又三月既生霸甲寅。"①

天象：子正月乙巳19时10分，十二月庚午，十三月庚子
（定朔己亥19时）

按：十三月庚子朔有十五甲寅。既生霸为望为十五，既生霸
非定点不可。

公元前995年，穆王十二年，鲁炀公五十三年。

考古：走簋："隹王十又二年三月既望庚寅。"②

天象：丑正月丙子朔，二月丙午朔，三月乙亥朔（十六既望
庚寅）。

公元前994年，穆王十三年，鲁炀公五十四年。

记事：（二月）穆王西征。（七月二十七日）癸亥，至于西王
母之邦。

考古：望簋："隹王十又三年六月初吉戊戌。"③

天象：冬至月朔辛未，丑月庚子，寅月庚午，卯月己亥，辰
月己巳，巳月戊戌，午月戊辰，未月丁酉。

按：建子，六月戊戌朔。

公元前993年，穆王十四年，鲁炀公五十五年。

记事：（三月）己亥，天子东归。（十月）庚辰，天子大朝于
宗周之庙。

公元前991年，穆王十六年，鲁炀公五十七年。

---

① 郭沫若：《两周金文辞大系图录考释》75。
② 郭沫若：《两周金文辞大系图录考释》79。
③ 郭沫若：《两周金文辞大系图录考释》80。

考古：伯克壶："隹十又六年七月既生霸乙未。"①

天象：冬至月朔癸未，丑月癸丑……巳月辛亥，午月辛巳

（定朔庚辰 21 时 32 分，余分大），未月庚戌……

按：建子，正月癸未，七月辛巳朔，有十五既生霸乙未。

公元前 990 年，穆王十七年，鲁炀公五十八年。

考古：此鼎："隹十又七年十又二月既生霸乙卯。"②

天象：寅正月丁丑朔，十一月壬申，十二月辛丑 12 时 11 分

（十五日乙卯）。

按：十二月辛丑朔，有十五日既生霸乙卯。

公元前 988 年，穆王十九年，鲁炀公六十年卒。

文献：《汉书·世经》："《（鲁）世家》：'炀公即位六十年，

子幽公宰立。'"

公元前 987 年，穆王二十年，鲁幽公元年。

文献：《汉书·世经》："幽公，《（鲁）世家》：'即位十

四年。'"

公元前 977 年，穆王三十年，鲁幽公十一年。

考古：虎簋盖："隹卅年四月初吉［既生霸］甲戌。"③

天象：冬至月朔壬辰，丑月辛酉，寅月辛卯，卯月庚申 21

时 14 分。

---

① ［日］白川静：《金文通释》170。

② 唐兰：《陕西省岐山县董家村新出西周重要铜器铭辞的译文和注释》，《文物》1976 年第 5 期。

③ 王翰章、陈良和、李保林：《虎簋盖铭简释》，《考古与文物》1997 年第 3 期。

按：建子，四月庚申朔，有十五既生霸甲戌，知月相误。穆王三十八年有四月甲戌朔，则年又不合。

公元前 974 年，穆王三十三年，鲁幽公十四年。

考古：晋侯苏钟："佳王卅又三年。正月既生霸戊午。（后）二月既死霸壬寅。"

天象：寅正月甲辰朔（十五既生霸戊午），二月癸酉（定朔甲戌 03 时 11 分），后二月壬寅（定朔癸卯 13 时 43 分，失朔半日）。

文献：《鲁周公世家》："幽公十四年，幽公弟溃杀幽公而自立，是为魏公。"《史记集解》徐广曰："《世本》作微公。"

按：晋侯苏钟乃宣王器，前段刻记穆王三十三年故事，乃追记穆王省东国南国。后段记宣王时事。

公元前 970 年，穆王三十七年，鲁微公四年。

考古：善夫山鼎："佳卅又七年正月初吉庚戌。"[1]

天象：冬至月朔辛巳 08 时 14 分，丑正月庚戌 19 时 52 分。

按：考古学界有人定此鼎为西周晚期器，历日唯合穆王。乃器铭记录前代故事。

公元前 952 年，穆王五十五年，鲁微公二十二年。

文献：《竹书纪年》："五十五年，王陟于祇宫。"《周本纪》："穆王立五十五年崩。"

---

[1] 朱捷元、黑光：《陕西省博物馆新近征集的几件西周铜器》，《文物》1965 年第 7 期。

公元前951年，共王元年，鲁微公二十三年。

　　考古：师虎簋："隹元年六月既望甲戌。"①

　　天象：冬至月朔辛酉，丑月庚寅，寅月庚申，卯月己丑，辰
　　　　　　月己未（定朔戊午23时45分）。

　　按：上年当闰未闰，元年建亥，二月辛酉，六月己未。己未
朔，十六日既望甲戌。

公元前950年，共王二年，鲁微公二十四年。

　　考古：趩尊："隹三月初吉乙卯……隹王二祀。"②

　　天象：冬至月朔乙卯23时15分，丑月乙酉，寅月甲寅20时
　　　　　　39分，卯月甲申。

　　按：元年置闰，本年建子。正月乙卯，二月乙酉，三月乙卯
（失朔3时21分）。

公元前949年，共王三年，鲁微公二十五年。

　　考古：师遽簋："隹王三祀，四月既生霸辛酉。"③

　　天象：冬至月朔庚戌，丑月己卯，寅月己酉，卯月戊寅，辰
　　　　　　月戊申，巳月丁丑，午月丁未。

　　按：三年建丑，正月己卯，四月丁未（定朔戊申06时28
分，十五既生霸辛酉）。

公元前942年，共王十年，鲁微公三十二年。

　　考古：永盂："隹十又二年初吉丁卯。"④

---

①　郭沫若：《两周金文辞大系图录考释》73。
②　郭沫若：《两周金文辞大系图录考释》101。
③　郭沫若：《两周金文辞大系图录考释》83。
④　唐兰：《永盂铭文解释》，《文物》1972年第1期。

天象：冬至月朔己亥，丑月戊辰，寅月戊戌，卯月丁卯，辰月丁酉。

按：永盂年误缺月，当是"十年二月初吉丁卯"。建寅，二月丁卯朔。

公元前939年，共王十三年，鲁微公三十五年。

考古：癲壶："隹十又三年九月初吉戊寅。"[1]

天象：冬至月朔壬子，丑月辛巳……申月戊申，酉月丁丑，戌月丙午，亥月丙子。

按：建丑，正月辛巳，八月戊申，九月戊寅（朔差一日），姑系于此。癲盨乃厉王四年器。厉王十二年九月戊寅朔，与癲壶之"十三年"又不合。

公元前938年，共王十四年，鲁微公三十六年。

考古：师汤父鼎："隹十又二月初吉丙午。"[2]

天象：（十四年）冬至月朔乙巳23时30分（余分大、司历定为丙午）。

按：共王十三年建丑，正月辛巳，十二月丙午。师汤父鼎合共王十三年天象。

公元前937年，共王十五年，鲁微公三十七年。

考古：趞曹鼎："隹十又五年五月既生霸壬午。"[3]

天象：冬至月己巳，丑月己亥，寅月己巳，卯月戊戌，辰月

① 陕西周原考古队：《陕西扶风庄白一号西周青铜器窖藏发掘简报》，《文物》1978年第3期。
② 郭沫若：《两周金文辞大系图录考释》70。
③ 郭沫若：《两周金文辞大系图录考释》69。

戊辰，巳月丁酉。

按：建子，五月戊辰朔，有十五既生霸壬午。

公元前 936 年，共王十六年，鲁微公三十八年。

考古：格伯簋："隹正月初吉癸巳。"①

天象：冬至月朔甲子，丑月癸巳，寅月癸亥。

按：十五年闰，故建丑，正月癸巳，格伯簋历日合共王十六年。

公元前 933 年，共王十九年，鲁微公四十一年。

考古：同簋："隹十又二月初吉丁丑。"②

天象：（十九年）冬至月朔丁丑 16 时 36 分，丑月丙午。

按：十八年建丑，有十二月（子）丁丑朔。同簋历日合共王十八年。

公元前 930 年，共王二十二年，鲁微公四十四年。

考古：盠驹尊："隹王十又二月，辰在甲申。"③

天象：冬至月朔己丑，丑月己未……戌月甲寅，亥月甲申
（定朔癸未 17 时 51 分）。

按：二十一年闰，故建丑，正月己未，十二月甲申。盠驹尊历日合共王二十二年。

公元前 929 年，共王二十三年卒，鲁微公四十五年。

公元前 928 年，孝王元年，鲁微公四十六年。

---

① 郭沫若：《两周金文辞大系图录考释》81。
② 郭沫若：《两周金文辞大系图录考释》86。
③ 郭沫：若《盠器铭考释》，《考古学报》1957 年第 2 期。

考古：逆钟："佳王元年三月既生霸庚申。"① 师颖簋："佳王元年九月既望丁亥。"②

天象：冬至月朔丁未，丑月丁丑，寅月丁未 01 时 50 分，卯月丙子，辰月丙午，巳月乙亥，午月乙巳，未月甲戌，申月甲辰，酉月癸酉，戌月癸卯，亥月壬申。

按：建子，年中置闰，三月丙午朔（失朔 1 时 50 分），十五既生霸庚申。九月癸酉，司历定为壬申朔（失朔 11 时）有十六既望丁亥。两器同王同年。

公元前 925 年，孝王四年，鲁微公四十九年。

考古：散伯车父鼎："佳王四年八月初吉丁亥。"③

天象：冬至月朔庚申，丑月庚寅……未月丁亥。

按：建子，正月庚申，八月丁亥朔。散季盨历日同。

公元前 924 年，孝王五年，鲁微公五十年卒。

文献：《鲁周公世家》："魏公五十年卒。"《汉书》："《（鲁周公）世家》：'微公即位五十年。'"

考古：吕服余盘："佳王二月初吉甲寅。"④ 卫鼎："佳正月初吉庚戌……佳王五祀。"⑤

天象：冬至月朔乙卯，丑月甲申，寅月甲寅……申月庚辰，

---

① 曹发展、陈国英：《咸阳地区出土西周青铜器》，《考古与文物》1981 年第 1 期。

② ［日］白川静：《金文通释》152。

③ 史言：《扶风庄白大队出土的一批西周铜器》，《文物》1972 年第 6 期。

④ 王慎行：《吕服余盘铭考释及其相关问题》，《文物》1986 年第 4 期。

⑤ 庞怀清等：《陕西省岐山县董家村西周铜器窖穴发掘简报》，《文物》1976 年第 5 期。

酉月庚戌，戌月己卯，亥月己酉。

按：四年闰，故建丑，正月甲申，二月甲寅（吕服余盘历日）。十月庚戌，（卫鼎）月不合。共王五年正月戊戌朔，干支不合。懿王四年正月庚戌朔，年不合。姑系于孝王。

公元前923年，孝王六年，鲁历公元年。

　　文献：《鲁周公世家》："魏公五十年卒，子厉公擢立。"

　　考古：史伯硕父鼎："佳六年八月初吉乙巳。"（《博古图》卷二）卯簋："佳王十又一月既生霸丁亥。"①

　　天象：冬至月朔己卯，丑月戊申……巳月丙午，午月乙亥，未月乙巳（甲辰22时55分），申月甲戌，酉月甲辰，戌月癸酉，亥月癸卯。

按：建子，正月己卯，六月丙午，七月乙亥，八月乙巳……十一月癸酉（十五既生霸丁亥）。

公元前921年，孝王八年，鲁历公三年。

　　考古：师瘨鼎："佳王八祀正月，辰在丁卯。"②

　　天象：七年亥月丁卯12时33分，冬至月朔丁酉，丑月丙寅。

按：孝王八年建丑，正月丙寅602分（司历定为丁卯）。

公元前920年，孝王九年，鲁历公四年。

　　考古：即簋："佳王三月初吉庚申。"③

---

①　郭沫若：《两周金文辞大系图录考释》85。
②　吴镇烽、雏忠如：《陕西省扶风县强家村出土的西周铜器》，《文物》1975年第8期。
③　吴镇烽、雏忠如：《陕西省扶风县强家村出土的西周铜器》，《文物》1975年第8期。

天象：冬至月朔辛酉，丑月庚申，寅月庚寅。

按：建丑，正月辛酉，二月庚寅，三月庚申，四月庚寅。

公元前917年，孝王十二年，鲁厉公七年。

考古：大簋盖："隹十又二年三月既生霸丁亥。"①

天象：冬至月朔癸卯，丑月癸酉，寅月癸卯，卯月壬申。

按：建丑，正月癸卯，二月癸酉，司历定癸酉，十五日既生霸丁亥。

公元前916年，懿王元年，鲁厉公八年。

考古：曶鼎："隹王元年六月，既望乙亥。""隹王四月既生霸，辰在丁酉。"②

天象：冬至月朔戊戌，丑月戊辰。

按：实际用历当是：建丑，正月戊辰，二月戊戌，三月丁卯，四月丁酉，五月丙寅，六月丙申，七月乙丑，八月乙未。"辰在丁酉"即丁酉朔，既生霸十五辛亥不言自明。六月丙申朔，有十六既望辛亥。书辛亥为乙亥，取乙亥吉利之义。

公元前915年，懿王二年，鲁厉公九年。

考古：王臣簋："隹二年三月初吉庚寅。"③

天象：冬至月朔壬戌，丑月辛卯，寅月辛酉，卯月庚寅，辰月庚申。

按：建丑，三月庚寅朔。

---

① 郭沫若：《两周金文辞大系图录考释》87。

② 郭沫若：《两周金文辞大系图录考释》96。

③ 吴镇烽、王东海：《王臣簋的出土与相关铜器的时代》，《文物》1980年第5期。

公元前 914 年，懿王三年，鲁厉公十年。

考古：柞钟："隹王三年四月初吉甲寅。"①

天象：冬至月朔丁巳，丑月丙戌，寅月乙卯，卯月乙酉，辰月甲寅，巳月甲申。

按：建丑，四月甲寅朔。

公元前 908 年，懿王九年，鲁厉公十六年。

考古：卫鼎："隹九年正月既死霸庚辰。"②

天象：冬至月朔辛巳，丑月辛亥，寅月庚辰 19 时 03 分，卯月庚戌。

按：建寅，正月庚辰朔，既死霸为初一，定点于一日。

公元前 907 年，懿王十年，鲁厉公十七年。

考古：康鼎："隹三月初吉甲戌。"③

天象：冬至月朔乙巳，丑月乙亥，寅月甲辰，卯月甲戌，辰月甲辰。

按：九年置闰，故建丑，正月乙亥，三月甲戌朔。

公元前 905 年，懿王十二年，鲁厉公十九年。

考古：庚嬴卣："隹王十月既望，辰在己丑。"④

天象：冬至月朔甲午，丑月甲子……申月庚申，酉月己丑，戌月己未。

---

① 《陕西兴平、凤翔发现铜器》，《文物》1961 年第 7 期。

② 庞怀清等：《陕西省岐山县董家村西周铜器窖穴发掘简报》，《文物》1976 年第 5 期。

③ 郭沫若：《两周金文辞大系图录考释》84。

④ 郭沫若：《两周金文辞大系图录考释》43。

按：建丑，正月甲子，十月己丑朔，既望十六甲辰不言自明。

公元前 902 年，懿王十五年，鲁厉公二十二年。

考古：大鼎："隹十又五年三月既（死）霸丁亥。"①

天象：冬至月朔丙子，丑月丙午，寅月乙亥，卯月乙巳。

按：建子，三月乙亥朔，器铭书乙亥为丁亥，取大吉之义。月相缺字，补为既死霸。既死霸为朔为初一，定点于一日。有意缺"死"字则为讳。

公元前 901 年，懿王十六年，鲁厉公二十三年。

考古：士山盘："隹王十又六年九月既生霸丙申。"②

天象：冬至月朔庚午 18 时 45 分，丑月庚子，寅月庚午，卯月己亥……申月丁卯，酉月丙申，戌月丙寅。

按：建丑，正月庚子朔，九月（酉）丙申朔。用"既生霸为既死霸例"解说。③ 既死霸为朔，为初一。

公元前 899 年，懿王十八年，鲁厉公二十五年。

文献：《竹书纪年》："懿王元［十八］年，天再旦于郑。"

考古：南季鼎："隹五月既生霸庚午。"④

天象：①冬至月朔己丑，丑月戊午，寅月戊子，卯月丁巳，辰月丁亥，巳月丙辰，午月丙戌。②公元前 899 年儒略历 4 月 21 日，丑正四月丁亥朔上午 4 点 30 分，天

---

① 郭沫若：《两周金文辞大系图录考释》88。
② 朱凤瀚：《士山盘铭文初释》，《中国历史与文物》2002 年第 1 期。
③ 见前文《铜器历日研究条例》。
④ 郭沫若：《两周金文辞大系图录考释》113。

已大亮，太阳升起时发生日全食天象。最大食分0.97，
天黑下来，至5点30分，天又亮了（再旦）。①

按：建丑，四月丁亥朔，日食天象，"天再旦于郑"。知懿王
元年当是懿王十八年之误。"十八"合文误为"元"。五月丙辰
朔，既生霸十五庚午，合南季鼎历日。南季鼎历日合懿王十
八年。

公元前897年，懿王二十年，鲁厉公二十七年。

考古：休盘："隹廿年正月既望甲〔壬〕戌。"②

天象：冬至月朔戊寅，丑月丁未，寅月丁丑，卯月丙午。

按：建丑，正月丁未朔，有十六既望壬戌，器铭误为甲戌。
甲与壬，形近而误。

公元前895年，懿王二十二年，鲁厉公二十九年。

考古：庚嬴鼎："隹廿又二年四月既望己酉。"③

天象：冬至月朔丙申，丑月乙丑，寅月乙未，卯月乙丑，辰
　　　月甲午，巳月甲子。

按：建丑，正月乙丑，四月甲午朔，有十六既望己酉。

公元前893年，夷王元年，鲁厉公三十一年。

考古：蔡簋："隹元年既望丁亥。"④

天象：冬至月朔甲寅，丑月甲申，寅月癸丑。

---

① 葛真：《用日食、月相来研究西周的年代学》，《贵州工学院学报》1980
年第2期。1987年美国彭瓞钧、周鸿翔等研究结果同葛文。

② 郭沫若：《两周金文辞大系图录考释》152。

③ 郭沫若：《两周金文辞大系图录考释》43。

④ ［日］白川静：《金文通释》134。

按：建子，二月甲申朔，有十六既望己亥。书己亥为丁亥，取大吉之义。蔡簋缺月，当补上"二月"。

公元前 891 年，夷王三年，鲁厉公三十三年。

考古：卫盉："隹三年三月既生〔死〕霸壬寅。"① 达盨盖："隹三年五月既生〔死〕霸壬寅。"②

天象：冬至月朔壬申，丑月壬寅，卯月辛丑，辰月辛未。

按：上年当闰未闰，故建亥，正月癸卯，二月壬申，三月壬寅，四月壬申，五月壬寅，六月辛未。既死霸为朔为初一，知铭文"生"误，月相当为"既死霸"。有意为之乃讳，与士山盘同例。

公元前 889 年，夷王五年，鲁厉公三十五年。

考古：谏簋："隹五年三月初吉庚寅。"③ 兮甲盘："隹五年三月既死霸庚寅。"④

天象：冬至月朔辛酉，丑月辛卯 08 时 12 分，寅月庚申，卯月庚寅，辰月己未。

按：建丑，正月辛卯，三月庚寅朔。两器同年月日。一用初吉，一用既死霸。

公元前 886 年，夷王八年，鲁献公元年。

---

① 庞怀清等：《陕西省岐山县董家村西周铜器窖穴发掘简报》，《文物》1976 年第 5 期。

② 张长寿：《论井叔铜器——1983～1986 年沣西发掘资料之二》，《文物》1990 年第 7 期。

③ 郭沫若：《两周金文辞大系图录考释》117。

④ 郭沫若：《两周金文辞大系图录考释》143。

考古：辅师氂簋："佳王九月既生霸甲寅。"①

天象：冬至月朔甲戌，丑月癸卯……未月庚午，申月庚子（定朔己亥 11 时 53 分）。

按：建丑，正月癸卯朔，九月庚子朔（失朔半日）。九月庚子朔，有十五日既生霸甲寅。

公元前 882 年，夷王十二年，鲁献公五年。

考古：太师虘簋："正月既望甲午……佳十又二年。"②

天象：冬至月朔庚戌，丑月庚辰 02 时 07 分，寅月己酉，卯月己卯。

按：既望十六甲午，必己卯朔。是年建丑，正月己卯朔（失朔 2 时 7 分）。

公元前 878 年，厉王元年，鲁献公九年。

考古：师毁簋："佳王元年正月初吉丁亥。"③ 师兑簋甲："佳元年五月初吉甲寅。"④

天象：冬至月朔戊午，丑月丁亥，寅月丙辰，卯月丙戌，辰月乙卯，闰月乙酉，巳月甲寅，午月甲申。

按：建丑，正月丁亥朔，五月甲寅朔。

公元前 876 年，厉王三年，鲁献公十一年。

考古：师兑簋乙："佳三年二月初吉丁亥。"⑤ 师晨鼎："佳

① 郭沫若：《辅师氂簋考释》，《考古学报》1958 年第 2 期。
② 陈梦家：《西周铜器断代（六）》，《考古学报》1956 年第 4 期。
③ 郭沫若：《两周金文辞大系图录考释》114。
④ 郭沫若：《两周金文辞大系图录考释》154。
⑤ 郭沫若：《两周金文辞大系图录考释》155。

三年三月初吉甲戌。"① 颂鼎："隹三年五月既死霸甲戌。"②

天象：冬至月朔乙亥，丑月乙巳，寅月乙亥，卯月（闰）甲辰，辰月甲戌，己月癸卯，午月癸酉 11 时 24 分，未月壬寅。

按：建丑，正月乙巳，二月乙亥（师兑簋书乙亥为丁亥），闰月乙巳，三月甲戌（师晨鼎历日），四月甲辰，五月甲戌（失朔半日，颂鼎历日）。师俞簋盖历日同师晨鼎。

公元前 875 年，厉王四年，鲁献公十二年。

考古：瘐盨："隹四年二月既生［死］霸戊戌。"③

天象：冬至月朔己亥，丑月己巳，寅月戊戌（失朔 6 时 46 分），卯月戊辰。

按：建丑，二月戊戌朔。铭文当是"既死霸戊戌"。有意为之乃讳，与士山盘同例。④

公元前 863 年，厉王十六年，鲁献公二十四年。

考古：成钟："隹十又六年九月丁亥。"⑤

天象：冬至月朔庚寅，丑月庚申……午月丁亥，未月丁巳，申月丙戌 17 时 19 分，酉月丙辰。

---

① 郭沫若：《两周金文辞大系图录考释》115。
② 郭沫若：《两周金文辞大系图录考释》72。
③ 陕西周原考古队：《陕西扶风庄白一号西周青铜器窖藏发掘简报》，《文物》1978 年第 3 期。
④ 见前文《铜器历日研究条例》之"既生霸为既死霸例"。
⑤ 陈佩芬：《新获两周青铜器》，《上海博物馆集刊》第 8 期，上海：上海书画出版社，2000 年。

按：建子，正月庚寅，二月庚申……七月丁亥，八月丁巳，九月丁亥，十月（酉）丙辰。古人重朔望，按常理可视为"九月初吉丁亥"。

公元前861年，厉王十八年，鲁献公二十六年。

考古：吴虎鼎："十又八年十又三月既生霸丙戌。"

天象：冬至月朔己酉5时27分……亥月癸酉，子月癸卯，丑月壬申。

按：建丑，十三月壬申朔，有十五日既生霸丙戌。

公元前854年，厉王二十五年，鲁真公元年。

文献：《鲁周公世家》："献公三十二年卒。子真公濞立。"①

公元前852年，厉王二十七年，鲁真公三年。

考古：卫簋："隹廿又七年既生霸戊戌。"②

天象：冬至月朔丁亥，丑月丙辰，寅月乙酉，卯月乙卯，辰月甲申，巳月甲寅。

按：建寅，三月甲申朔，有十五日既生霸戊戌。

公元前848年，厉王三十一年，鲁真公七年。

考古：爵攸从鼎："隹卅又一年三月初吉壬辰。"③

天象：冬至月朔壬戌，丑月壬辰，寅月壬戌，卯月壬辰，辰月辛酉。

按：建丑，正月壬辰，二月壬戌，三月壬辰，四月辛酉。

---

① 《史记》卷33《鲁周公世家》，第1526页。

② 庞怀清等：《陕西省岐山县董家村西周铜器窖穴发掘简报》，《文物》1976年第5期。

③ 郭沫若：《两周金文辞大系图录考释》126。

公元前 846 年，厉王三十三年，鲁真公九年。

考古：伯宽父盨："隹卅又三年八月既死〔生〕（霸）辛卯。"①

天象：冬至月朔辛亥，丑月辛巳，寅月辛亥……申月戊申，酉月丁丑，戌月丁未。

按："既死"不词，月相有误。建寅，正月辛亥朔，八月丁丑朔，有八月十五既生霸辛卯。知月相为"既生霸"。

公元前 845 年，厉王三十四年，鲁真公八年。

考古：鲜簋："卅又四祀，隹五月既望戊午。"

天象：冬至月朔乙亥，丑月乙巳，寅月甲戌，卯月甲辰，辰月癸酉，巳月癸卯，午月癸酉。

按：建丑，正月乙巳，五月癸卯朔，有十六既望戊午。

公元前 841 年，共和元年，鲁真公十四年。

文献：《鲁周公世家》："真公十四年，周厉王无道，出奔彘，共和行政。"

考古：师𩠌簋："隹元年二月既望庚寅。"②

天象：冬至月朔壬午，丑月壬子，寅月辛巳，卯月辛亥，辰月庚辰。

按：建寅，正月辛巳，二月辛亥朔，有十六既望丙寅。书丙寅为庚寅，取庚寅吉利之义。

公元前 831 年，共和十一年，鲁真公二十四年。

---

① 陕西周原考古队：《陕西岐山凤雏村西周青铜器窖藏简报》，《文物》1979 年第 11 期。

② 郭沫若：《两周金文辞大系图录考释》139。

考古：师嫠簋：“隹十又一年九月初吉丁亥（辛亥）。”①

天象：冬至月朔甲申，丑月甲寅……午月辛巳，未月辛亥。

按：上年当闰未闰，本年建亥，正月乙卯，二月甲申，三月甲寅……八月辛巳，九月辛亥。书辛亥为丁亥，取丁亥大吉。

公元前829年，共和十三年，鲁真公二十六年。

考古：无㠱簋：“隹十又三年正月初吉壬寅。”②

天象：冬至月朔癸酉，丑月壬寅，寅月壬申。

按：建丑，正月壬寅朔。

公元前827年，宣王元年，鲁真公二十八年。

文献：《十二诸侯年表》：“共和元年，真公十五年，一云十四年。”《鲁周公世家》：“（真公）二十九年，周宣王即位。”

按：依“真公十四年，共和行政”，则周宣王元年即鲁真公二十八年。又，依“共和元年，真公十五年”，则周宣王元年即鲁真公二十九年，公元前826年。③

公元前825年，宣王三年，鲁真公三十年卒。

文献：《鲁周公世家》：“三十年，真公卒，弟敖立，是为武公。”

公元前824年，宣王四年，鲁武公元年。

公元前820年，宣王八年，鲁武公五年。

---

① 郭沫若：《两周金文辞大系图录考释》149。

② 郭沫若：《两周金文辞大系图录考释》120。

③ 张闻玉：《宣王纪年有两个体系》，载张闻玉、饶尚宽、王辉《西周纪年研究》，第250—252页。

考古：晋侯苏钟："六月初吉戊寅……丁亥……庚寅……"①

天象：冬至月朔庚辰，丑月庚戌；辰月戊寅，巳月戊申。

按：建亥，正月辛亥，二月庚辰，六月戊寅朔，丁亥初九，庚寅十二。

公元前 817 年，宣王十一年，鲁武公八年。

考古：虢季氏子组盘："隹十有一年正月初吉乙亥（癸亥）。"②

天象：冬至月朔癸巳，五月壬戌。

按：建亥，正月癸亥（定朔甲子 05 时 49 分），二月癸巳，三月壬戌。书癸亥为乙亥，取乙亥吉利之义。

公元前 816 年，宣王十二年，鲁武公九年卒。

文献：《周本纪》："十二年，鲁武公来朝。"《鲁周公世家》："武公九年春……西朝周宣王……夏，武公归而卒。戏立，是为懿公。"

考古：虢季子白盘："隹王十有二年，正月初吉丁亥。"③

天象：冬至月朔戊子 03 时 49 分，丑月丁巳，寅月丙戌。

按：上年闰，本年建子，正月丁亥（戊子余分小，司历定为丁亥），二月丁巳，三月丙戌。《十二诸侯年表》有"武公十年"，系从"（真公）二十九年周宣王即位"顺推出来的。

公元前 815 年，宣王十三年，鲁懿公元年。

公元前 812 年，宣王十六年，鲁懿公四年。

---

① 马承源：《晋侯苏编钟》，《上海博物馆集刊》第 7 期，上海：上海书画出版社，2000 年。

② ［日］白川静：《金文通释》200。

③ 郭沫若：《两周金文辞大系图录考释》103。

考古：克钟："隹十又六年九月初吉庚寅。"①

天象：冬至月朔癸亥 23 时 10 分，丑月癸巳……午月辛酉，
未月辛卯 06 时 24 分。

按：建亥，正月甲午，二月甲子，三月癸巳……八月辛酉，
九月庚寅，十月庚申。

公元前 810 年，宣王十八年，鲁懿公六年。

考古：克盨："隹十又八年十又二月初吉庚寅（戊寅）。"②

天象：冬至月朔癸丑，丑月壬午……戌月戊寅，亥月丁未。

按：上年建亥，不当闰而闰，本年建子，有十三月。故正月
癸丑，二月壬午，十二月戊寅。下年建亥，正月丁未。书戊寅为
庚寅，取庚寅大吉之义。

公元前 809 年，宣王十九年，鲁懿公七年。

考古：趞鼎："隹十又九年四月既望辛卯。"③

天象：冬至月朔丁丑，丑月丙午，寅月丙子，卯月乙巳。

按：接上年，建亥，正月丁未，二月丁丑，三月丙午，四月
丙子。四月丙子朔，十六既望辛卯。

公元前 807 年，宣王二十一年，鲁懿公九年。

文献：《鲁周公世家》："懿公九年，懿公兄括之子伯御与鲁
人攻弑懿公，而立伯御为君。"

公元前 806 年，宣王二十二年，鲁伯御元年。

---

① 郭沫若：《两周金文辞大系图录考释》112。
② 郭沫若：《两周金文辞大系图录考释》123。
③ 刘启益：《伯寛父盨铭与厉王在位年数》，《文物》1979 年第 11 期。

公元前 801 年，宣王二十七年，鲁伯御六年。

考古：伊簋："隹王廿又七年正月既望丁亥（乙亥）。"[①]

天象：冬至月朔庚申 12 时 48 分，丑月庚寅。

按：建子，正月庚申朔，有十六既望乙亥。书乙亥为丁亥，取丁亥大吉。

公元前 800 年，宣王二十八年，伯御七年。

考古：寰盘："隹廿又八年五月既望庚寅（丙寅）。"[②]

天象：冬至月朔乙卯，丑月甲申，寅月癸丑……午月辛亥 13 时 27 分。

按：本年建寅，正月癸丑，五月辛亥。辛亥朔，有十六丙寅，书丙寅为庚寅，取庚寅大吉之义。又，上年建子转本年建寅，知宣王二十七年再闰，有十四月。

公元前 795 年，宣王三十三年，鲁孝公元年。

文献：《鲁周公世家》："伯御即位十一年，周宣王伐鲁，杀其君伯御。……乃立称于夷宫，是为孝公。"

公元前 781 年，幽王元年，鲁孝公十五年。

公元前 780 年，幽王二年，鲁孝公十六年。

考古：鄘簋："隹二年正月初吉……丁亥。"[③]

天象：冬至月朔戊午，丑月戊子 12 时 13 分（四分术丁亥 926 分）。

按：建丑，正月丁亥朔。

---

① 郭沫若：《两周金文辞大系图录考释》125。

② 郭沫若：《两周金文辞大系图录考释》126。

③ 郭沫若：《两周金文辞大系图录考释》154。

公元前777年，幽王五年，鲁孝公十九年。

考古：师旋簋乙："隹王五年九月既生霸壬午。"①

天象：冬至月朔庚午，五月庚子……申月丁卯09时29分。

按：建子，九月丁卯朔，余分小，司历定为戊辰朔，有十五既生霸壬午。元年师旋簋合平王元年天象。

公元前776年，幽王六年，鲁孝公二十年。

文献：《诗》："十月之交，朔月辛卯，日有食之。"

天象：建子，正月乙丑……申月辛酉，酉月辛卯。

按：建子，正月乙丑，十月辛卯朔（儒略历9月6日）。张培瑜先生说："前776年9月6日日食仅中国北方地区可见一、二分小食，首都镐京、洛阳等地皆不可见。"张氏计算出这一天确有日食天象，只是两京不可见而已。历代学者都认定诗刺幽王，借日食申说。

公元前771年，幽王十一年，鲁孝公二十五年。

文献：《鲁周公世家》："孝公二十五年，诛侯畔周。犬戎杀幽王。"

三、 结论

结论是清楚的：

西周总年数是336年（前1106—前771年）。西周中期王序

---

① 郭沫若：《长安县张家坡铜器群铭文汇释》，《考古学报》1962年第1期。

是共、孝、懿、夷。列表如下：

公元前 1106 年武王克商，在位 2 年；

公元前 1104 年成王元年，在位 37 年；

公元前 1067 年康王元年，在位 26 年；

公元前 1041 年昭王元年，在位 35 年；

公元前 1006 年穆王元年，在位 55 年；

公元前 951 年共王元年，在位 23 年；

公元前 928 年孝王元年，在位 12 年；

公元前 916 年懿王元年，在位 23 年；

公元前 893 年夷王元年，在位 15 年；

公元前 878 年厉王元年，在位 37 年；

公元前 841 年共和元年，计 14 年；

公元前 827 年宣王元年，在位 46 年；

公元前 781 年幽王元年，在位 11 年；

公元前 770 年平王元年，东周始。

附录

西周年代学研究的重要成果

——评张闻玉教授《铜器历日研究》①

张新民

    贵州大学张闻玉教授的《铜器历日研究》，最近已由贵州人民出版社出版了。这部宏著得到省新闻出版局资金的资助，我受命作为审读推荐人之一，辱蒙闻玉先生的殷勤美意，早在去年就有幸先拜读了全稿。记得当时初读之下，颇惊羡作者功力的深厚，以为实乃治先秦古邃之学的力作，不特有功于西周年代学研究的突破，而且可以匡正当世轻视朴学的学风。作者至慎至谨的治学态度，尤可示天下学人以大道准则。因此，乃以一介书生之力，呼吁亟早刊布流行，以飨世之好治古学者。不意不及一年，闻玉先生之书即得以正式出版，而重新展读，愈信其必能见重于海内外学术之林。故感慨兴奋之余，作此文以为绍介。

---

① 本文原载于《金筑大学学报》1999 年第 4 期。

闻玉先生撰写此书的目的，主要是为西周铜器铭文所载历日寻找一个可靠的断代方法，从而彻底系统地解决西周年代学问题。要达到这一目的，必须有方法论上的突破。过去研治青铜器的专家，大多采用标准器比较断代的方法，即仔细辨识铜器形制、纹饰、铭刻字体等，凡相同或相近者即归为一类，而每一类器物的具体断代，则依标准器的王世加以确定。这一考古界长期沿用的方法，不能说没有合理性，但主要依靠判断者见识的丰富和经验的积累，与古董鉴赏家的方法其实并无二致，而且准确率并不见得很高。甚至即使准确，也只能断至某一王世，即只能提供相对年代，存在很大的不足，有一定的局限。闻玉先生另辟蹊径，直接取证于器铭历日，再校以实际天象，核之文献记载，这就是他所说的"三证合一"——由张汝舟先生发明，闻玉先生继起完备的断代考据方法。这种方法明显能弥补前者只能提供相对年代的缺憾，自然是一种后胜于前的突破性推进，既显得周延严谨，也更有助于接近绝对年代。"前修未密，后出转精"，正说明了方法本身应容纳或容许不断改进、调整、转换或修正的潜能，充分表现兼容、扩充、开放和创新的特点。而用这句话来形容闻玉先生的学术贡献，其实也是恰如其分的。

以地下材料（出土文物）、纸上材料（典籍记载）、天上材料（实际天象）三重证据法为依据，籍以考证铜铭历日，从而谋求西周年代研究的重大突破，显然是对王国维"二重证据法"的创造性发展。闻玉曾运用这一方法撰写了《西周王年论稿》一书，解决了诸如武王克商年代、昭王在位年数等一系列重大问题。他的著作的特点也可以说是历史学、考古学、天文学三者整合运用，其中尤以天文历法的专长最显突出。《铜器历日研究》则将这一方法进一步精密化，并提出了更多的示范性研究实例。作者提出，出土铜器历日的年、月、月相、日干，都是铸器人自己明明白白写上的，用历日勘合实际天象，以此确定铜器的绝对年代，难道不更为可信？年代学是极其客观性的学问，要想得到可靠的结论，必须做到天象与文献、出土器物"三证合一"。三者之中，实际天象最为重要。因为实际天象是天上的材料，没有任何人为的臆度，取信度显得更高。古人观象授时，太阳的出没，月球的盈亏，星辰的隐现，都是观测和记录的对象，也是安排年月日的依据。至于文献的利用，尽管存在取舍决断的问题，仍不能为曲就己说置文献于不顾，更不能动辄就以推翻古人之说为今人之荣。闻玉先生严格遵从自己一以贯之的"门法"，具体考证𣄮𤉢进方鼎、小盂鼎、虎簋盖、善夫山鼎、鲜簋、晋侯苏钟、虞侯壶、子犯和钟等，均能就其所载历日谈出新颖的看法，不仅正确判断了历法，同时也有助于铭文内容的释读。细读全书，我们处处都能感到作者治史态度的严谨，以及其对历史知识与文物、文献运用的熟稔，感受到"三证合一"方法论的具体落实，以及由此而开拓出来的古史考证特别是年代学研究的广阔空间。当然，表面看来极其简易的"三证合一"法，实际运用时仍需大量相关知识的复杂配合；而更深一层说，则是通过方法论的修正和充实，逼近年代学的真实，恢复古史存在的原貌。

西周铜器铭文记载历日，有与铸器之日相合的，即器铭所记历日即是铸器之日；但也不能一概而论，轻易就说所有铜器历日等于铸器时日。铭文并不排除后人追忆前事的可能。因而器铭历日与铸器时日可能存在年代的差异，这就使作者与考古界不尽相合的结论，有了一个较为合乎逻辑的解释。譬如晋侯苏钟铭文，作者认为可以分为互不相关的两个部分。前一部分记载了周穆王三十三年出省东国、南国的史实，但铸器时间则在西周晚期。子犯和钟历日"五月初吉丁未"，以"三证合一"之法考之，亦非铸器之日，乃指子犯佑晋公来复其邦一事，明显是铸器时慎重追记。由此可见，闻玉先生"三证合一"的历日研究方法，其实与器型类比的断代方法并无矛盾。二者与其说是相互排斥或对峙，不如说是相互旁助和支援。足证只有采用多种方法进行铜器断代研究，才能尽量减少不必要的葛藤或偏失，从而形成完整多面的考证视域，使年代学的莫衷一是得到一定程度的解决，使西周年代学研究更加周延和完善。所以，形制断代尽管存在局限，至少仍有辅助的作用，而历史学家、考古学家、天文学家相互配合，在方法论上博采兼收，以求逼近结论的真实，我认为依然很有必要。值得注意的是，闻玉先生在这一问题上也采取了颇有兼容风范的中道立场，没有极端化的非此即彼的倾向。

"三证合一"法必须同时兼顾文献资料、铜器历日、实际天象三个方面。前面已经提到，在文献的运用上，闻玉先生的态度十分慎重，从不轻意否定古人的记载。而为了使铜器历日的判断准确无误，他依据张汝舟先生的《西周经朔谱》，重新加以扩充校改，编制为更加详尽的《西周朔闰表》，收入《西周王年论稿》一书。凡史籍记载历日及西周铜器历日，《朔闰表》均一一标注于各年之下，使铜器历日可与史籍勘合，又可与实际天象印证。至于实际天象，他则统合各方面材料加以佐证，始终坚持古已有之的月相定点说，表现出极大的理论勇气，也获得了愈来愈多的学者的认同。

大家知道，研究西周年代学，对月相的解说不能回避。古代有"既生霸""既死霸"的语辞，本为根据月相而纪日的专门术语，然而其究竟代表一个月的七天、八天乃至十天的一个时段，抑或是专指某一天，学界却存在争论。前者以王国维为代表，主张"月相四分"；后者则以俞樾为代表，主张"月相定点"说。二人都同样著有《生霸死霸考》专文。由于王国维影响晚近学术极大，加上以考据精核见称，故其说笼罩天下，几乎不可动摇。闻玉先生在光大师（汝舟先生）说的基础上，明确主张"月相定点"之说。他收入《西周王年论稿》的那篇《王国维〈生霸死霸考〉志误》的长文，广经博采，多方引证，言之凿凿，理据逼人，真正使讨论有了深化，读后殊使人折服。在《铜器历日研究》中，他又明确指出，月相非定点不可，否则就失去记录时日的作用。既死霸为朔，既生霸为望。生霸指月球受光面，死霸指月球背光面。记录月相，主要是记录朔与望及相关的日子。因此定点必须定在一日，不得有两天的活动，也不得有三天的活动，更不得有七天、八天的活动。王国维氏"四分说"的粗疏，在于误信了刘歆的《三统历》。我们看到，正是依照闻玉先生的"月相定点说"及其具体考证示范，西周年代学的许多难题都迎刃而解，不仅厘清了天文历法本身的真相，而且有助于重新释读先秦文献，甚至根据铜器历日可以一一求出历日记载的绝对年代，使古史、古器历日的考证都趋于圆满和精确。从闻玉先生逢源自得的年代学考证中，我们已看到了"夏商周断代工程"重大突破的潜在远景。

为了使铜器历日的断代更有规律可循，作者还总结和归纳了十条研究条例。十条研究条例中，有正例也有变例。正例如辰为朔日例、两器同年例、似误不误例、两器矛盾例、上下贯通例、再失闰例等，主要是根据"三证合一"的方法，反复排比、归纳、分析，找出众多铜器的内在联系，确定其准确的制作年代，由此得出具有一般意义的条例。试以首条"辰为朔日例"加以说明，即在二十余件铜器中，凡有"辰在××"的铭文，"辰"均可作为朔日理解。"辰在××"当为晚殷以来表达朔日干支的固定格式。由此可见，"正例"实际就是通例，适合各种不同的铭器历日。变例如器铭自误例、既生霸为既死霸例、丁亥为亥日例、庚寅为寅日例等，即正例方法无法范围，不能处理的特殊铜器历日，需要用其他方法（包括形制、纹饰、字体、铭辞、人名、史事等近代学者断代的依据和结论）加以匡合，使之系于相应的西周王年并有合理的解说。试以末条"庚寅为寅日例"加以说明：古人视庚寅为吉日，查厉宣时代器铭历日，其书庚寅者，其实都是取其吉利，核以实际天象，多为丙寅而非庚寅。从中不难知之，变例乃是针对特殊铜铭历日制定的特殊条例，是专门为特殊对象服务的特殊方法论，籍此以求在正例不能解释时，仍能得到满意的勘合结果。至于能用变例又能用正例解释的铜器历日（如走簋），闻玉先生则特别指出，除非有更坚强的证据非依准前者不可，否则我们就应尽量遵从后者，亦即尽量放弃特殊性的变例，恪守一般性的正例。简言之，既揆之于天象实际而无不协，验之铭文古书而无不通，正例变例，不过如此而已。

闻玉先生自谓他的十条铜器研究条例，是学习清儒做学问的方法，也是从黄季刚先生论文中学来的。他对此十分珍惜。其实晚近著名学者中，以这种方法做学问的，为数不少。譬如俞樾《古书疑义举例》、杨树达《古书句读释例》、余嘉锡《古书通例》、陈垣的《史讳举例》《校勘学释例》等，都是明显的例证。其中余嘉锡《古书通例》"稽之正例变例，以识其微；参之本证旁证，以求其合"，① 正是在参互考校，排比钩稽中，总结出了古书的通例。这是方法论上的提升与自觉，也是清儒问学路途的深化和拓展。而陈垣《史讳举例》一书，实为避讳史的全面总结。全书所列八十二条通则性条例，都可视为考史方法的归类与提示，亦可当成治学的门径或钥匙。至于《校勘学释例》所归纳校法四例——对校法、本校法、他校法、理校法，则更是涵盖性极其广泛的概括，可说一切校雠学在方法论上都难出此范围。我举这些例证，无非是要说明，无论闻玉先生自觉或不自觉，如果往深层挖掘，他的学问精神的继承面本是很广博的。当然，将"条例"用于铜器历日，从而示人以规范，则是他自己的发明。在这一意义上，也可说他发扬光大了中国朴学传统，并在新的研究范围内给予了创造性的现代运用。从承前启后的学术源流角度看，我认为可以分析出一条朴学方法论自我充实的连续性理路线索来的。诚如其他具有辩证开放性格的学术一样，谁又能断言后起者不能继承闻玉先生之学术课题而不断向前发展呢？

---

① 余嘉锡：《古书通例》之《绪论》，上海：上海古籍出版社，1985年，第6页。

我们看到，正是由于作者的辛勤劳作，以及考据方法的严密允洽，西周年代学特别是列王的年代线索已显得十分清晰。除前面提到的《西周朔闰表》外，《铜器历日研究》还专辟有《西周王年足徵》一节。该节王年始于公元前 1166 年的文王元年，迄于公元前 771 的幽王十一年，前后总计 396 年，作者一一排比年代及其文献、天象、考古依据。这当然仍是"三证合一"研究方法的具体体现或成果总结。而在建正问题上，闻玉先生则认为西周尚处在观象授时阶段，实无"三正"之说；当时，用丑正而非子正，大量铜器历日均可证明此点。只是失闰既不可避免，丑正转子正或丑正转寅正，在少置或多置一闰的情况下仍会出现。至于武王克商究在何年，学界长期众说纷纭，莫衷一是。作者则始终坚持汝舟先生的公元前 1106 年之说，在《西周王年足徵》中，又将之明确系于公元前 1106 年（帝辛五十二年，武王十二年）之下。这一结论的得来实属不易，他为此专门撰有《武王克商在公元前 1106 年》长文一篇，大量征引各种新出土的西周铜器历日，以及文献和天象资料，以"三证合一"之法详加辨析，订正前人的种种错讹，得出令人信服的结论。足见看似简单的西周每一个王年的排定，其实都是建立在非常可靠的大量资料辨析的实证基础上的。

应当看到，近代史学界曾刮起过一股"疑古"的邪风，这也否定，那也否定，短时期内甚嚣尘上，中国古史几近面目全非。认真地说，时至今日，古史研究也并未完全走出"疑古"的阴影。一些史学家对西周诸王年代的考证，执其一端，多与文献相违，虽然他们也打着"信古"的旗号。好在中国古代文献十分丰富，终是"信古"导引着中国的古史研究。闻玉先生的文字，彻底摆脱了疑古派的胡搅蛮缠，使我们看到了古史的光明。他尊重文献，从不轻易否定文献。在遇有歧义之处，他的取舍总能做到合情合理。如"懿王元年天再旦于郑"，今人科学的考证乃指公元前889年的日全食天象。闻玉利用大量铜器历日证实，元年之"元"乃"十八"二字的误合。当是懿王十八年"天再旦于郑"，且王序当是"共孝懿夷"，这就解决了依"懿、孝、夷"王序，三王在位才只有21年（前889年—前878年）的令人难以信从的尴尬结论。这就是文献不足徵，借助器铭加以补足、匡正的极好例证。这样，器铭得以充分利用，文献也有了贯通的合理的解说。西周中期这一段朦胧的纪年得以恢复它的原貌。随着研究的深入，材料坚实充分，自然结论可信，非皮相之见所可能比。这与疑古派动辄否定文献有天壤之别。又如《竹书纪年》所记"西周二百五十七年"一说，显然与史载王年不合。闻玉在书中对它作了合理的解说。原来有的古代史学家认为：成王亲政才是殷商的真正消亡，到厉王出奔彘，这其间正好257年。更有好事者将共和伊始视为西周的结束。这反映了古代学人对西周的始末有不同的理解。在形式上，闻玉他不认同"西周二百五十七年"的文字，却正好印证了其他大量文献的可靠性。我们如果简单地相信"懿王元年天再旦于郑"，简单地相信"西周二百五十七年"一说，不仅文献的矛盾永不可解，西周年代的研究也势将步入歧途。诚如王宇信先生在"序"中所说：闻玉先生在利用古代文献方面，是最为成功的。

年代学的重要性主要在于，没有了它，历史就是一片黑暗。

较之世界各国任何民族，中华民族都是历史意识最为强烈的民族，编年史事及相关史籍十分系统和完整。特别是与印度相较，这一点更显得突出。印度很少重视世俗世间人文历史的记述，他们的历史有如云雾缭绕，甚至由于缺乏必要的绝对编年记事年代，整个古代历史若隐若现，如神龙般难见其首尾。所以，尽管印度长于形而上智慧的哲理玄思，仍难免"学者没有历史"（缺乏历史智慧）的讥讽和慨叹。而中国有确切纪年的历史，至迟可上溯到西周共和元年，即公元前841年，有司马迁《史记·十二诸侯年表》可为凭据。史迁之前，春秋时期名目繁多的大量编年史籍的存在，也说明了中国人以编年记事方式努力传承人文史迹的特殊历史智慧。史迁之后，历代更有不少学者努力推考共和元年以前的确切年代，而西周王年的考求就是一个历久不衰的研究课题，不仅反映了学者通过确立纪年来恢复古史原有秩序的努力，同时体现了以历史文化为安身托命依据的中国人强烈的历史意识和突出的历史智慧。近年来推出的"夏商周断代工程"之所以举世瞩目，即在它凝聚了炎黄子孙追溯五千年文明源头的心愿，能引起具有共同文化心理结构的中华民族的认同和共鸣。闻玉先生长期不懈的年代学研究，既使大量杂乱的铜器多了一种断代分类的依据，也使西周共和以前的历史恢复了年代学的秩序。更深一层说，他的努力也折射出中华民族的历史智慧，是中华民族历史意识在学术上的自觉体现。一旦西周列王的年代得以确定，上推夏、商年代便成为可能。在历史文化中求生命、求智慧、求发展的中华民族，当然会为自己文明的源头有了更清晰准确的年代而自豪！

著名学者陈寅恪先生曾指出："一时代之学术，必有其新材料新问题。取用此材料，以研求问题，则为此时代学术之新潮流。治学之士，得预此潮流者，谓之预流（借用佛教初果之名）。其未得预者，谓之未入流。此古今学术史之通义，非彼闭门造车之徒，所能同喻者也。"① 20 世纪初，王国维先生就对地下材料十分重视，他利用地下出土之金文和甲骨文，与纸上材料（典籍文献）相互比观稽核，在商周历史等一系列问题上取得了重大突破，并在方法论上提出了颇有学术示范价值的"二重证据法"，诚如陈先生所言，可谓能"预流"者。地不爱宝，王先生之后，包括铜铭、甲骨在内的各种地下材料仍在不断出土，这就至少在资料上给后人实证学术的超越提供了足够的空间。闻玉先生利用地下材料勘合纸上材料乃至实际天象，亦同样在西周年代学问题上取得了突破性研究成果。并倡首更具学术示范意义的"三重证据法"，借用陈先生的话，也是能"预流"者。

尽管比较而言，亦即以多元开放的思想胸襟客观进行评价，王国维氏的治学气象及范围要广大得多，即使偶有失考或讹误，也难以动摇其一代大师的学术地位。然而闻玉先生的成就，仍值得我们高度重视——对他的学术方法论的道理与说服力量，我是深信不疑的。何况这一成就的取得除地下材料不断出土等客观条件外，更有其长期沉潜于博大精深的中国古代学术文化的主体性理路。即是说，要真正能做到陈先生所说的"预流"，取新材料

---

① 陈寅恪：《金明馆丛稿二编》，上海：上海古籍出版社，1980 年，第 236 页。

以研求新问题固然重要，更重要的则是学者自我学问生命、文化生命和学术生命长期沉潜的功夫。后者是陈先生暗中蕴蓄而未明言的道理，我借闻玉先生的学术范例替他点明。末了，我要与陈先生一样感叹：此非闭门造车之徒所能喻也！只有在主客两方面都真正竭尽了努力，才能开出学问的新境界新天地。质之学界同仁，不识以为然否？

（作者时为贵州师范大学历史系教授）

作者简介：

张新民，字止善，号迂叟，1950 年生于贵州。贵州大学教授、贵州大学中国文化书院教授兼荣誉院长，曾任教于贵州师范大学历史系。长期从事中国历史文化的教学和研究工作，代表作有《中国典籍与学术文化》（广西师范大学出版社，1998 年）、《华严经今译》（中国社会科学出版社，2003 年）等，主持国家社科基金重大项目《清水江文书整理与研究》。

我与张闻玉教授

韩祖伦

大约是 2002 年左右，我正利用业余时间，孜孜于对金文的入门研究。当时最感艰难的便是青铜器铭文中的月相与历法，一则是我于古代天文历法没有基础，纯粹是个白丁；再则是所读当今古史和古文字学界专家的大著中，论及的历术推演异说纷呈莫衷一是，使我这个门外汉如坠雾中。于是便尽力搜集有关论著期望有所寸进，张闻玉先生的大著《铜器历日研究》就是在这样的情况下进入我的视野。展读之下，顿觉耳目一新并为之深深折服，但实事求是说，还有许多知识我难以消化，需要进一步请教。为此，我煞费苦心地打听先生的信息，并多次漫无目标地打电话到贵州大学中文系，期望能与他取得联系。终于，在贵州大学中文系老师的热心帮助下，获知张闻玉先生已经退休，但仍然授课，于是，便冒昧给先生写了封信请中文系转呈，当时心中是惴惴的。然而出乎我意料的是，时隔不到半月，我竟然收到了先生寄赠的专著《西周王年论稿》，我向先生问学的这份情谊自此开始。

通过对《铜器历日研究》《西周王年论稿》《历史年代与历术推演》等专著的研读，从个人角度客观地说，先生承继其先师张汝舟教授的历术真知并发扬光大，以破解的《史记·历术甲子篇》为基础，穷二十年精力归纳成有严密科学依据且不涉奥玄的"历术推演"体系，并由此而发为《铜器历日研究条例》，其成果能为大多数涉足此道的人所掌握和解决实际问题，这无疑是先生对西周年代学研究的重要贡献。所谓客观，我是这样理解的，设若他的理论是并不成熟的一家之言，公之于如此众多的专家学者面前，必有疏漏或谬误之处可供批驳甚至否定；事实上，他的《西周王年论稿》出版于"夏商周断代工程"启动的 1996 年，《铜器历日研究》出版于"工程"进展的 1999 年。在如此关键时段内，在国内外专家的高度注视下，至今无人能持论有据地否定他的研究方法及所出结论，这足以说明他的研究体系的根基是坚实的。愚以为先生的体系切实做到了文献（纸上材料）、考古（地下材料）、天象（天上材料）的"三证合一"，应该是西周年代学研究一个不可缺少的重要支撑。毋庸讳言，张老师在西周纪年上的研究结论，有些与"夏商周断代工程"的结论不同。这表明古天文历法之学相当艰深，学术争论是正常现象，有争论才有进步。正因为如此，尽管"夏商周断代工程"通过验收已经多年，但"工程"阶段性结论的许多方面，学术争论至今未有间断。可以说明争论必要性的是，在此期间又新出土了多件有月相和纪年铭文的有价值的西周青铜器，对"工程"结论进行了检视。用"工程"所采用的对西周月相纪年铭文的理解进行释读，仍然有数器不能谐调。就连首席专家李学勤先生也坦言，"工程"

中对西周纪年铭文青铜器的排谱，许多地方确实还有进一步修正的必要。

2010 年先生领衔的新著《西周纪年研究》出版，其中关于"月相定点说""文献、青铜器铭文、天象'三证合一'""周武王克商年份"，"西周中期王序"等重要学术观点，有了更为深入的申论和阐发，持论有据，没有游移，历经争论而愈益鲜明，显示了先生充盈的学术底气。诚如中国社科院历史学家、资深甲骨学研究专家杨升南先生所评价："此书将作者多年研究的关于西周年历问题的精粹都汇于一编，极大地方便读者。对西周纪年的研究自成一家之言，论证坚实，具极高的学术价值，是西周纪年研究学术领域里难得的佳作，当大有益于学术界，大有益于西周年代学的研究。"

有幸拜识先生以来，他陆续寄赠给我《西周王年论稿》《语文语法刍议》《古音学基础》《古代天文历法讲座》《汉字解读》《辛巳文存》《历史年代与历术推演》《西周纪年研究》《辛卯文汇》《张闻玉文集（小学卷）》《张闻玉文集（天文历法卷）》《张闻玉文集（文学卷）》《夏商周三代事略》《周易正读》等十几种专著，我惊叹于先生学问的渊博和治学的勤奋，诚如贵州省文史馆馆长顾久先生为《语文语法刍议》所写序言中概括的："通声韵、精训诂、明语法，其中国古天文历法研究，尤获盛誉。"我想还应该再补充一句：深研《易》学。这大体勾勒出先生的治学体系范围。其中，2010 年先生的《湖南道县石像群之解读》大作值得专提一笔。道县石像群自发现以来就以其庞大的规模受到了考古界、史学界的关注，许多专家学者撰文解读，比较一致的意见就是认为这是史前的一处大型祭祀遗址，至于进一步具体剖析，则观点颇不统一。先生结合史前传说、文献史料、民族和民俗知识、历代学者的考证与记载等多方面资料，推论石像群最早应由舜的兄弟象所造，以及象的感化和弃恶从善，结合苗族的迁徙历程述说了苗族与象之间的关系。先生胸罗宏富，此文贯通文史哲等多个学术领域，持论有据，匡正了一些不确的记载和传闻，逻辑严密，撰文举重若轻，让我深深领略了先生的学术底蕴。故而每向先生请教学问，我的敬重之情便不能不溢于言表。而先生却总是淡淡地说，读书人，也就是读书、教书、写书，除此之外，还能做什么呢？

2011年8月份，我趁旅游的机会去贵州，其中最重要的内容就是拜会先生。我是由广西转道贵州的，先生获知后，每天用短信询问我的行程宿止，令我非常感动。到达贵阳那天，由于集体活动安排的仓促，我无法准时在约定的晚饭时间赶到花溪，我多次电话告请先生不要等我，然而当我延误了四十多分钟赶到时，等候的竟然是满座的高朋，其中有两位北京的贵客在匆匆半小时的用餐后便赶奔机场，这情景令我深感不安。这次贵阳的晤面，是我不能忘怀的。

一晃，拜识先生将近二十年了，此间凡是我所请教，先生皆知无不言言无不尽，举凡金文历术推演、铜器铭文解读、西周昭穆制度、读《易》解经、说文解字、古汉语字词乃至诗词格律无不尽述，甚至他还在自己的博客上发布拙文，并热心地为拙文推介刊物，作为一个素昧平生的后学和求教者，先生对我的拳拳之意岂止是授业解惑，而我所受到的沾溉，又何止是先生的学问。

所不安者，由于天性愚钝，先生所赐学问竟不能得其什一，这是我至今感到惭愧的。我保留了 2006—2012 年间我向先生请教和先生赐教的电子邮件一万余字，此外是更多的微信留言。这些文字，是我此生温馨的记忆和珍贵的精神财富。先生以近六十年对国学的坚守，成就了他的高度并育成桃李无数，适逢先生八十华诞，谨将心中的敬意和感恩形诸笔端，愿先生年寿如吉金乐石，学术如苍松翠柏！

2020 年 4 月 2 日

作者简介：

　　韩祖伦，古文字、印学、书法篆刻研究学者，目前在上海担任地方志编纂工作。2013—2018 年担任《印学研究》（山东省博物馆主办）副主编。在上海复旦大学、华东师范大学、陕西秦俑博物馆、《中国文字研究》《秦文化论丛》《印学研究》《中国简帛学刊》《中国书法》《篆刻》《书法赏评》等单位和刊物发表论文数十篇。

后
记

　　这部书稿是 1986 年上半年在吉林大学干训楼 402 室就完成了的。我一直放着，不存出版的欲望。从长春归来，我就若干铜器一件一件地作了具体考释，先写些小文章，如《关于虞侯政壶》《善夫山鼎王世考》之类在《中国文物报》上刊发。进而由浅入深，有了《小盂鼎非康王器》《智鼎王年考》等。《西周王年论稿》收录了有关的几篇。因为《西周王年论稿》是贵州人民出版社亏损出书，印数仅 500 册，已难以再印。于此就将先后论及铜器历日的文字集中归入书中的"铜器历日的具体讨论"这一部分。长春的原稿第三部分是《铜器系年》，考虑到《西周王年论稿》中已收有《西周朔闰表》，使用 1997 年 9 月写的《西周王年足徵》取代了它。这样，原稿基本上未加改动的仅有本书的前两部分了。

　　1985 年秋后，东北师大陈连庆先生请我给历史系研究生讲历术，每周一个下午，讲了十多次。任其大雪纷飞，陈先生、徐喜辰先生等几位老先生都亲临课堂，这给了我极大的鼓舞。陈先生提供若干材料，要我讲一讲"历术的应用"，这是我接触铜器历日的开始。整个冬天，我成了吉大图书馆与吉大古籍所资料室的常客。那时候，除了每周两次听金景芳老先生讲《周易》，精力都放在这上面了。后来，就"历术的应用"讲了两次，主要内容是讲"铜器历日研究条例"——这正是我学习的心得，虽是现炒现卖，还算得心应手。课后，陈先生当即鼓励我说："讲得好！"后来陈先生还告诉我，他问过他的研究生，同学们还感到茫然。陈先生告诉他们，"讲的都是研究方法，你们当然不好懂啊！"。

1986 年开春，我在讲授的基础上，写出了《铜器历日研究条例》。这是学习清儒做学问的方法，也是从黄季刚先生论文中学来的。以"条例"作规范，有历日的铜器便能坐实它的具体位置，找出它的绝对年代。我十分珍惜这一部分材料，认为它是铜器历日研究的核心文字。我相信，这正是陈连庆先生最感兴趣的内容。我敢说，有了这个"条例"，铜器历日的研究就算大体告成。余下的工作不外是一件一件地去具体考释而已。十多年来的实践证明，我的考据文字都在"条例"的指导下一一完成，于此也增强了我对铜器历日以及西周年代研究的信心。

我要感谢考古界的朋友，他们对铜器断代已经做了不少工作，我始终以一个小学生的态度阅读他们的文章，使我获益良多。我从铜器历日的角度进行考释，只能是对考古界断代的补充，这就免不了与他们以铜器类型进行归结有所不同。如番匊生壶"隹廿六年十月初吉己卯"，历日只合成王二十六年天象"十月己卯朔"。考古界认定它是西周晚期器，而与厉、宣历日绝不合。我注意到李仲操先生把它列入平王，而平王二十八年才有十月己卯朔。列为平王器，得改历年为"二十八"。这种轻率的改动我是难以下手的。又如，此鼎"佳十又七年十又二月既生霸乙卯"，它合穆王十七年十二月辛丑朔，十五月乙卯；善夫山鼎"佳卅又七年正月初吉庚戌"，它合穆王三十七年天象。考古界定它们为西周晚期器，而历日与厉、宣实际天象绝不合。我不敢自乱门法，就不便改弦迫从考古界朋友的观点。但我肯定，绝大多数铜器的定位与考古界的结论相同。又，晋侯苏钟乃西周晚期器，而刻记的铭文前面部分却是穆王三十三年史事；子犯编钟所记"五月初吉丁未"，并非铸器时日，而是追记子犯当年协助重耳去齐的日子……这就给我们以重要的启示：铜器历日不等于就是铸器历日。铭文所记或是本人亲历的大事，或是后世子孙对先人功德的追记。果真是西周晚期形制的器物，记录西周中期甚至前期的史实，也应是正常的。这正是我不愿轻率改动历日以曲就形制的主要原因。

感谢陈连庆先生的亲切关怀与指导，使我走上了由文学而经学而史学这样一条有中国特色的学人之路。要不然，我还会在经学的圈子里苦苦奋斗。这本书，应该说，首先是献给陈连庆先生的。自然，我希望于"夏商周断代工程"有益。

此书的出版是贵州省新闻出版局图书处大力支持的结果，宋有谅、杨庆武两位处长都亲自过问此事。又得到中国社科院历史所杨升南、王宇信两位研究员审稿推荐，还得到贵州师范大学张新民教授的审稿推荐，也得到贵州人民出版社文史室李立朴、黄涤明两位主任的关切。在贵州财力十分拮据的情况下，此稿顺利得到资助，变为像模像样的一本书，实在要感谢以上诸君的出力。至于内容，就留待今人或后人去评说吧。

张闻玉

1998 年 11 月 11 日

于贵阳花溪

新版后记

《铜器历日研究》初版，倏忽已有二十余年。己亥冬，闻玉师抱恙在身，不宜过于劳累。恰逢广西师大出版社拟修订再版本书，遂由我于先生指导下代为增删编次新版内容，并将原书稿及需增补的篇章转交出版社编辑赵艳女士。入年来，疠疫延漫九州，先生行动又不便，乃由我负责接洽相关工作。今新版初定，先生不弃我鄙陋，邀我作一篇出版后记。先生雅好提携后学，我虽才疏学浅亦只得恭敬不如从命。

六经皆史，三代乃根。张汝舟老先生精研《史记·历术甲子篇》于困厄，融合出土文献、传世文献、天象三证而创立简明实用的张氏古天文历法学术体系，于西周年代学之研究，功莫大焉！闻玉师学承汝舟老先生，一直致力宣讲师学，运用汝舟老先生提出的"三重证据法"研究西周年代学，用力甚勤，新见迭出。《铜器历日研究》初版问世以来，先生又在昭王纪年、西周中期王序王年、宣王纪年等问题上，颇有创见，令人耳目一新。

这些创见无不与坚持"月相定点"、坚持本书"铜器历日研究条例"有莫大关系，故实有增订再版本书之必要，以完整呈现研究之成果。

总言之，《铜器历日研究》新版在初版框架下，做了如下几个方面之工作：

一、增补新研究之成果。新版在第三章《铜器历日的具体讨论》中增补了《关于师虎簋》《再谈吴虎鼎》《关于成钟》《关于士山盘》《关于王子午鼎》等五篇文章。新增第四编《铜器历日与西周王年》，共十篇文章，包括运用铜器历日来作西周年代学研究的理论与方法，并涉及昭、穆、共、孝、懿、夷、厉、宣等王的年代考证。新增内容正是对"月相定点""铜器历日研究条例"，以及铜器历日的具体讨论在西周年代学研究上的进一步推进与应用。铜器历日研究，有助于再现殷周古历。据古历以考帝系王年，亦庶几可通于殷周年代，尤其有益于西周王序王年的研究梳理。

二、删去初版之附录。新版删去了旧版附录中《关于成王的纪年》《涉及〈武成〉的几个问题》和《再谈西周王年》三篇文章。并不是说这三篇文章附在书后有何不妥之处，而是在于它们所涉及的内容已经贯穿于前文篇章中，且又全都收录进后续拟出的新版《西周王年论稿》，故不再附录于此。

三、校正和完善初版中存在之问题。《铜器历日研究》初版于1999年，受当时主客观条件的限制，书中出现了一些疏失镂漏。今藉此次重修再版之机，我们尽最大可能将其校正完善。如初版《关于书名的说明》部分，谓"番匊生壶，历日唯合成王廿七年天象"，新版修正"廿七年"为"廿六年"；又如初版《前言》谓"伯克壶历日只合成王二十六年（公元前 1079 年）实际天象"，此次修正"成王二十六年（公元前 1079 年）"为"穆王二十六年（前 991 年）"；再如初版《关于吴虎鼎》一文言"厉王二十四年前 885 年"，此次修正"前 885 年"为"前 855 年"。此外，在新版中增加了大量的夹注或脚注，并进一步完善了书中的引文和标点符号的使用等问题。

闻玉师受学于汝舟老先生，于先师情深至笃。去年，适逢汝舟老先生诞辰 120 周年。先生身坐轮椅，于众弟子挽扶下不远千里奔赴滁州，携众弟子拜祭于恩师张汝舟墓前。心之赤诚，不待言而自显矣！数十年来，闻玉师一直致力于"观天象而推历数，遵古法以建新说"（李学勤先生 2016 年题赞先生之语），传承弘扬汝舟老先生的古天文历法学说，不曾一日忘怀师法家法。《铜器历日研究》的修订再版，必足以告慰汝舟老先生在天之灵。

此次闻玉师《铜器历日研究》承广西师大出版社及编辑赵艳女士的惠渥重版，使得我们有机会订正初版的疏失罅漏，规范体例，并补充注释，在此一并谨致谢忱！

庚子季秋霜降于《贵州文库》编室，后学孙家愉沐手敬撰